机电知识与技能应用简明指南

主　编　张宁菊　张　勇
参　编　孙　坚　过建新　杨进民　张福杰
　　　　武彩霞　胡冬梅　唐　霞　赵厚玉
　　　　王小越　王旭峰　任晓国　陆小慧
　　　　陈亚清　张建业　赵　强　山本雅纪
　　　　胡恺恺　高　明　徐海兵　长谷川晃平
　　　　堀田诚二
主　审　曹建林

机械工业出版社

本书针对目前生产企业中自动化设备的使用现状，特别是从业人员整体素质有待提高、层次差别大的情况，从实际应用的角度介绍了生产现场从事机电设备运行、安装、调试、维护等一线应用从业人员必备的基础知识和应用技能。主要内容包括通用机械基础知识、气动与液压技术基础知识、电工电子基础知识、机电维修基本技能、自动化控制技术基础五篇。

本书以国家职业标准为依据进行编写，在内容编排上采用篇、章、节体例结构，各篇相对独立，其内各章节相互衔接。作为一本即学即用的案头综合手册，为工业自动化企业一线从事设备应用与维护的技术人员提供了必须掌握的基本概念、基本理论、基本方法、基本技能及其在实际中的应用。

本书可用于组织教学培训，适用于企业的岗前培训和培训机构的职业培训，也适用于应用型本科和高职高专院校机械制造与自动化、机电一体化技术、机电设备维修与管理等机电类相关专业的机电综合实践和毕业实践。本书也可供欲从事相关领域工作的社会人员参考。

图书在版编目（CIP）数据

机电知识与技能应用简明指南/张宁菊，张勇主编. —北京：机械工业出版社，2018.5（2020.6重印）
ISBN 978-7-111-59827-5

Ⅰ. ①机… Ⅱ. ①张… ②张… Ⅲ. ①机电工程-指南 Ⅳ. ①TH-62

中国版本图书馆 CIP 数据核字（2018）第 088267 号

机械工业出版社（北京市百万庄大街 22 号　邮政编码 100037）
策划编辑：王英杰　责任编辑：王英杰　王　丹　杨作良
责任校对：张晓蓉　封面设计：马精明
责任印制：张　博
三河市宏达印刷有限公司印刷
2020 年 6 月第 1 版第 2 次印刷
184mm×260mm · 23.25 印张 · 574 千字
3001—4500 册
标准书号：ISBN 978-7-111-59827-5
定价：69.80 元

前　言

制造业是国民经济的主体，是立国之本、兴国之器、强国之基。作为高端制造业的"基石"，工业自动化装备面临着传统产业改造提升、新兴产业发展需求的双重机遇。

企业发展依靠人才，人才培养需要培训，本书编写人员对多家现代企业进行深入走访，发现现有的自动化设备领域培训教材普遍内容先进性不足，体系不全面、系统综合性不足，与企业实际需要存在差距。同时，各企业自动化设备一线从业人员普遍存在基础知识不全面、基础理论不扎实的实际问题。企业往往需要投入大量的人力和时间进行基础教育，而限于被教育对象自身的工作时间安排和现有知识技术水平，很难开展统一有效的教学培训活动。

在调研分析的基础上，本书定位为一本起点不高但知识体系相对全面、以应用为主的机电基础知识与技能应用教材，以满足企业快速发展过程中，将基础知识教育从传统的以"教"为主向以"学"为主的转化需求。

无锡村田电子有限公司是日本村田集团在中国创立的最大的生产基地，是世界一流的以电子零部件生产为主的企业，多年来与多所学校合作开展现代学徒制的建设工作，为推进我国职业教育改革，创新"校企共同体"模式做出了贡献。无锡村田电子有限公司的设备先进，自主开发设计的自动化设备种类繁多。本书编写人员深入现场，先后六次会同企业一线的技术专家对企业技术型人才的需求进行剖析，梳理了工业自动化设备领域人才配置的三个基本层次，即应用、设计、研发，分别对应三类技术人员：机电设备现场应用工程师（设备运行、安装、调试、维护）；机电设备工程设计工程师（工程设计、系统集成）；机电设备系统研发工程师（产品开发与研制）。其中，机电设备现场应用工程师是目前需求量最大的，因此本书即定位于该层面，为机电设备现场应用人员提供知识服务。本书的编写特点如下：

（1）系统全面、注重基础　本书内容针对机电设备现场应用工程师所需的基础知识和技能，在内容编排上采用模块化的编写思路，各篇相对独立，其内各章节相互衔接，内容为企业相关技术人员所必须掌握的基本概念、基本理论、基本方法、基本技能及其在实际中的应用。

（2）强调实用、理论精简　本书的编写提纲经过企业专家多次会审，编写内容由专业教师与企业技术人员协作完成，确保了内容的实用性，真正体现产教深度融合。编写内容力求精简，简化理论推导过程，确保理论表述简明扼要、内容全面、通俗易懂。编写时还强调内容的普适性，使之可以应用于自动化设备的其他相关领域。

（3）知识全面、便于自学　学校的教学内容是一门门相对独立的课程，而企业实际工作需要的是一个集成的综合知识体系。本书以类似于指南或手册的形式，将从事机电设备运行、安装、调试、维护等人员必备的知识和技能汇集于一体，方便随时翻阅查找。

本书面向企业、重在实用、体现创新，由校企共同开发与建设。使内容定位更精准，同时吸收了产业发展的新知识、新技术、新工艺、新方法，并将职业标准和岗位需求相对接。

本书由无锡科技职业学院、无锡村田电子有限公司联合编写。无锡职业技术学院张宁菊教授和无锡村田电子有限公司张勇部长共同担任主编，张宁菊教授负责统稿及校对。参与本书编写的还有（按姓氏笔画排序）：无锡科技职业学院孙坚（第一篇第二、三章）、过建新（第四篇第一章第一节、第四篇第三章）、杨进民（第五篇第四章）、张福杰（第三篇第二章、第五篇第二章）、武彩霞（第四篇第四章、第五篇第一、三章）、胡冬梅（第二篇）、唐霞（第三篇第一章、第四篇第一章第二、三节）、赵厚玉（第三篇第三、四章），无锡村田电子有限公司王小越、王旭峰、任晓国、陆小慧、陈亚清、张建业、赵强、山本雅纪、胡恺恺、高明、徐海兵、长谷川晃平、堀田诚二等结合实际工作参与了本书编写体系和内容的研讨与审定。

本书的编写还得到了无锡科技职业学院党委书记曹建林教授，无锡村田电子有限公司董事、副总经理钟伟跃等相关领导的大力支持，在此衷心致谢。

在本书编写过程中，作者参考了大量的国内外相关资料，在此向原作者表示衷心的感谢！由于编者水平和经验有限，书中不妥之处在所难免，敬请读者批评指正。

编　者

目 录

第五篇　自动化控制技术基础

第一篇

通用机械基础知识

第一章

机 械 制 图

【知识目标】

了解机械制图的基本知识，掌握机件的各种表达方法，能读懂中等复杂的零件图和装配图。

【知识结构】

机械制图
- 制图基本知识
  - 国家标准《技术制图》和《机械制图》的有关规定
  - 绘图的一般方法和步骤
  - 三视图的投影
- 机件的表达方法
  - 视图
  - 剖视图
  - 断面图
  - 局部放大图
  - 螺纹及螺纹紧固件
  - 标准件及常用件（键、齿轮、滚动轴承、弹簧）
- 零件图
  - 零件视图的表达
  - 零件尺寸的合理标注
  - 零件图的技术要求
  - 零件图的识读
- 装配图
  - 装配图的作用和内容
  - 装配图的视图表示法
  - 装配图的尺寸标注
  - 装配图的绘制
- 第三角画法

第一节　制图基础知识

一、国家标准《技术制图》和《机械制图》的有关规定

1. **图纸幅面和格式**（GB/T 14689—2008）

标准编号的意义：

GB/T　14689—2008

——标准获批准的年号。2008 表示本标准是 2008 年批准的。
——标准获批准的顺序号。
——标准代号及属性。GB 为"国标"两字汉语拼音字头；
　　T 为"推荐"中"推"字的汉语拼音字头。

（1）图纸幅面尺寸　图纸幅面指图纸宽度与长度组成的图面。图纸基本幅面有 A0、A1、A2、A3、A4 五种，幅面尺寸见表 1-1-1。

表 1-1-1　图纸基本幅面尺寸　　　　　　　（单位：mm）

幅面代号	A0	A1	A2	A3	A4
B(短边)×L(长边)	841×1189	594×841	420×594	297×420	210×297
e(无装订边的留边宽度)	20			10	
c(有装订边的留边宽度)	10			5	
a(装订边宽度)	25				

（2）图框格式

1）留有装订边图纸的图框格式如图 1-1-1 所示，相关尺寸按表 1-1-1 的规定选用。一般 A4 幅面采用竖装，A3 幅面采用横装。

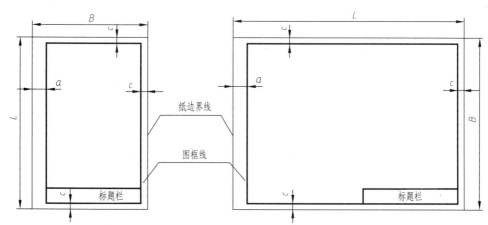

图 1-1-1　留有装订边的图框格式

2）不留装订边图纸的图框格式如图 1-1-2 所示，相关尺寸按表 1-1-1 的规定选用。

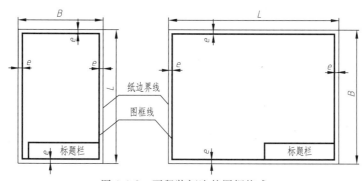

图 1-1-2　不留装订边的图框格式

（3）标题栏的方位及格式　每张图纸都必须画出标题栏。标题栏的位置通常位于图纸的右下角，如图1-1-1、图1-1-2所示。标题栏中的文字方向为看图方向。

标题栏的格式已由国标GB/T 10609.1—2008规定，如图1-1-3所示。除签名以外，标题栏中的字体均应符合GB/T 14691—1993《技术制图　字体》的规定。

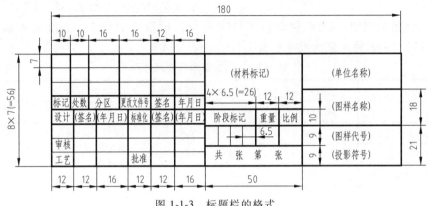

图1-1-3　标题栏的格式

2. 比例（GB/T 14690—1993）

比例是图中图形与其实物相应要素的线性尺寸之比，尽可能采用1：1比例，标准比例系列见表1-1-2。

表1-1-2　标准比例系列

种类	比　　例					
	优先选取		允许选取			
原值比例	1：1					
放大比例	5：1　　2：1		4：1　　2.5：1			
	$5×10^n：1$　$2×10^n：1$　$1×10^n：1$		$4×10^n：1$　$2.5×10^n：1$			
缩小比例	1：2　　1：5　　1：10		1：1.5　　1：2.5　　1：3　　1：4　　1：6			
	$1：2×10^n$　$1：5×10^n$　$1：1×10^n$		$1：1.5×10^n$　$1：2.5×10^n$　$1：3×10^n$　$1：4×10^n$　$1：6×10^n$			

注：n为正整数。

3. 字体（GB/T 14691—1993）

字体的号数，即字体的高度，用h表示。字体高度的公称尺寸系列为1.8mm，2.5mm，3.5mm，5mm，7mm，10mm，14mm，20mm八种；如需要书写更大的字，其字体高度应按$\sqrt{2}$的比率递增。汉字的高度不应小于3.5mm。

机械工程　CAD制图规则（GB/T 14665—2012）规定：数字、汉字一般以正体输出，字母除变量外，一般也以正体输出。

4. 图线（GB/T 4457.4—2002）

在机械图样中采用粗、细两种线宽，其比例关系为2：1。图线宽度（d）的推荐系列为0.13mm，0.18mm，0.25mm，0.35mm，0.5mm，0.7mm，1.0mm，1.4mm，2.0mm。粗线的宽度d应按图的大小和复杂程度，在0.25~2mm之间选择，细线的宽度为d/2，图线类型及应用见表1-1-3，图线应用实例如图1-1-4所示。

表 1-1-3 图线类型及应用

图线名称	线 型	图线宽度/mm	应 用 举 例
粗实线	——————————	$d = 0.13 \sim 2.0$	可见轮廓线
细实线	————————	$d/2$	尺寸线,尺寸界线,剖面线,指引线
波浪线	〰〰〰	$d/2$	断裂处的边界线,视图和剖视图的分界线
双折线	⌇⌇	$d/2$	断裂处的边界线,视图和剖视图的分界线
细虚线	12d 3d	$d/2$	不可见轮廓线
粗虚线	12d 3d	d	允许表面处理的表示线
细点画线	24d 6d	$d/2$	轴线,对称中心线
粗点画线	24d 6d	d	限定范围表示线
细双点画线	24d 9d	$d/2$	相邻辅助零件轮廓线,可动零件的极限位置轮廓线

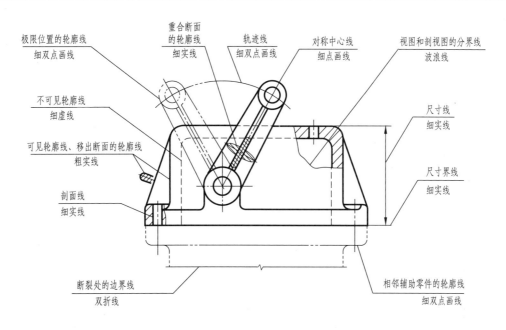

图 1-1-4 图线应用实例

5. 尺寸注法（GB/T 4458.4—2003）

一个完整的尺寸，应由尺寸界线、尺寸线（包括尺寸终端）、尺寸数字（包括必要的符号和字母）三要素组成，其注法见表 1-1-4。

表 1-1-4 尺寸注法

尺寸要素	图例	说明
尺寸界线	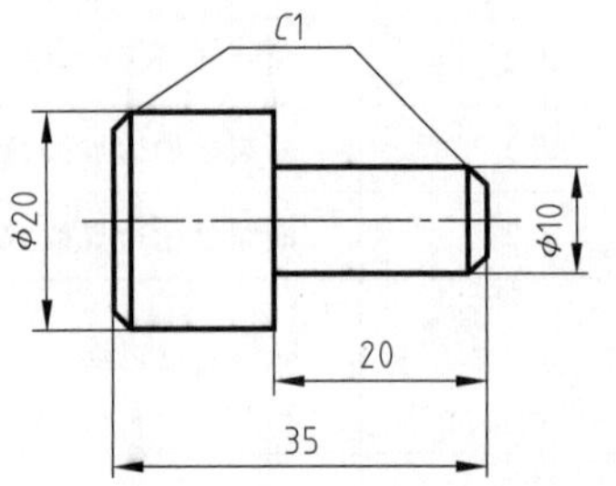	尺寸界线用细实线绘制,并应由图形的轮廓线、轴线或对称中心线处引出,也可用这些线代替。尺寸界线应超出尺寸线2~5mm。尺寸界线一般应与尺寸线垂直,必要时才允许倾斜
尺寸线	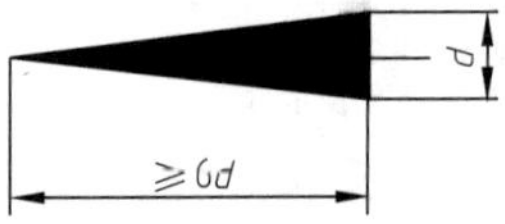 a) 箭头画法 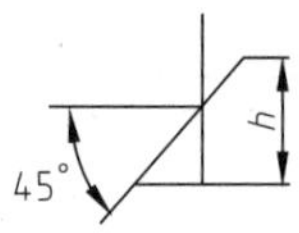　　b) 斜线画法	尺寸线用细实线绘制,用来表示所注尺寸的方向 尺寸线的终端有两种形式:a 箭头(图a);斜线(图b) 当尺寸线与尺寸界线相互垂直时,同一张图样中只能采用一种尺寸线终端形式,不得混用 圆的直径和圆弧半径的尺寸线终端应画成箭头 在机械图样中一般采用箭头作为尺寸线的终端
尺寸数字	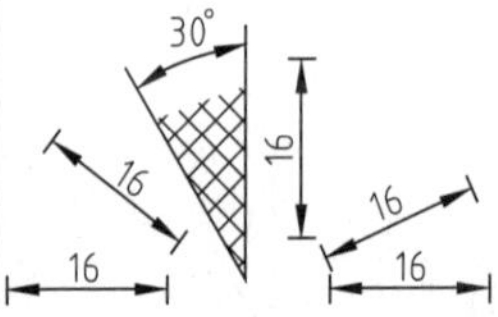 a) 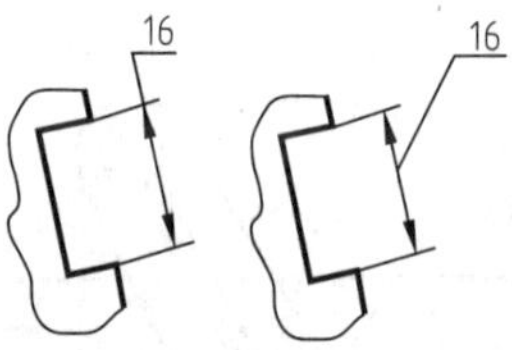　　　　b) 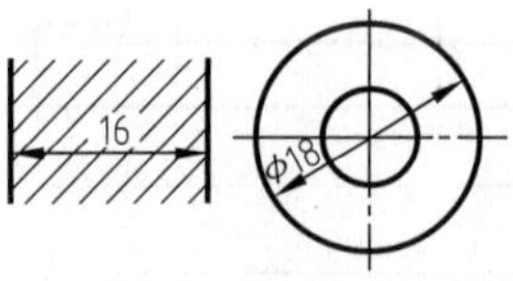 c) 表 A	尺寸数字用来表示零件的真实大小,与图形的大小无关 线性尺寸数字一般应注在尺寸线的上方,也可注在尺寸线的中断处,但同一张图样上注法应尽量一致 线性尺寸数字的方向通常如图 a 所示;向左倾斜30°范围内的尺寸数字的注写如图 b 所示;尺寸数字不可被任何图线所通过,否则应将图线断开,如图 c 所示 其他相关符号见表 A

表 A

名称	直径	半径	球直径	球半径	厚度	正方形	45°倒角	深度	沉孔或锪平	埋头孔	斜度	锥度	均布
符号或缩写词	ϕ	R	$S\phi$	SR	t	□	C	▽	⊔	∨	∠	◁	EQS

（续）

尺寸要素	图　例	说　明
角度	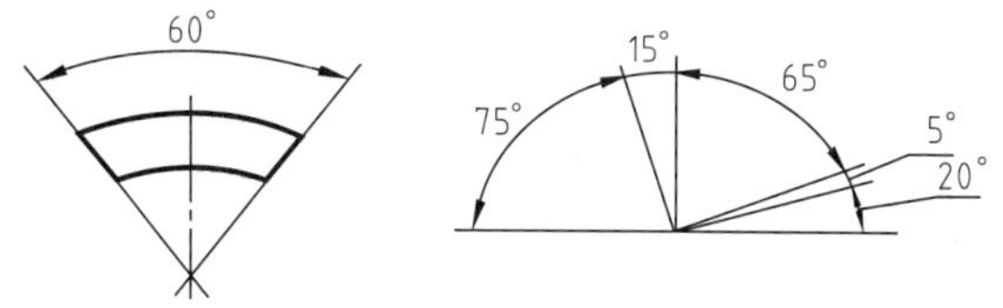 a)　b)	尺寸界线应径向引出，尺寸线应画成圆弧，其圆心是该角的顶点 角度数字一律注写成水平方向，一般注写在尺寸线的中断处。必要时，可注写在尺寸线上方或外边，也可引出标注，如图 a、b 所示
直径尺寸	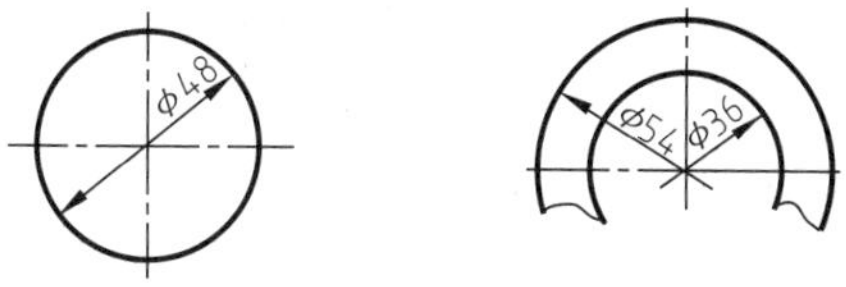 a)　b)	标注直径尺寸时，应在尺寸数字前加注符号“Φ”，如图所示
半径尺寸	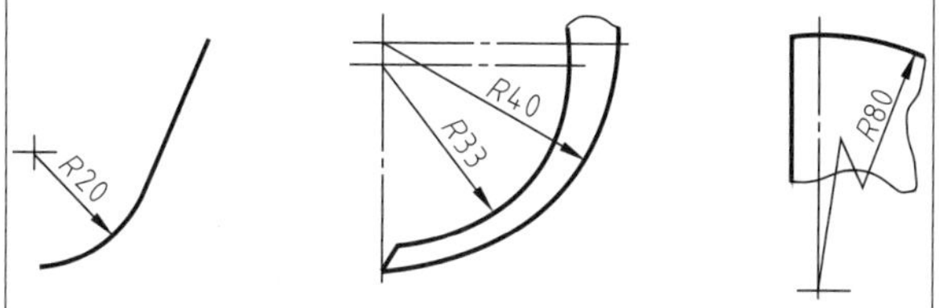 a)　b)　c)	标注圆弧半径尺寸时，应在尺寸数字前加注符号“*R*”，如图所示
球面直径和半径	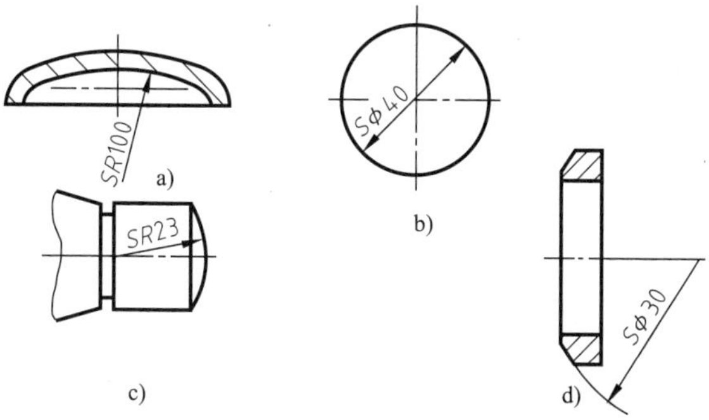 a)　b)　c)　d)	球面直径和半径尺寸如图所示
狭小部位尺寸	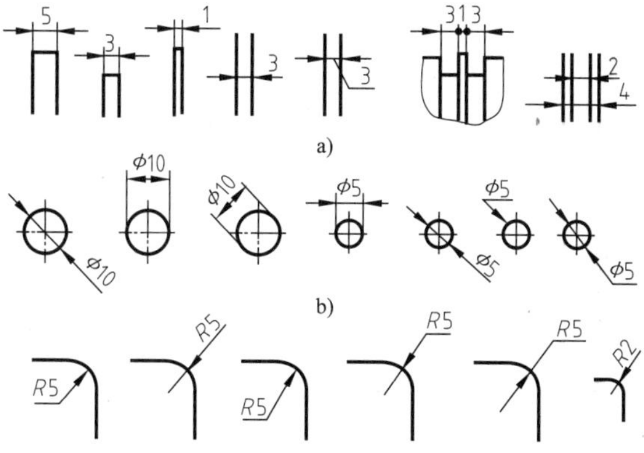 a)　b)　c)	当采用箭头时，在没有足够位置的情况下允许用圆点（或细斜线）代替箭头，如图所示

平面图形中标注的尺寸，必须能唯一地确定图形的大小。尺寸标注应遵守国家标准的有关规定，并做到不遗漏，不重复。其基本步骤如下：

（1）确定尺寸基准　标注尺寸的起点称为尺寸基准。平面图形中，一般选用图形的对称中心线、较大圆的中心线或较长的直线作为尺寸基准。

（2）注出定形尺寸　定形尺寸为确定平面图形中各线段或线框形状大小的尺寸，图 1-1-5 中的 $\phi20$、$4\times\phi12$、$R10$、100、60 均为定形尺寸。

（3）注出定位尺寸　定位尺寸为确定平面图形中各线段、线框的相对位置和圆的中心位置的尺寸，图 1-1-5 中的 50、30 为定位尺寸。

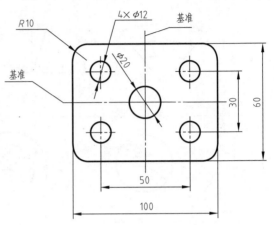

图 1-1-5　平面图形的尺寸标注

表 1-1-5 为常见平面图形的尺寸标注示例，供分析参考。

表 1-1-5　常见平面图形的尺寸标注

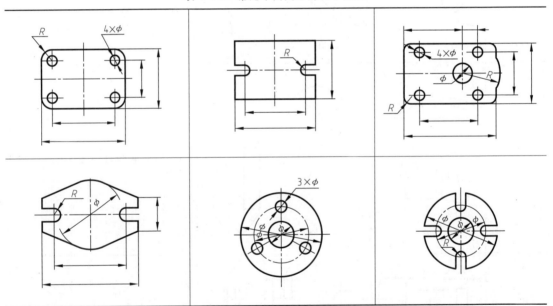

二、绘图的一般方法和步骤

1）根据图形大小和比例，选择图纸幅面。

2）按照国家标准要求画出图框和标题栏。

3）布置图形位置，画出图形基准线。

4）绘制图形，先画主要轮廓，再画细节。

5）标注尺寸。

6）全面检查图样，确认无误。

三、三视图的投影

1. 正投影的特点

《机械制图》国家标准规定，机械图样一般按正投影法绘制。正投影中，直线和平面的投影有以下三个特点：

1）当直线或平面与投影面平行时，则直线或平面在该投影面上的投影反映实长或实形。如图 1-1-6a 所示，即实形性。

2）当直线或平面与投影面垂直时，则直线或平面在该投影面上的投影呈一点或一条直线。如图 1-1-6b 所示，即积聚性。

3）当直线或平面相对于投影面倾斜时，则直线或平面在该投影面上的投影均不反映实长或实形。如图 1-1-6c 所示，即类似性。

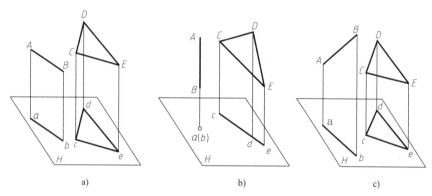

图 1-1-6 正投影法的投影特点

2. 三投影面体系

如图 1-1-7 所示，互相垂直的三个投影面组成三投影面体系，它们分别是：正面投影面（简称正面或 V 面）；水平投影面（简称水平面或 H 面）；侧面投影面（简称侧面或 W 面）。

三投影面之间的交线称为投影轴，分别用 OX、OY、OZ 表示。

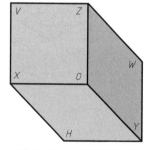

图 1-1-7 三投影面体系

3. 三视图的形成

将物体向三个投影面做正投射，得到的正投影图称为视图。V 面上的视图称为主视图，H 面上的视图称为俯视图，W 面上的视图称为左视图，如图 1-1-8a 所示。

为了使三个视图能够在一个平面上表达，须将投影面展平，将 H 面绕 OX 轴向下旋转 90°，将 W 面绕 OZ 轴向右旋转 90°，如图 1-1-8b 所示，展平后的视图如图 1-1-8c 所示。

4. 三视图间的关系

（1）投影关系

长对正——主、俯视图中相应投影（整体及局部）的长度相等，并且对正，如图 1-1-9 所示。

高平齐——主、左视图中相应投影（整体及局部）的高度相等，并且平齐，如图 1-1-9

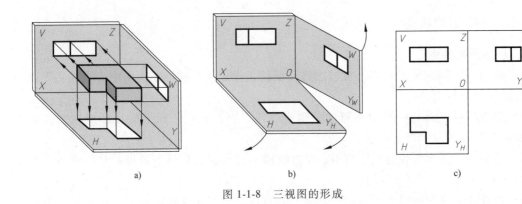

a)   b)   c)

图 1-1-8　三视图的形成

所示。

宽相等——俯、左视图中相应投影（整体及局部）的宽度相等，如图 1-1-9 所示。

（2）三视图与物体间的方位关系

主视图——反映了物体上下方向的高度尺寸和左右方向的长度尺寸。

俯视图——反映了物体左右方向的长度尺寸和前后方向的宽度尺寸。

左视图——反映了物体上下方向的高度尺寸和前后方向的宽度尺寸。

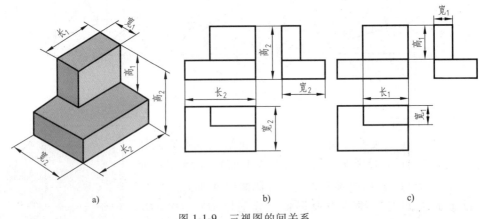

a)   b)   c)

图 1-1-9　三视图的间关系

第二节　机件的表达方法

一、视图（GB/T 17451—1998）

用正投影法将机件向投影面投射所得的图形称为视图。视图一般只用粗实线画出机件的可见部分，必要时才用细虚线画出其不可见部分。因此，视图主要用来表达机件的外部结构形状。

1. 基本视图

基本视图是指机件向基本投影面投射所得的视图。

根据相关国家标准，在用六个面作为基本投影面的六面体投影体系（图 1-1-10a），用正投影法将机件分别向六个投影面做投射，再将六面体按图 1-1-10b 所示的方法展开，展开后各基本视图的配置关系如图 1-1-11 所示。在同一张图纸上按图 1-1-11 配置基本视图时，一律不标注视图的名称。

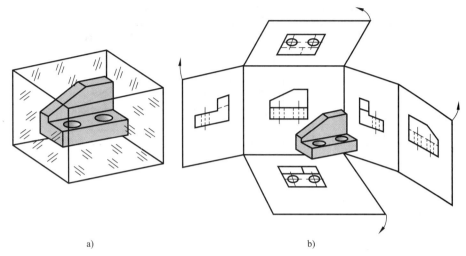

a)   b)

图 1-1-10　六个基本视图的形成

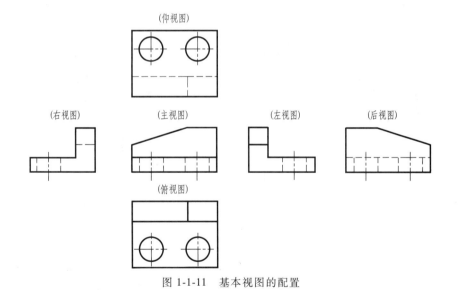

图 1-1-11　基本视图的配置

2. 向视图

向视图是可以自由配置的视图。

当基本视图不能按规定的位置配置时，可采用向视图的表达方式。向视图必须进行标注，常用的方法是在向视图的上方标注 "X"（"X" 为大写拉丁字母），在相应视图附近用箭头指明投射方向，并标注相同的字母，如图 1-1-12 所示。

3. 局部视图

将机件的某一部分向基本投影面投射所得的视图称为局部视图。局部视图是一个不完整的基本视图，用来补充表达其他视图尚未表达清楚的局部结构，减少基本视图的数量。

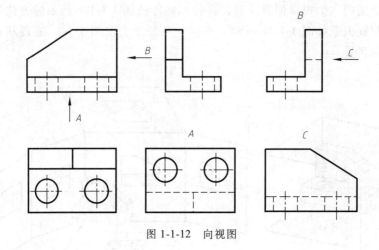

图 1-1-12　向视图

局部视图可以按基本视图的形式配置，也可按向视图的配置形式配置并标注。如图 1-1-13所示。

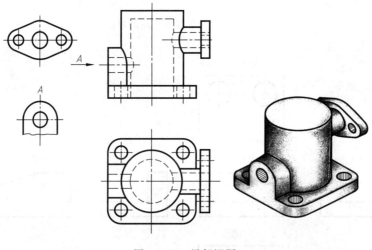

图 1-1-13　局部视图

4. 斜视图

将机件向不平行于任何基本投影面的平面投射所得的视图，称为斜视图（图 1-1-14a）。斜视图通常按向视图的配置形式配置并标注。必要时，允许将斜视图旋转配置，如图 1-1-14b所示。

二、剖视图（GB/T 4458.6—2002）

假想用剖切面剖开机件，将处在观察者和剖切面之间的部分移去，而将其余部分向投影面投射所得到的图形，称为剖视图。剖视图一般应进行标注，标注的内容包括：剖切线、剖切符号和剖视图名称。

1. 剖视图的种类

（1）全剖视图　用剖切平面完全地剖开机件所得到的视图，称为全剖视图。全剖视图

五、螺纹（GB/T 4459.1—1995）

1. 螺纹的基本要素

螺纹基本要素包括牙型、直径、线数、螺距、旋向等，如图 1-1-24 所示。内外螺纹配对使用时，上述要素必须一致。

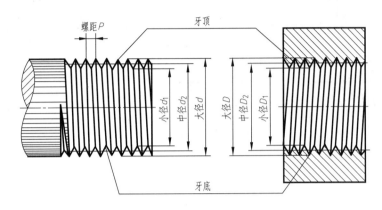

图 1-1-24　螺纹的基本要素

2. 螺纹的规定画法

1）外螺纹常规画法如图 1-1-25a 所示，外螺纹剖视画法如图 1-1-25b 所示。

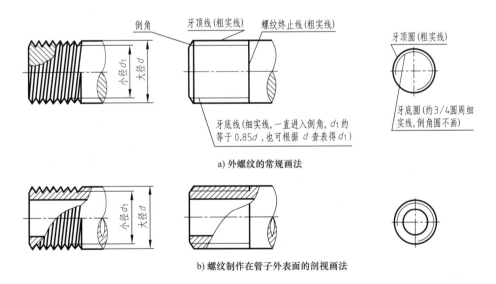

图 1-1-25　外螺纹的常规画法和剖视画法

2）内螺纹通孔画法如图 1-1-26a 所示，内螺纹不通孔（盲孔）画法如图 1-1-26b 所示。

3）螺纹连接的画法如图 1-1-27 所示。当用剖视图表示一对内外螺纹的连接时，其旋合部分应按外螺纹的画法绘制，其余部分仍按各自的规定画法绘制。

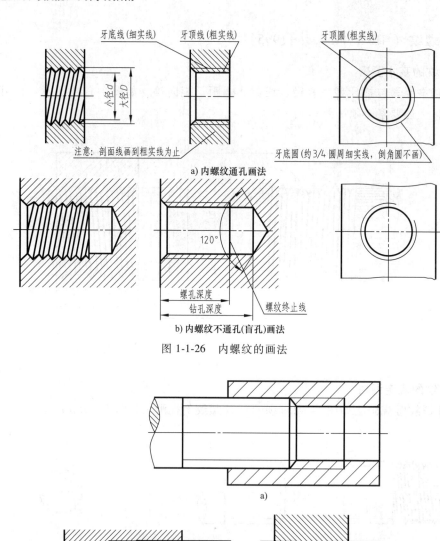

图 1-1-26　内螺纹的画法

图 1-1-27　螺纹连接的画法

3. 螺纹的标注方法（GB/T 197—2003）

螺纹的标注格式如下：

| 单线螺纹 | 螺纹特征代号　公称直径×螺距-中径公差带代号 顶径公差带代号-螺纹旋合长度代号-旋向代号 |

| 多线螺纹 | 螺纹特征代号　公称直径×Ph 导程 P 螺距-中径公差带代号 - 顶径公差带代号-螺纹旋合长度代号-旋向代号 |

螺纹特征代号　　尺寸代号　　　　公差带代号　　　旋合长度代号　旋向代号

标记的规则说明：

$\boxed{\text{螺纹特征代号}}$普通螺纹特征代号为 M，小螺纹特征代号为 S，梯形螺纹特征代号为 Tr，锯齿形螺纹特征代号为 B，米制锥螺纹特征代号为 ZM

$\boxed{\text{尺寸代号}}\begin{cases}\text{公称直径为螺纹大径}\\\text{单线螺纹的尺寸代号为 "公称直径×螺距"，不必注写 "P" 字样}\\\text{多线螺纹的尺寸代号为 "公称直径×Ph 导程 P 螺距"，需注写 "Ph" 和 "P" 字样}\\\text{粗牙普通螺纹不标注螺距}\end{cases}$

$\boxed{\text{公差带代号}}\begin{cases}\text{大写字母代表内螺纹，小写字母代表外螺纹}\\\text{若两组公差带相同，则只写一组}\\\text{常用的中等公差精度螺纹（公称直径} \geq 1.6\text{mm 的 6g 和 6H）不标注公差带代号}\end{cases}$

$\boxed{\text{旋合长度代号}}$分为短（S）、中等（N）、长（L）三种，一般采用中等旋合长度，N 省略不注

$\boxed{\text{旋向代号}}$左旋螺纹以 "LH" 表示，右旋螺纹不标注旋向

例如：M10×1-5g6g-S，表示普通外螺纹，公称直径为 10mm，螺距为 1mm，中径公差带代号和顶径公差带代号分别是 5g 和 6g，采用短旋合长度。

螺纹尺寸标注在螺纹大径的尺寸线上，如图 1-1-28 所示。

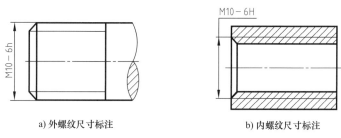

a) 外螺纹尺寸标注　　　　　　　　　b) 内螺纹尺寸标注

图 1-1-28　螺纹的尺寸标注

六、螺纹紧固件

常用的螺纹紧固件有螺栓、螺柱、螺钉、螺母和垫圈等，它们的结构和尺寸均已标准化，由专门的标准件生产厂家成批生产，相关技术参数可参考 GB/T 5782—2016、GB/T 897—1988、GB/T 68—2016、GB/T 6170—2015、GB/T 97.1—2002、GB 93—1987 等国家标准。

螺纹紧固件的简化标记见表 1-1-6。

表 1-1-6　螺纹紧固件的简化标记

图　例	名称及标记	图　例	名称及标记
	名称:六角头螺栓 标记:螺栓（GB/T 5782　M12×50）		名称:开槽沉头螺钉 标记:螺钉（GB/T 68　M10×45）
	名称:双头螺柱 标记:螺柱（GB/T 889　M12×50）		名称:1 型六角螺母 标记:螺母（GB/T 6170　M16）

1. 螺栓连接

螺栓连接由螺栓、螺母、垫圈等组成，用于连接两个不太厚的，并能钻成通孔的零件。紧固件一般采用比例画法，如图 1-1-29 所示。

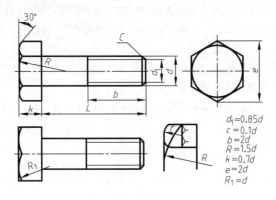

$d_1 = 0.85d$
$c = 0.1d$
$b = 2d$
$R = 1.5d$
$k = 0.7d$
$e = 2d$
$R_1 = d$

a) 六角头螺栓的比例画法

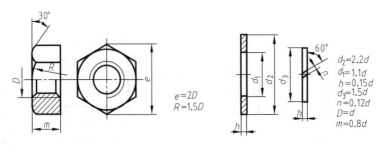

$e = 2D$
$R = 1.5D$

$d_2 = 2.2d$
$d_1 = 1.1d$
$h = 0.15d$
$d_3 = 1.5d$
$n = 0.12d$
$D = d$
$m = 0.8d$

b) 六角头螺母的比例画法　　　　　c) 垫圈的比例画法

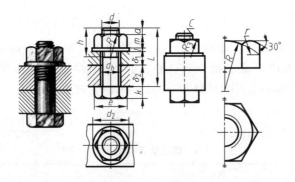

d) 螺栓连接

图 1-1-29　螺栓、螺母、垫圈和螺栓连接

2. 螺柱连接

当被连接的两个零件中有一个较厚，不易钻成通孔时，可制成螺孔，用螺柱连接。螺柱连接的画法如图 1-1-30 所示，其中，图 1-1-30e 所示为简化画法。

3. 螺钉连接

螺钉按用途可分为连接螺钉和紧定螺钉两种，螺钉连接一般用于不经常拆卸且受力不大的场合。螺钉连接的画法如图 1-1-31 所示。

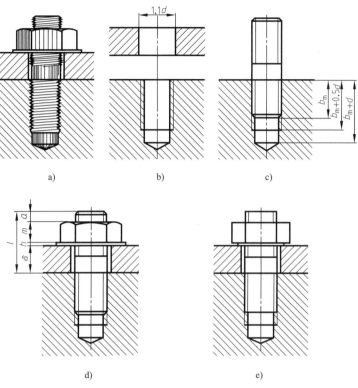

a)   b)   c)

d)   e)

图 1-1-30   螺柱连接

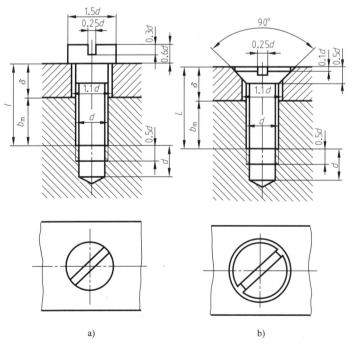

a)   b)

图 1-1-31   螺钉连接

七、键（GB/T 1095/1096/1097/1099.1—2003）

键是标准件，用来实现轴上零件的周向固定，借以传递转矩。常用的键有普通平键、半圆键、钩头楔键、花键等，键连接的画法如图1-1-32所示，其中相关尺寸可根据轴径 d 查阅相应的标准。

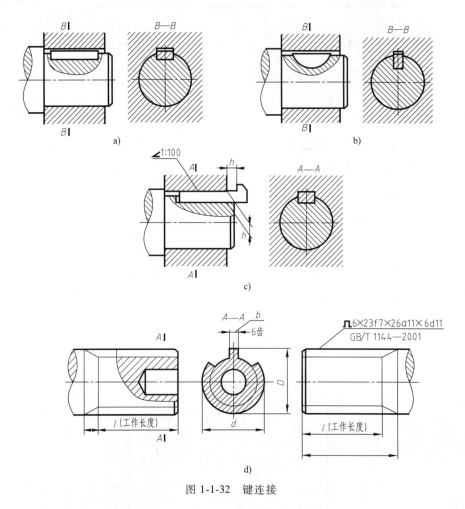

图 1-1-32　键连接

八、齿轮（GB/T 4459.2—2003）

齿轮是机械设备中应用广泛的一种传递动力、改变转速和方向的传动零件。

常见的齿轮传动形式有三种：

1）圆柱齿轮传动——用于两个平行轴之间的传动（图1-1-33a）。

2）圆锥齿轮传动——用于两个相交轴之间的传动（图1-1-33b）。

3）蜗轮蜗杆传动——用于两个交叉轴之间的传动（图1-1-33c）。

其中以圆柱齿轮传动应用最广，圆柱齿轮的轮齿又分为直齿、斜齿和人字齿等。齿轮需要选择合适的模数 m（表1-1-7）和齿数 z，并进行参数计算（正常齿制渐开线标准直齿圆柱齿轮参数计算见表1-1-8）。直齿圆柱齿轮的单个画法和啮合画法如图1-1-34所示。

表 1-1-7 齿轮模数 *m*（GB/T 1357—2008）

模数系列	标准模数 *m*
第一系列 （优先选用）	1,1.25,1.5,2,2.5,3,4,5,6,8,10,12,16,20,25,32,40,50
第二系列	1.125,1.375,1.75,2.25,2.75,3.5,4.5,5.5,(6.5),7,9,11,14,18,22,28,36,45

表 1-1-8 正常齿制渐开线标准直齿圆柱齿轮参数计算

名称	代号	计算公式	名称	代号	计算公式
齿顶高	h_a	$h_a = m$	分度圆直径	d	$d = mz$
齿根高	h_f	$h_f = 1.25m$	齿顶圆直径	d_a	$d_a = m(z+2)$
全齿高	h	$h = 2.25m$	齿根圆直径	d_f	$d_f = m(z-2.5)$

a) 圆柱齿轮传动   b) 圆锥齿轮传动   c) 蜗轮蜗杆传动

图 1-1-33 常用齿轮传动

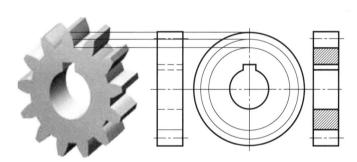

a) 单个齿轮

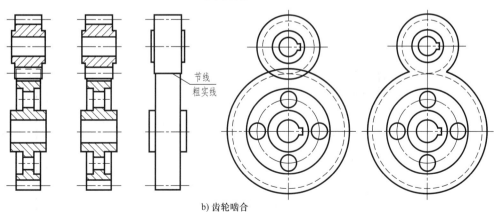

b) 齿轮啮合

图 1-1-34 直齿圆柱齿轮

九、滚动轴承（GB/T 4459.7—1998）

滚动轴承是支承轴的一种标准组件。由于结构紧凑、摩擦力小，所以得到广泛使用。

1. 滚动轴承的代号

滚动轴承代号是由字母加数字组成的，来表示滚动轴承结构、尺寸、公差等级、技术性能等特征的产品符号，它由基本代号、前置代号和后置代号构成，其排列方式如下：

$$\boxed{前置代号}\quad\boxed{基本代号}\quad\boxed{后置代号}$$

基本代号表示轴承的基本类型、结构和尺寸，是轴承代号的基础。基本代号由轴承类型代号、尺寸系列代号、内径代号构成，轴承基本代号举例：

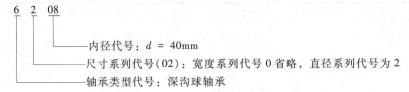

   6 2 08

内径代号：$d = 40\text{mm}$
尺寸系列代号(02)：宽度系列代号 0 省略，直径系列代号为 2
轴承类型代号：深沟球轴承

前置代号用字母表示，后置代号用字母（或加数字）表示。前置、后置代号是轴承在结构形状、尺寸、公差、技术要求等有改变时，在其基本代号左右添加的补充代号。轴承前置代号举例：

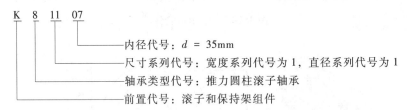

   K 8 11 07

内径代号：$d = 35\text{mm}$
尺寸系列代号：宽度系列代号为 1，直径系列代号为 1
轴承类型代号：推力圆柱滚子轴承
前置代号：滚子和保持架组件

2. 滚动轴承的画法

滚动轴承是标准组件，使用时必须按要求选用。当需要画滚动轴承的图形时，可采用特征画法或规定画法，深沟球轴承示例见表 1-1-9。

表 1-1-9 深沟球轴承特征画法及规定画法示例

轴承类型	结构形式	特征画法	规定画法
深沟球轴承 60000 型 （GB/T 276—2013）			

十、弹簧 （GB/T 4459.4—2003）

弹簧是一种用来减振、夹紧、测力和储存能量的零件，其种类多、用途广，这里只介绍常用的圆柱螺旋压缩弹簧。

1. 圆柱螺旋压缩弹簧的参数及尺寸计算

（1）线 d　用于缠绕弹簧的钢丝直径。

（2）弹簧直径　弹簧中径 D，为弹簧的规格直径；弹簧内径 D_1，$D_1 = D - d$；弹簧外径 D_2，$D_2 = D + d$。

（3）节距 t　除支承圈外，相邻两圈沿轴向的距离。一般 $t = D/3 \sim D/2$。

（4）有效圈数 n、支承圈数 n_2 和总圈数 n_1　为了使压缩弹簧工作时受力均匀，保证轴线垂直于支承端面，两端常并紧且磨平。这部分圈数仅起支承作用，所以叫支承圈。支承圈数 n_2 有 1.5 圈、2 圈和 2.5 圈三种，其中 2.5 圈用得较多，即两端各并紧 1/2 圈、磨平 3/4 圈。压缩弹簧除支承圈外，具有相同节距的圈数称有效圈数，有效圈数 n 与支承圈数 n_2 之和称总圈数 n_1，即：$n_1 = n + n_2$。

（5）自由高度（或长度）H_0　弹簧在不受外力时的高度，$H_0 = nt + （n_2 - 0.5）d$。

（6）弹簧展开长度 L　制造时弹簧丝的长度，$L \approx n_1 \pi \sqrt{(\pi D)^2 + t^2}$。

2. 圆柱螺旋压缩弹簧的规定画法　（图 1-1-35）

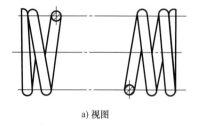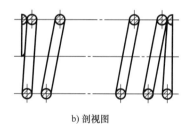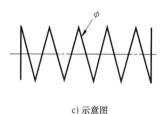

a) 视图　　　　　　　　　b) 剖视图　　　　　　　　　c) 示意图

图 1-1-35　弹簧的规定画法

第三节　零 件 图

一张完整的零件图应包括下列内容：一组视图、完整的尺寸、技术要求和标题栏，如图 1-1-36 所示。

一、零件视图的表达

1. 主视图的选择

主视图是一组视图的核心，选择恰当与否，直接影响着其他视图的选择，关系到读图、绘图是否方便。选择主视图应考虑下列原则：

形状特征原则：在主视图上尽可能多地表达出零件各部分的形状结构和相互位置关系，这就需根据零件的具体形状恰当地选择主视图的投射方向。

加工位置原则：主视图所表示的零件位置应尽量和该零件主要工序的装夹位置一致，以

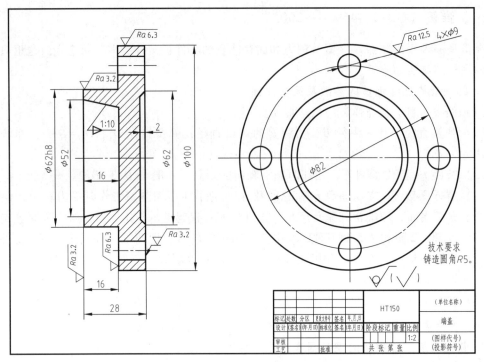

图 1-1-36　零件图

便于读图。如轴类、套类、轮类和盘类零件多在车床、磨床上加工，在主视图上常将其回转轴线水平放置。

工作位置原则：工作位置是指零件在机器或在部件中所处的位置。对于叉架、壳体类在加工中位置多变的零件，常按其工作位置来选择主视图。

在选择主视图时，应当根据零件的具体结构和加工、使用情况综合考虑。其中，以反映形状特征原则为主，并尽量做到符合加工位置和工作位置要求；当选好主视图的投射方向后，还要考虑其他视图是否能完整地进行表达。

2. 其他视图的选择

其他视图的选择应遵循互补性原则，其他视图主要用于表达零件在主视图中尚未表达清楚的部分，主视图与其他视图在表达零件时，各有侧重，相互弥补，才能完整、清晰地表达零件的结构形状。

3. 视图简化原则

在选用视图、剖视图等各种表达方法时，还要考虑方便绘图、读图，力求减少视图数目、简化图形。为此，应广泛应用各种简化画法。

二、零件尺寸的合理标注

尺寸标注的基本要求是：

正确：所注尺寸要符合国家标准的有关规定（GB/T 4458.4—2003）。

完整：要标注制造零件所需要的全部尺寸，既不遗漏，也不重复。

清晰：所注尺寸布置要整齐、清楚，便于阅读。

合理：标注的尺寸要符合设计要求及工艺要求。

尺寸标注的基本步骤如下：

1）分析尺寸基准，常用零件的底面、端面、对称平面、重要平面以及回转体的轴线作为基准。

2）标注主要形体结构的定形和定位尺寸。

3）标注次要形体结构的定形和定位尺寸。

标注尺寸时应注意的问题见表 1-1-10。

表 1-1-10　标注尺寸时应注意的问题

序号	要求	案例
1	正确选择尺寸基准	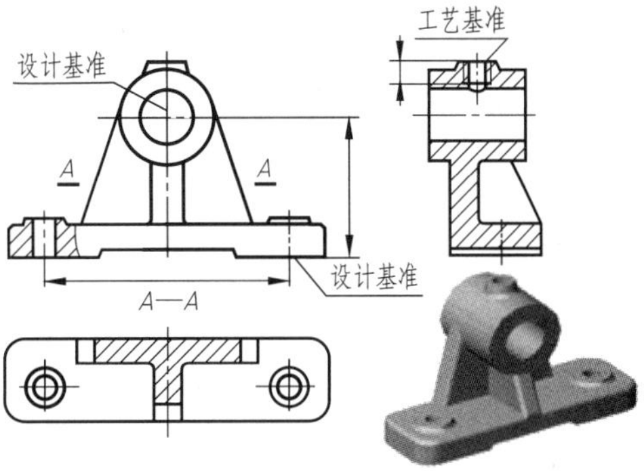
2	零件的重要尺寸必须从基准直接注出	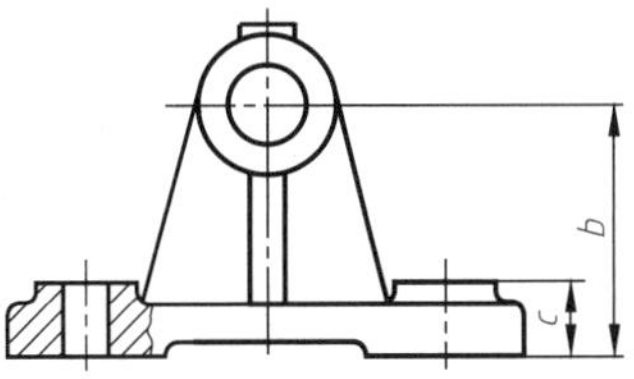 　a) 标注正确 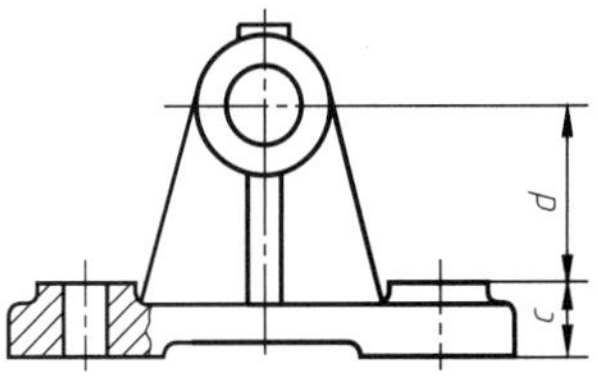　　b) 标注错误
3	尽可能符合加工顺序	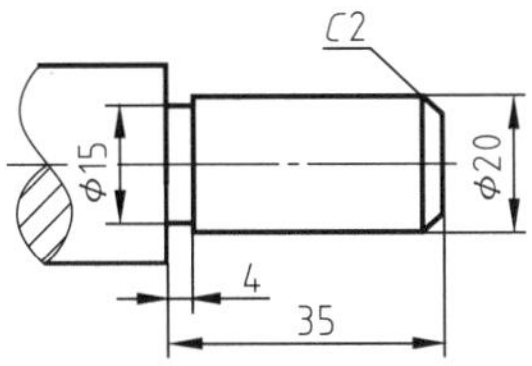 　a) 标注合理 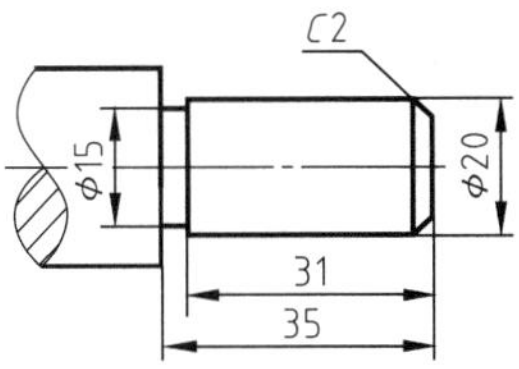　　b) 标注不合理
4	考虑测量方便	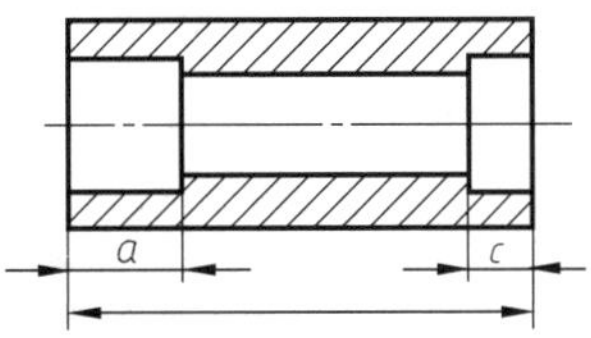 　a) 标注合理 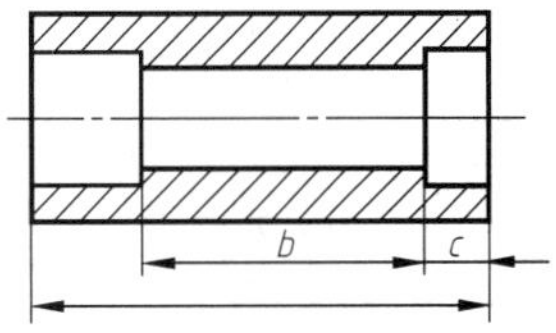　　b) 标注不合理

（续）

序号	要求	案　例
5	避免标注成封闭尺寸链	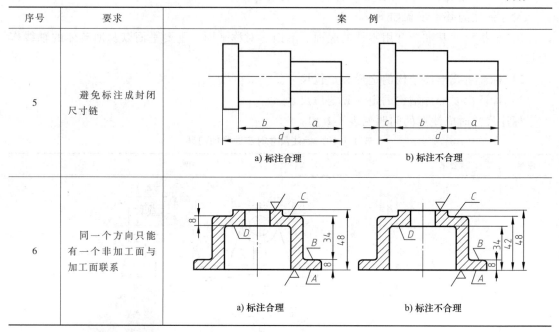
6	同一个方向只能有一个非加工面与加工面联系	

三、零件图的技术要求

1. 表面粗糙度要求（GB/T 1031—2009）

为了保证零件的使用性能，在机械图样中需要对零件的表面结构给出要求，习惯称为表面粗糙度要求，它是指零件的加工表面上由于存在较小间距和峰谷而形成的微观几何形状特性。

（1）图形符号及其含义　标注表面结构的图形符号及其含义见表 1-1-11。

表 1-1-11　表面结构图形符号及其含义

符号名称	符号样式	含义及说明
基本图形符号		未指定工艺方法的表面。基本图形符号仅用于简化代号标注，当通过注释进行解释时可单独使用，没有补充说明时不能单独使用
扩展图形符号		用去除材料的方法获得表面，如通过车、铣、刨、磨等机械加工的表面。仅当其含义是"被加工表面"时可单独使用
		用不去除材料的方法获得表面，如通过铸、锻等工艺获得的表面。也可用于保持上道工序形成的表面，不管这种状况是通过去除材料还是不去除材料形成的
完整图形符号		在基本图形符号或扩展图形符号的长边上加一横线，用于标注表面结构特征的补充信息
工件轮廓各表面图形符号		当在某个视图上组成封闭轮廓的各表面有相同的表面结构要求时，应在完整图形符号上加一圆圈，标注在图样中工件的封闭轮廓线上

（2）图形符号的画法及尺寸　图形符号的画法如图 1-1-37 所示，表 1-1-12 列出了图形符号的尺寸。

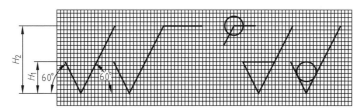

图 1-1-37　图形符号的画法

表 1-1-12　图形符号的尺寸　　　　　　　　　　（单位：mm）

数字与字母的高度 h	2.5	3.5	5	7	10	14	20
高度 H_1	3.5	5	7	10	14	20	28
高度 H_2（最小值）	7.5	10.5	15	21	30	42	60

注：H_2 取决于标注内容。

标注表面结构参数时应使用完整图形符号；完整图形符号中注写了参数代号、极限值等要求后，称为表面结构代号。表面结构代号示例见表 1-1-13。

表 1-1-13　表面结构代号示例

代　号	含义/说明
$\sqrt{}$ Ra 1.6	表示去除材料，单向上限值，默认传输带，R 轮廓,粗糙度算术平均偏差为 1.6μm,评定长度为 5 个取样长度（默认），"16% 规则"（默认）
$\sqrt{}$ Rz max 0.2	表示不允许去除材料，单向上限值，默认传输带，R 轮廓,粗糙度最大高度的最大值为 0.2μm,评定长度为 5 个取样长度（默认），"最大规则"
$\sqrt{}$ U Ra max 3.2 L Ra 0.8	表示不允许去除材料，双向极限值，两极限值均使用默认传输带，R 轮廓,上限值:算术平均偏差为 3.2μm,评定长度为 5 个取样长度（默认），"最大规则";下限值:算术平均偏差为 0.8μm,评定长度为 5 个取样长度（默认），"16% 规则"（默认）
铣 $-0.8/Ra3$ 6.3 $\perp$	表示去除材料，单向上限值，传输带:根据 GB/T 6062,取样长度 0.8mm,R 轮廓,算术平均偏差极限值为 6.3μm,评定长度为 3 个取样长度，"16% 规则"（默认）;加工方法:铣削，纹理垂直于视图所在的投影面

（3）图样中的标注　表面结构在图样中的标注实例见表 1-1-14。

表 1-1-14　表面结构在图样中的标注实例

说　明	实　例
表面结构要求对每一表面一般只标注一次，并尽可能注在相应的尺寸及其公差的同一视图上 表面结构的注写和读取方向与尺寸的注写和读取方向一致	Ra 1.6　　Rz 12.5　　Ra 1.6　　Ra 3.2

（续）

说　明	实　例
表面结构要求可标注在轮廓线或其延长线上，其符号应从材料外指向并接触表面。必要时表面结构符号也可用带箭头和黑点的指引线引出标注	
在不致引起误解时，表面结构要求可以标注在给定的尺寸线上	
表面结构要求可以标注在几何公差框格的上方	
如果工件的多数表面有相同的表面结构要求，则其表面结构要求可统一标注在图样的标题栏附近，此时，表面结构要求的代号后面可有以下两种情况：1)在圆括号内给出无任何其他标注的基本符号（图a）；2)在圆括号内给出不同的表面结构要求（图b）	
当多个表面有相同的表面结构要求或图纸空间有限时，可以采用简化注法： 　1)用带字母的完整图形符号，以等式的形式，在图形或标题栏附近，对有相同表面结构要求的表面进行简化标注（图a） 　2)用基本图形符号或扩展图形符号，以等式的形式给出对多个表面共同的表面结构要求（图b）	

2. 公差与配合要求（GB/T 1800.1—2009）

（1）尺寸的概念　常用尺寸概念及表示方法见表 1-1-15。

表 1-1-15　常用尺寸概念及表示方法

名称	概　念	表示方法	说　明
尺寸	以特定单位表示线性尺寸值的数值和以角度单位表示角度尺寸的数值	长度单位:mm 角度单位:°	表示直径、半径、宽度、深度、中心距等以及角度
公称尺寸	由图样规范确定的理想形状要素的尺寸	孔:D 轴:d	由设计人员根据强度、刚度、运动、工艺、结构、造型等要求来确定
实际尺寸	通过测量获得的某一孔、轴的尺寸	孔:D_a 轴:d_a	由于存在测量器具、方式、人员和环境等因素造成的测量误差,所以实际尺寸并非尺寸的真值
极限尺寸	尺寸要素允许尺寸的两个极端。孔或轴的尺寸要素允许的最大尺寸称为上极限尺寸;孔或轴的尺寸要素允许的最小尺寸称为下极限尺寸	孔:D_{max}、D_{min} 轴:d_{max}、d_{min}	设计时规定极限尺寸是为了限制工件尺寸的变动,以满足使用要求。在一般情况下,完工零件的尺寸合格条件是任一局部实际尺寸均不得超出上、下极限尺寸
最大实体尺寸	局部尺寸处处位于极限尺寸且使其具有最大实体状态时的尺寸	MMS	孔为下极限尺寸 D_{min} 轴为上极限尺寸 d_{max}
最小实体尺寸	局部尺寸处处位于极限尺寸且使其具有最小实体状态时的尺寸	LMS	孔为上极限尺寸 D_{max} 轴为下极限尺寸 d_{min}

注:公称尺寸也常称为基本尺寸。

（2）偏差与公差

1）偏差。某一尺寸减其公称尺寸所得的代数差称为偏差。偏差可以为正、负或零。偏差还分为实际偏差和极限偏差。

实际偏差:实际尺寸减其公称尺寸所得的代数差。

孔的实际偏差　$E_a = D_a - D$

轴的实际偏差　$e_a = d_a - d$

极限偏差:极限尺寸减其公称尺寸所得的代数差。

孔的上极限偏差　$ES = D_{max} - D$

轴的上极限偏差　$es = d_{max} - d$

孔的下极限偏差　$EI = D_{min} - D$

轴的下极限偏差　$ei = d_{min} - d$

完工零件尺寸合格的条件也常用偏差的关系式来表示:

对于孔　$ES \geq E_a \geq EI$

对于轴　$es \geq e_a \geq ei$

极限偏差与极限尺寸、公差的关系如图 1-1-38 所示。

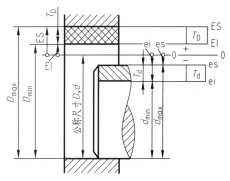

图 1-1-38　极限尺寸、公差和偏差

2）尺寸公差（简称公差）。公差指上极限尺寸与下极限尺寸之差（或上极限偏差与下极限偏差之差）。公差是允许尺寸的变动量，是一个没有符号的绝对值。

孔的公差 $T_D = |D_{max} - D_{min}| = |ES - EI|$

轴的公差 $T_d = |d_{max} - d_{min}| = |es - ei|$

尺寸公差是允许的尺寸误差。公差值越大即表示要求的加工精度越低。

尺寸误差是一批零件的实际尺寸相对于理想尺寸的偏离范围。当加工条件一定时，尺寸误差表示了加工方法的精度。尺寸公差则是设计规定的误差允许值，体现了设计者对加工方法精度的要求。

3）公差带图。以公称尺寸为零线，用适当的比例画出两极限偏差，以表示尺寸允许变动的界限及范围，称为公差带图，如图1-1-39所示。通常，零线沿水平方向绘制，正偏差位于其上，负偏差位于其下。偏差数值多以微米（μm）为单位进行标注。

4）标准公差与基本偏差。一个公称尺寸的公差带由公差带大小和公差带位置两个参数确定，公差带大小由标准公差确定，而公差带位置则由基本偏差确定。

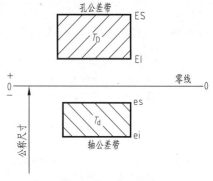

图1-1-39 公差带图

国家标准将标准公差分为20个等级，分别用IT01、IT0、IT1、IT2…IT18表示。其中IT01公差等级最高，之后依次降低（附表A）。

基本偏差是用以确定公差带相对于零线位置的极限偏差（上极限偏差或下极限偏差），一般指靠近零线的那个极限偏差。国家标准规定孔和轴分别有28种基本偏差（图1-1-40），并用拉丁字母表示，规定大写字母表示孔的基本偏差，小写字母表示轴的基本偏差。

例：$\phi 30H6$ 的孔，试写出其公差数值。

$\phi 30H6$ 的孔，它的基本偏差为下偏差，其值为0；由公称尺寸30mm和6级公差等级查附表A-1得标准公差为0.013mm，则 $\phi 30H6$ 孔的上偏差为+0.013mm，$\phi 30 H6$ 也可写为 $\phi 30^{+0.013}_{0}$。

（3）配合 配合指的是公称尺寸相同的相互结合的孔和轴的公差带之间的关系，可分为间隙配合、过盈配合和过渡配合三种，如图1-1-41所示。

间隙配合：具有间隙（包括最小间隙等于零）的配合。此时，孔的公差带在轴的公差带之上。

过盈配合：具有过盈（包括最小过盈等于零）的配合。此时，孔的公差带在轴的公差带之下。

过渡配合：可能具有间隙也可能具有过盈的配合。此时，孔的公差带与轴的公差带相互交叠。

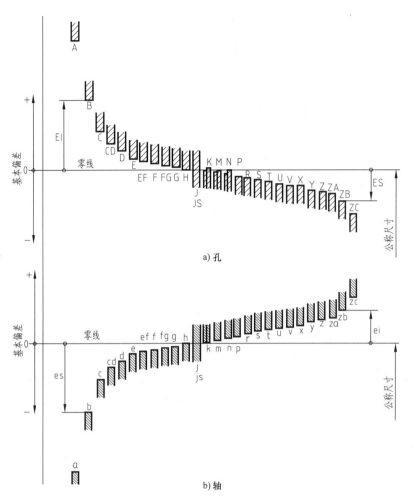

图 1-1-40 基本偏差系列

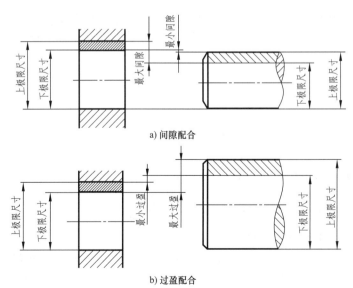

图 1-1-41 配合类别

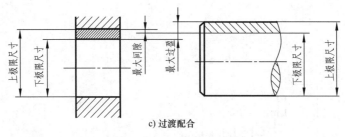

c) 过渡配合

图 1-1-41　配合类别（续）

公称尺寸相同的孔和轴相配合，任何一种孔的公差带与任何一种轴的公差带结合都能形成一种配合，配合过多不利于设计与生产，为此，国家标准规定了两种基准配合制度，即基孔制和基轴制。

1）基孔制。基本偏差为一定的孔的公差带，与不同基本偏差的轴的公差带形成各种配合的一种制度称为基孔制，如图 1-1-42a 所示。

基孔制配合中的孔称为基准孔，国家标准规定基准孔的基本偏差为下极限偏差，数值为零，基准孔的代号为 H。基孔制优先，常用配合见附表 A-3。

2）基轴制。基本偏差为一定的轴的公差带，与不同基本偏差的孔的公差带形成各种配合的一种制度称为基轴制，如图 1-1-42b 所示。

基轴制配合中的轴称为基准轴，国家标准规定基准轴的基本偏差为上极限偏差，数值为零，基准轴的代号为 h。基轴制优先，常用配合见附表 A-4。

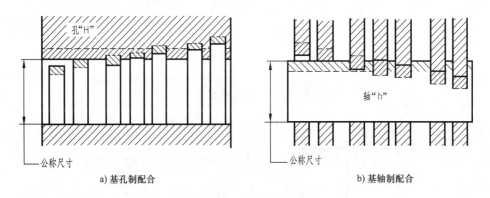

图 1-1-42　基准配合制度

（4）公差与配合的标注　在零件图上标注尺寸公差，有三种形式：只注公差带代号（适用于大批量生产）；只注偏差数值（适用于单件小批量生产）；同时注写公差带代号和偏差数值（应将偏差数值用括号括起来）。标注示例如图 1-1-43 所示。在装配图中则只标注配合代号，分别标出孔和轴的公差带代号，例如：$\phi 30 \dfrac{H8}{f7}$。

3. 几何公差（GB/T 1182—2008）

几何公差包括形状公差、方向公差、位置公差和跳动公差，其几何特征和符号见表 1-1-16；几何公差代号及基准代号的标注如图 1-1-44 所示；几何公差标注示例见表 1-1-17。

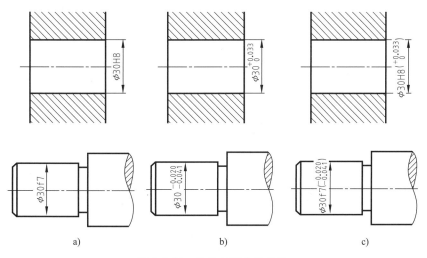

图 1-1-43 公差与配合的标注

表 1-1-16 几何公差特征和符号

公差类型	几何特征	符号	有无基准	公差类型	几何特征	符号	有无基准
形状公差 （6 项）	直线度	——	无	位置公差 （6 项）	位置度	⊕	有或无
	平面度	▱	无		同心度 （用于中心点）	◎	有
	圆度	○	无		同轴度 （用于轴线）	◎	有
	圆柱度	⌀	无		对称度	=	有
	线轮廓度	⌒	无		线轮廓度	⌒	有
	面轮廓度	◠	无		面轮廓度	◠	有
方向公差 （5 项）	平行度	//	有	跳动公差 （2 项）	圆跳动	∕	有
	垂直度	⊥	有		全跳动	⌰	有
	倾斜度	∠	有		—	—	—
	线轮廓度	⌒	有		—	—	—
	面轮廓度	◠	有		—	—	—

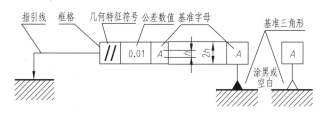

图 1-1-44 几何公差代号及基准代号标注

表 1-1-17　几何公差标注示例

名称	标注示例	公差带形状
平面度		
直线度		
圆柱度		
圆度		
平行度		
对称度		

（续）

名称	标注示例	公差带形状
同轴度	⌀0.015 A　A　ϕd_1　ϕd_2	⌀0.015　基准轴线
圆跳动	0.02 $A-B$　ϕD　ϕd　A　B	0.02　基准轴线　测量平面

四、零件图的识读

读零件图的要求如下：

1）了解零件的名称、材料及用途。

2）了解零件各部分的结构形状、相对位置及大小。

3）了解零件的加工方法与技术要求。

读零件图的方法与步骤为：

1）看标题栏，概括了解。

2）分析视图，想象零件结构形状。

3）看尺寸，分析尺寸基准。

4）分析技术要求。

5）归纳综合。

第四节 装 配 图

一、装配图的作用和内容

装配图用来表达机器或部件的工作原理、各组成部分的相对位置及装配关系，如图1-1-45所示的球阀，其装配图如图1-1-46所示。

装配图必须包括以下内容：

（1）一组视图 用来表达机器或部件的结构形式、工作原理以及各组成零件之间的相互位置和装配关系。

（2）必要的尺寸 用来表达机器或部件的性能、

图1-1-45 球阀

规格、外形大小、装配和安装所需的必要尺寸。

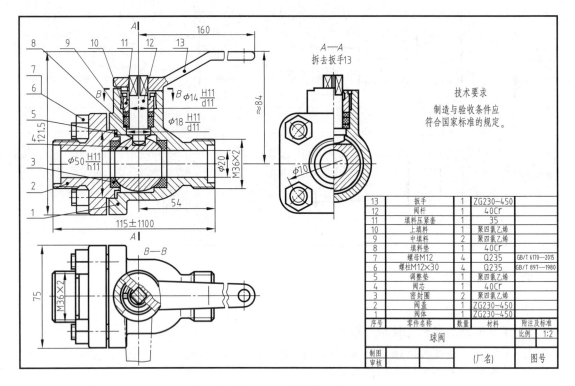

13	扳手	1	ZG230—450	
12	阀杆	1	40Cr	
11	填料压紧套	1	35	
10	上填料	1	聚四氯乙烯	
9	中填料	2	聚四氯乙烯	
8	填料垫	1	40Cr	
7	螺母M12	4	Q235	GB/T 6170—2015
6	螺柱M12×30	4	Q235	GB/T 897—1980
5	调整垫	1	聚四氯乙烯	
4	阀芯	1	40Cr	
3	密封圈	2	聚四氯乙烯	
2	阀盖	1	ZG230—450	
1	阀体	1	ZG230—450	
序号	零件名称	数量	材料	附注及标准
球阀			比例	1:2
制图				
审核			（厂名）	图号

图 1-1-46　球阀装配图

（3）技术要求　用文字或符号说明机器或部件在装配、安装、检验、调试和使用等方面的要求。

（4）零件的序号　在装配图中，应将各零件按一定的顺序和方法进行编号，指明零件所在位置。

（5）标题栏和明细栏　在装配图的右下方应以一定的格式画出标题栏和明细栏。标题栏是由机器或部件的名称及代号区、签字区、更改区和其他区组成；明细栏是由零件序号、代号、名称、数量、材料、重量和备注等内容组成。

二、装配图的视图表示法（GB/T 4457.5—2013）

1）两相邻零件的接触面和配合面只画一条线；非接触面和非配合面，即使间隙很小，也应画两条线。

2）两相邻零件的剖面线倾斜方向应相反，或方向一致但间隔不等。同一装配图中的同一零件的剖面线方向、间隔必须一致。宽度小于或等于2mm的狭小面积的剖面区域，可以涂黑代替。

3）对于紧固件及轴、连杆、球、键、销等实心零件，若按纵向剖切，且剖切平面通过其对称平面或轴线时，则这些零件均按不剖绘制。如需要表明这些零件上的某些结构，如凹槽、键槽、销孔等，则可用局部剖视图表示。

三、装配图的尺寸标注

1. 性能（规格）尺寸

表示机器或部件的性能、规格和特征的尺寸，如图 1-1-46 中球阀通孔的直径 $\phi20$，即与液体流量有关。

2. 装配尺寸

表示机器或部件中零件之间装配关系的尺寸，如图 1-1-46 中球阀阀体与阀盖的配合尺寸 $\phi50$ H11／h11。

3. 安装尺寸

表示安装机器或部件时所需要的尺寸，如图 1-1-46 中球阀两侧管接头螺纹尺寸 M36×2。

4. 外形尺寸

表示机器或部件总长、总宽、总高的尺寸，它是机器或部件在包装、运输以及安装时所需要考虑的尺寸。

上述各类尺寸，在每张装配图中并非一一俱全，有时一个尺寸兼有几种含义，这就需要根据具体情况而定。

四、装配图的零、部件序号（GB/T 4458.2—2003）

1. 一般规定

1）装配图中所有的零部件都必须编注序号。规格相同的零件只编一个序号；标准化组件，如滚动轴承、电动机等，可看作一个整体，只编注一个序号。

2）装配图中零部件序号应与明细栏中的序号一致。

2. 序号的组成

装配图中的序号一般由指引线（细实线）、圆点（或箭头）、横线（或圆圈）和序号数字组成。

3. 零件组序号

对紧固件组或装配关系清楚的零件组，允许采用公共指引线。

4. 序号的排列

零部件的序号应沿水平或垂直方向按顺时针或逆时针方向排列，并尽量使序号间隔相等。

五、标题栏和明细栏

国家标准《技术制图　明细栏》（GB/T 10609.2—2009）规定，装配图中应有明细栏，用来填写零、部件序号、代号、名称、数量、材料、重量等内容。明细栏一般配置在标题栏的上方，零部件的序号按由下而上顺序填写，其格数根据需要而定。当位置不够时，可紧靠在标题栏的左边自下而上延续。

图 1-1-47 所示为结合国家标准《技术制图　明细栏》中的一种明细栏格式示例。

六、装配图绘制

1. 装配图的视图选择

1）进行部件分析。

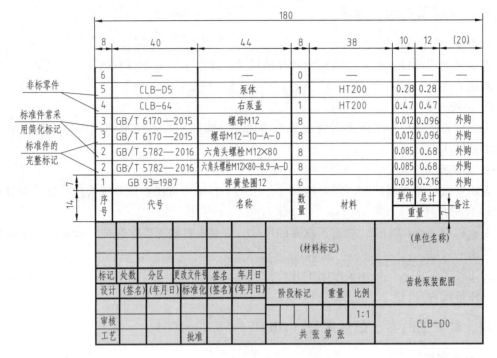

图 1-1-47　明细栏格式示例

2）确定主视图方向。

3）确定其他视图。

2. 装配图的绘制步骤

1）选比例，定图幅，布图，绘制基础零件的轮廓线。

2）绘制主要零件的轮廓线。

3）绘制细部零件及结构。

4）整理加深，标注尺寸，编号，填写明细栏和标题栏，写出技术要求，完成全图。

七、读装配图的方法和步骤

1）概括了解。从标题和有关的说明书中了解机器或部件的名称和大致用途，从明细栏和图中的编号了解机器或部件的组成。

2）对视图进行初步分析。明确装配图的表达方法、投影关系和剖切位置，并结合标注的尺寸，想象出主要零件的主要结构形状。

3）分析零部件工作原理和装配关系。

4）分析零件结构。

八、由装配图拆画零件图

为了看懂某一零件的结构形状，必须先把这个零件的视图从整个装配图中分离出来，然后想象其结构形状，对于表达不清的地方要根据整体拆画零件图。拆画零件图的方法和步骤如下：

1）看懂装配图，将要拆画的零件从整个装配图中分离出来。

2）确定视图表达方案。

3）标注尺寸。

第五节　第三角画法

当前，世界上各国的机械工程图样，基本上采用正投影法来表达机件的结构和形状。所不同的是，有的国家采用第一角画法；有的国家则采用第三角画法；还有的国家两种画法并用。中国、英国、德国和俄罗斯等国家采用第一角画法，美国、日本、新加坡等国家采用第三角画法。ISO 国际标准规定：在表达机件结构时，第一角和第三角画法同等有效。

一、第一角画法和第三角画法定义

如图 1-1-48 所示，由三个互相垂直相交的投影面组成的投影体系，把空间分成了八个部分，每一部分为一个分角，依次为 Ⅰ、Ⅱ、Ⅲ、Ⅳ…Ⅶ、Ⅷ分角。将机件放在第一分角进行投影，称为第一角画法；而将机件放在第三分角进行投影，称为第三角画法。

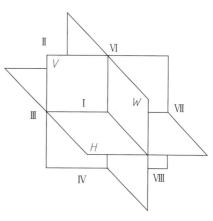

图 1-1-48　投影体系

二、第三角画法与第一角画法的区别

采用第一角画法是将机件置于第 Ⅰ 角内，使机件处于观察者与投影面之间，在投射方向上依次是人—机件—投影面，如图 1-1-49 所示。

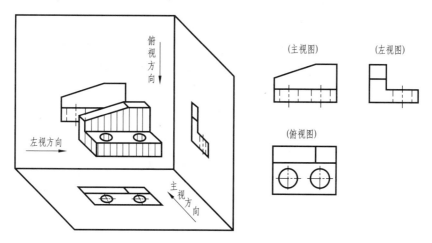

（主视图）　　　　（左视图）

（俯视图）

图 1-1-49　第一角画法

采用第三角画法是将机件置于第 Ⅲ 角内，使投影面处于观察者与机件之间，在投射方向上依次为人—投影面—机件，如图 1-1-50 所示。投影时就好像隔着"玻璃"看物体，将物体的轮廓形状印在"玻璃"（投影面）上即为所得视图。

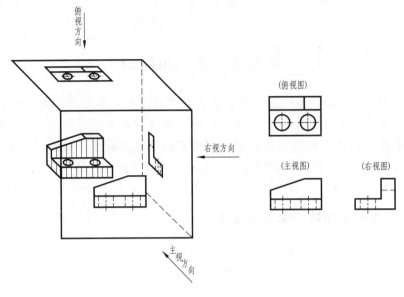

图 1-1-50　第三角画法

三、第三角画法的视图配置

第一角画法和第三角画法的视图配置分别如图 1-1-51a、图 1-1-51b 所示。

1）第三角画法和第一角画法一样，保持"长对正，高平齐，宽相等"的投影规律。

2）第三角画法上下、左右方位关系的判断方法与第一角画法一样。不同的是前后的方位关系判断，第三角画法以"主视图"为基准，除后视图以外的其他基本视图，远离主视图的一方为机件的后方，反之为机件的前方，简称"远离主视是后方"。可见两种画法的前后方位关系刚好相反。

3）根据前面两条规律，可得出两种画法的相互转化规律：主视图和后视图不动，将主视图周围上和下、左和右的视图对调位置，即可将一种画法转化成另一种画法。

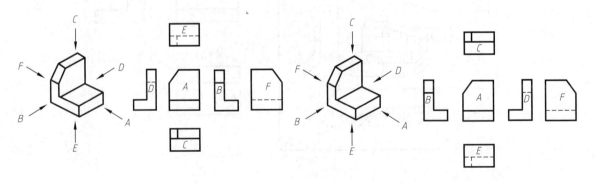

a）第一角画法的视图配置图　　　　　　　　　　　　b）第三角画法的视图配置图

图 1-1-51　第三角画法的投影面展开方式及视图配置

四、第一角和第三角画法的投影识别符号

国际标准中规定，应在标题栏附近画出所采用画法的投影识别符号。第一角画法的投影识别符号如图 1-1-52a 所示，第三角画法的投影识别符号如图 1-1-52b 所示。我国国家标准规定，由于我国采用第一角画法，因此，当采用第一角画法时无须标出画法的投影识别符号；当采用第三角画法时，必须在图样的标题栏附近画出第三角画法的投影识别符号。

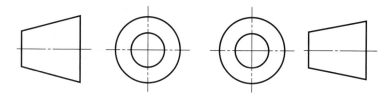

a) 第一角画法的投影识别符号　　　　b) 第三角画法的投影识别符号

图 1-1-52　第一角和第三角画法的投影识别符号

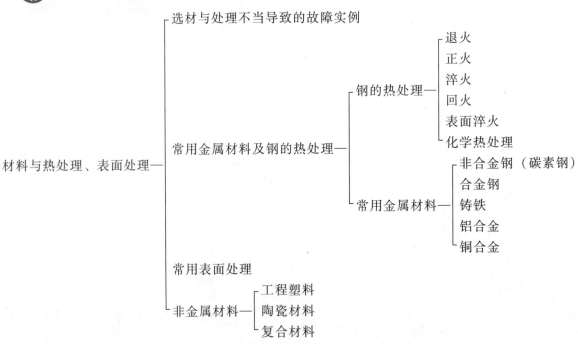

第二章

材料与热处理、表面处理

【知识目标】

了解金属材料的力学性能指标；熟悉金属热处理的类型、工艺和适用范围；了解铁碳合金和合金钢的分类、性能特点和具体应用；熟悉常用有色金属及其合金的性能和应用；掌握常用表面处理技术的特点和应用。

【知识结构】

材料与热处理、表面处理 —
- 选材与处理不当导致的故障实例
- 常用金属材料及钢的热处理 —
  - 钢的热处理 —
    - 退火
    - 正火
    - 淬火
    - 回火
    - 表面淬火
    - 化学热处理
  - 常用金属材料 —
    - 非合金钢（碳素钢）
    - 合金钢
    - 铸铁
    - 铝合金
    - 铜合金
- 常用表面处理
- 非金属材料 —
  - 工程塑料
  - 陶瓷材料
  - 复合材料

第一节　选材与处理不当导致的故障实例

事故描述：某工程使用的离心研磨设备上固定研磨罐的固定杆发生了断裂，导致了研磨罐飞出、撞坏设备的严重事故。断裂部位在固定杆的中间支头螺栓孔壁薄弱处，观察断裂口，可以看到材料缺乏韧性。

事故原因： 固定杆原设计规定采用"锻造＋表面淬火"工艺制作，材料为铬钼钢35CrMo（日本牌号 SCM435），既保证了韧性又确保了强度，能够耐受交变载荷。但后来采购更换了固定杆的供应商，新的供应商仅根据图样标注的淬火硬度 70HRC 以上的要求，将材料换成 45 钢，线切割机械加工，整体淬火，导致零件韧性缺失，在交变载荷作用下，应力集中在薄弱处，发生机械疲劳而断裂。

问题分析： 原设计材料为 35CrMo，属于合金调质钢，具有很高的静力强度、冲击韧性及较高的疲劳极限，抗拉强度≥980MPa，屈服强度≥835MPa，断后伸长率≥12%，断面收缩率≥45%，冲击韧度≥63J/cm^2。生产时采用"锻造＋表面淬火"工艺，锻造保证了零件材料纤维的连续性，以及质地的致密性，同时又相当于对零件进行了热处理，提高了零件的整体强度和韧性；表面淬火提高了零件表面的耐磨性，但又保持了零件心部的韧性。

替代 35GMo 生产固定杆的整体淬火的 45 钢的力学性能为：抗拉强度≥600MPa，屈服强度≥355MPa，断后伸长率≥16%，断面收缩率≥40%，冲击韧度≥39J/cm^2。从力学性能上比较，45 钢的抗拉强度和冲击韧性近似为 35CrMo 钢的一半；同时整体淬火硬度太高，大大增加了零件的脆性，特别是固定杆的中间支头螺栓孔壁薄弱处脆性更大。由此案例可以看到零件设计制造中正确选择材料和热处理、表面处理工艺的重要性。

第二节　常用金属材料及钢的热处理

一、常用金属材料的力学性能

金属材料在各种不同形式的载荷作用下所表现出来的特性叫作力学性能，通常用试验来测定。力学性能的主要指标有强度、塑性、硬度、冲击韧度等，见表 1-2-1。

表 1-2-1　力学性能的主要指标

分类	说明
强度	指金属材料在静载荷作用下抵抗永久变形和断裂的能力 强度指标是用单位截面积上的内力，即应力值来表示的，单位为 MPa，按照受载荷形式的不同可分为抗拉强度、抗压强度、抗弯强度、抗扭强度、抗剪强度等 一般情况下，多以抗拉强度作为判别金属材料强度高低的指标，通过拉伸试验来测定
塑性	指金属材料发生不可恢复的变形但不被破坏的能力 塑性指标用伸长率 A 和断面收缩率 Z 来表示，无单位 伸长率 A 和断面收缩率 Z 数值越大，材料的塑性越好，脆性就越差 塑性也是通过拉伸试验来测定 脆性材料断裂前没有明显的塑性变形
硬度	衡量金属材料软硬程度的指标，是指金属材料抵抗局部弹性变形、塑性变形、压痕或划痕的能力 材料的硬度越高，其耐磨性越好 常用的硬度测定法是用一定的静载荷（压力）把压头压在金属表面上，然后通过测定压痕的面积或深度来确定其硬度。常用的硬度试验方法有布氏硬度试验、洛氏硬度试验和维氏硬度试验三种

（续）

分类	说　　明
冲击韧性	指材料抵抗冲击载荷而不被破坏的能力 冲击韧性用冲击吸收能量来衡量,单位为 J。冲击吸收能量值越大,材料的冲击韧性就越好,在受到冲击时越不容易断裂 承受冲击载荷的零件,其性能不能单纯用静载荷作用下的指标来衡量,而必须考虑材料抵抗冲击载荷的能力
疲劳强度	金属材料在无数次交变载荷作用下而不被破坏的最大应力值称为疲劳强度,常用对称循环应力 σ_{-1} 表示。对于钢材,把经受 10^7 周次或更多周次而不破坏的最大应力定为疲劳强度;对于有色金属,一般则需规定应力循环次数达到 10^8 或更多周次,才能确定其疲劳强度

二、钢的热处理基本知识

（1）热处理的概念　将固态钢材采用适当的方式进行加热、保温和冷却,以改变钢的内部组织结构,从而获得所需组织与性能的工艺方法。

（2）热处理的目的　改变钢材的微观组织（而不是改变钢的成分）,从而提高钢材的力学性能,改善钢材的工艺性能。

（3）热处理的实质　将钢加热到一定温度,使钢的基本相完全转化为奥氏体（奥氏体化）,再冷却使奥氏体转变为基本相（此时晶粒大小发生了改变）。

（4）热处理类型　常用热处理类型如图 1-2-1 所示,其说明见表 1-2-2。

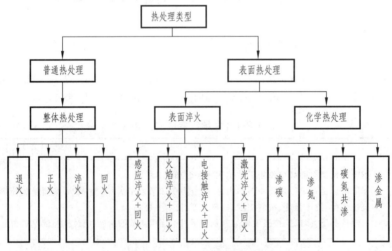

图 1-2-1　常用热处理类型

表 1-2-2　热处理主要类型及其说明

分类	说　　明
退火	将钢加热到适当温度,保温一定时间,然后缓慢冷却的热处理工艺 根据退火工艺与目的的不同,退火方法可分为以下几种: 完全退火:细化晶粒、均匀组织、降低硬度,以有利于切削加工,并充分消除内应力 等温退火:目的与完全退火相同,能大大缩短退火时间 去应力退火:主要用于消除工件中的残留应力,以稳定工件尺寸,避免其在使用或随后加工过程中产生变形或开裂

（续）

分类	说　　明
正火	将钢加热到一定温度，保温适当的时间后，在静止的空气中冷却的热处理工艺 正火的冷却速度比退火稍快，获得的组织较细，其强度、硬度比退火高一些 正火对低碳钢，可细化晶粒，提高硬度，改善加工性能；对中碳钢，可提高硬度和强度，作为最终热处理；对高碳钢，可为球化退火做准备 通常正火可作为力学性能要求不太高的普通结构零件的最终热处理；对于锻件等常采用正火热处理来改善切削加工性
淬火	将钢加热到适当温度，保温一定时间，然后快速冷却的热处理工艺 淬火的目的是获得马氏体组织，提高钢的硬度、强度和耐磨性，并保持足够的韧性 钢材本身具有淬透性和淬硬性两种属性 淬透性是钢在淬火时获得马氏体组织的难易程度。淬透性好，钢材越容易得到良好性能。钢材的淬透性可通过加入合金元素而得到提高，所以合金钢的淬透性比普通碳钢好 淬硬性是钢在理想条件下进行淬火硬化所能达到的最高硬度的能力。淬硬性的高低主要取决于钢中含碳量，含碳量越高，淬硬性越好。但当钢的含碳量大于 0.6% 时，钢材的硬度和强度增加并不很明显 设计制作选材时，对于承受较大负荷（特别是受拉、压、剪切力）的结构零件，都应选用淬透性好的钢；对于承受弯曲和扭转应力的轴类零件，由于表层承受应力大，心部承受应力小，故可选用淬透性低的钢
回火	钢件淬硬后，再加热到某一温度，保温一定时间，然后冷却到室温的热处理工艺。它是紧接淬火的热处理工序 淬火钢工件一般不宜直接使用，必须进行回火。回火的主要目的是：获得工件所需要的性能；消除淬火冷却应力，降低钢的脆性；稳定工件组织和尺寸
表面淬火	是指仅对工件表层进行淬火的表面热处理工艺。其目的是使工件获得表层硬而耐磨、心部仍保持良好韧性的性能。硬度比普通淬火高 2~3HRC。表面淬火后需进行低温回火 实际使用的工艺有利用感应电流通过工件所产生的热效应的感应淬火，以及利用氧-乙炔（或其他可燃气体）的高温火焰对零件表面进行加热后快速冷却的火焰淬火
化学热处理	将工件置于一定温度的活性介质中保温，使一种或几种元素深入它的表层，以改变其化学成分、组织和性能的热处理工艺 渗碳：使碳原子渗入工件表层的化学热处理工艺。其目的是使低碳钢件的表层获得高的碳浓度，提高表面硬度、耐磨性及疲劳强度。同时，工件心部仍能保持足够的韧性和塑性。渗碳主要用于低碳钢、低碳合金钢、同时承受磨损和较大冲击载荷的零件，如齿轮、活塞销、凸轮、轴类等 渗氮：使氮原子渗入工件表层的化学热处理工艺。渗氮的目的是提高工件的表面硬度、耐磨性、耐蚀性和疲劳强度。工件渗氮后表面形成一层坚硬的氮化物，渗氮层硬度高达 950~1200HV（相当于 68~72HRC），故不再需要淬火。渗氮用钢多采用含有铬、钼、铝等元素的合金钢

三、常用金属材料

1. 非合金钢（旧称碳素钢，简称碳钢）

铁碳合金是以铁和碳为基本成分组成的合金，是钢和铸铁的统称。碳的质量分数为 0.0218%~2.11% 的铁碳合金称为非合金钢，碳的质量分数为 2.11%~6.69% 的铁碳合金称为白口铸铁。碳钢价格低廉，冶炼方便，工艺性能良好，在一般情况下能满足使用性能的要求。

（1）非合金钢的分类

1）按钢中碳的含量分类。低碳钢：$w_C \leq 0.25\%$；中碳钢：$0.25\% < w_C \leq 0.60\%$；高碳钢：$w_C > 0.60\%$。

2）按钢的主要质量等级分类。根据钢中有害杂质硫、磷含量，可划分为普通质量非合金钢（$w_S \leq 0.040\%$，$w_P \leq 0.040\%$）、优质非合金钢（除普通质量非合金钢和特殊质量非合金钢以外的非合金钢）和特殊质量钢（$w_S < 0.020\%$，$w_P < 0.020\%$）三类。

3）按用途分类。碳素结构钢：主要用于制造机器零件（齿轮、轴、螺钉、螺栓、连杆等）和各种工程构件（桥梁、船舶、建筑构件等）。这类钢一般属于低碳钢和中碳钢。

非合金工具钢：主要用于制造各种刃具、量具、模具等。这类钢一般属于高碳钢。

（2）非合金钢的牌号

1）碳素结构钢的牌号：由表示屈服强度的字母 Q+屈服强度值+质量等级符号+脱氧方法四个部分按顺序组成。如 Q235AF 表示碳素结构钢，屈服强度为 235MPa，是 A 级沸腾钢。

碳素结构钢中碳的质量分数一般为 $0.06\% \sim 0.38\%$，钢中有害杂质相对较多，价格便宜，通常轧制成钢板或各种型材（圆钢、方钢、工字钢、角钢、钢筋等）供应。

2）优质碳素结构钢的牌号：用两位数字表示，数字是以平均万分数表示钢中碳的质量分数的。如 08、10、45 钢的含碳量分别是 0.08%、0.10%、0.45%。

优质碳素结构钢有害杂质较少，其强度、塑性、韧性均比碳素结构钢好，主要用于制造较重要的机械零件。

3）非合金工具钢（旧称碳素工具钢）的牌号：由字母 T+数字组成。数字是以名义千分数表示钢中碳的质量分数的，如 T8 钢，表示平均碳的质量分数为 0.8% 的优质碳素工具钢。若是高级优质非合金工具钢，则在牌号末尾加字母"A"，如 T12A。

非合金工具钢含碳量比较高（$w_C = 0.65\% \sim 1.35\%$），硫、磷杂质含量较少，经淬火+低温回火后硬度比较高，但塑性较低，主要用于制造各种低速切削刀具、量具和模具。

4）铸造碳钢的牌号：由表示铸钢的字母 ZG+屈服强度值+抗拉强度值组成。如 ZG 270-500 表示屈服强度为 270MPa、抗拉强度为 500MPa 的铸造碳钢。

铸造碳钢碳的质量分数一般为 $0.15\% \sim 0.60\%$。若含碳量过高，则钢的塑性差，且铸造时容易产生裂纹。铸造碳钢的最大缺点是熔化温度高、流动性差、收缩率大，因此，铸钢件均需进行热处理。

常用非合金钢牌号、主要成分、力学性能及用途见表 1-2-3～表 1-2-6。

表 1-2-3　常用碳素结构钢的牌号、主要成分、力学性能及用途

牌号	日本钢号	碳的质量分数 $w_C(\%) \leq$	屈服强度 R_{eH}/MPa	抗拉强度 R_m/MPa	断后伸长率 $A(\%)$	主　要　用　途
Q195	SS330	0.12	195	$315 \sim 430$	33	用于制作铁丝、钉子、铆钉、垫块、钢管、屋面板及轻负荷的冲压件
Q215	SS330	0.15	215	$335 \sim 450$	31	
Q235	SS400	0.22	235	$370 \sim 500$	26	应用最广。用于制作薄板、中板、钢筋、各种型材、一般工程构件、受力不大的机器零件，如小轴、拉杆、螺栓、连杆等
Q275	SS490	0.24	275	$410 \sim 540$	22	用于制作承受中等载荷的普通零件，如链轮、拉杆、心轴、键、齿轮、传动轴等

表 1-2-4 常用优质碳素结构钢的牌号、主要成分、力学性能及用途

牌号	日本钢号	碳的质量分数 w_C（%）	屈服强度 R_{eL}/MPa	抗拉强度 R_m/MPa	断后伸长率 A（%）	主要用途
08	S09CK	0.05～0.11	195	325	33	用于制造受力不大的焊接件、冲压件、锻件和心部强度要求不高的渗碳件。如角片、支臂、帽盖、垫圈、锁片、销钉、小轴等。退火后可制造电磁铁或电磁吸盘等磁性零件
10	S10C	0.07～0.13	205	335	31	
15	S15C	0.12～0.18	225	375	27	主要用作低负荷、形状简单的渗碳、碳氮共渗零件，如小轴、小模数齿轮、仿形样板、套筒、摩擦片等，也可用作受力不大但要求韧性较好的零件，如螺栓、起重钩、法兰盘等
20	S20C	0.17～0.23	245	410	25	
30	S30C	0.27～0.34	295	490	21	用作截面较小、受力较大的机械零件，如螺钉、丝杠、转轴、曲轴、齿轮等。30钢也适于制作冷顶锻零件和焊接件，但35钢一般不作焊接件
35	S35C	0.32～0.39	315	530	20	
40	S40C	0.37～0.44	335	570	19	用于制作承受载荷较大的小截面调质件和应力较小的大型正火零件以及对心部强度要求不高的表面淬火件。如曲轴、传动轴、连杆、链轮、齿轮、齿条、蜗杆、辊子等
45	S45C	0.42～0.50	355	600	16	
50		0.47～0.55	375	630	14	用作要求较高强度和耐磨性或弹性、动载荷及冲击载荷不大的零件，如齿轮、连杆、轧辊、机床主轴、曲轴、犁铧、轮圈、弹簧等
55	S55C	0.52～0.60	380	645	13	
65		0.62～0.70	410	695	10	主要在淬火、中温回火状态下使用。用作要求较高弹性或耐磨性的零件，如气门弹簧、弹簧垫圈、U形卡、轧辊、轴、凸轮及钢丝绳等
65Mn		0.62～0.70	430	735	9	
70		0.67～0.75	420	715	9	用作截面不大、承受载荷不太大的各种弹性零件和耐磨零件，如各种板簧、螺旋弹簧、轧辊、凸轮、钢轨等
75		0.72～0.80	880	1080	7	

表 1-2-5 常用非合金工具钢的牌号、主要成分、力学性能及用途

牌号	碳的质量分数 w_C（%）	退火后硬度（HBW）≤	淬火后硬度（HRC）≥	主要用途
T7	0.65～0.74	187	62	用于承受冲击、要求韧性较好，但切削性能不太高的工具，如凿子、冲头、手锤、剪刀、木工工具、简单胶木模
T7A				
T8	0.75～0.84			用于承受冲击、要求硬度较高和耐磨性好的工具，如简单的模具、冲头、切削软金属的刀具、木工铣刀、斧、圆锯片等
T8A				
T9	0.85～0.94	192		用于要求韧性较好、硬度较高的工具，如冲头、凿岩工具、木工工具等
T9A				
T10	0.95～1.04	197		用于不受剧烈冲击、有一定韧性及锋利刀口的各种工具，如车刀、刨刀、冲头、钻头、锥、手锯条、小尺寸冲模等
T10A				
T11	1.05～1.14	207		同上。还可做刻锉刀的凿子、钻岩石的钻头等
T11A				

（续）

牌号	碳的质量分数 w_C（%）	退火后硬度（HBW）$\leqslant$	淬火后硬度（HRC）$\geqslant$	主要用途
T12	1.15~1.24	207	62	用于不受冲击，要求高硬度、高耐磨性的工具，如锉刀、刮刀、丝锥、精车刀、铰刀、锯片、量规等
T12A				
T13	1.25~1.35	217		同上。用于要求更加耐磨的工具，如剃刀、刻字刀、拉丝工具等
T13A				

表 1-2-6　常用铸造碳钢的牌号、主要成分、力学性能及用途

牌号	碳的质量分数 w_C（%）	屈服强度 R_{eH}（$R_{po.2}$）/MPa	抗拉强度 R_m/MPa	伸长率 A_5（%）	主要用途
ZG 200-400	0.20	200	400	25	用于受力不大、要求韧性较好的各种机械零件，如机座、变速箱壳等
ZG 230-450	0.30	230	450	22	用于受力不大、要求韧性较好的各种机械零件，如砧座、外壳、轴承盖、底板、阀体、犁柱等
ZG 270-500	0.40	270	500	18	用途广泛。常用作轧钢机机架、轴承座、连杆箱体、曲拐、缸体等
ZG 310-570	0.50	310	570	15	用于受力较大的耐磨零件，如大齿轮、齿轮圈、制动轮、辊子、棘轮等
ZG 340-640	0.60	340	640	10	用于承受重载、要求耐磨的零件，如起重机齿轮、轧辊、棘轮、联轴器等

　　碳钢还是主要的锻造材料。原因是碳的质量分数小于 2.11% 的钢在高温时能转变为奥氏体单相组织，具有良好的塑性和较低的变形抗力，易于承受压力加工。铸铁是不能锻造的。

　　钢加热到一定温度后，表层的铁和炉气中的氧化性气体容易发生氧化，造成烧损，每次加热时的烧损量可达金属质量的 1%~3%，因此，锻造时要尽量控制锻造温度。常用锻造金属材料及锻造温度见表 1-2-7。

表 1-2-7　常用锻造金属材料及锻造温度

金属材料	始锻温度/℃	终锻温度/℃	锻造温度范围/℃
碳素结构钢	1200~1250	800~850	400~450
非合金工具钢	1050~1150	750~800	300~350
合金结构钢	1150~1200	800~850	350
合金工具钢	1050~1150	800~850	250~300
高速工具钢	1100~1150	900	200~250
耐热钢	1100~1150	850	250~300
弹簧钢	1100~1150	800~850	300
轴承钢	1080	800	280

2. 合金钢

合金钢是为了改善钢的组织和性能，在碳钢的基础上，有目的的加入一些元素而制成的钢。常用的合金元素有锰、铬、镍、硅、钼、钨、钒、钛、锆、钴、铌、铜、铝、硼、稀土（Re）等。

（1）合金钢的分类

1）按用途分类。

合金结构钢，指用于制造各种机械零件和工程结构的钢。主要包括低合金结构钢、合金渗碳钢、合金调质钢、合金弹簧钢、滚动轴承钢等。

合金工具钢，指用于制造各种工具的钢。主要包括合金刃具钢、合金模具钢和合金量具钢等。

特殊性能钢，指具有某种特殊物理或化学性能的钢。主要包括不锈钢、耐热钢、耐磨钢等。

2）按合金元素的总含量分类。低合金钢：合金元素总的质量分数 $w_{Me} < 5\%$；中合金钢：$5\% \leqslant w_{Me} \leqslant 10\%$；高合金钢：$w_{Me} > 10\%$。

（2）合金钢的牌号

1）合金结构钢的牌号由三部分组成，依次为两位数字、元素符号、数字。前面两位数字是以平均万分数表示的碳的质量分数；元素符号代表钢中的合金元素；后面的数字是以百分数表示该元素的质量分数。当合金元素的平均含量 $w_{Me} < 1.5\%$ 时，只标出元素符号而不标代表其含量的数字；当其 $w_{Me} \geqslant 1.5\%$，2.5%，3.5%，…时，则在元素符号后标出相应的 2，3，4，…。如 60Si2Mn 钢，表示平均 $w_C = 0.60\%$，平均 $w_{Si} \geqslant 1.5\%$，平均 $\omega_{Mn} < 1.5\%$ 的合金结构钢。

常用低合金结构钢的牌号、性能及用途见表 1-2-8。

表 1-2-8　常用低合金结构钢的牌号、性能及用途

牌　号	公称厚度或直径 /mm	力学性能			使用状态	用途举例
		R_m/MPa	R_{eL}/MPa	断后伸长率 $A(\%)$		
Q345（16Mn）	≤16	470～630	≥345	≥21	热轧或正火	各种大型钢结构、桥梁、船舶、锅炉、压力容器、重型机械、电站设备等
	>16～40	470～630	≥335	≥20		
Q390（15MnV）	>4～16	490～650	≥390	≥20	热轧或正火	中高压锅炉、中高压石油化工容器、车辆、桥梁、起重机及其他承受高载荷的焊接构件
	>16～40	490～650	≥370	≥19		
Q390（16MnNb）	≤16	490～650	≥390	≥20	热轧	大型焊接结构，如容器管道及重型机械设备、桥梁等
	>16～40	490～650	≥370	≥19		
Q420（14MnVTiRE）	≤12	520～680	≥420	≥19	热轧或正火	大型船舶、桥梁、高压容器、重型机械设备及其他焊接结构件
	>12～40	520～680	≥400	≥18		

注：表内所列材料无对应日本钢号。

常用合金渗碳钢的牌号、性能及用途见表 1-2-9。

表 1-2-9　常用合金渗碳钢的牌号、性能及用途

牌　号	日本钢号	试样毛坯尺寸/mm	力学性能（不小于）				用途举例
			R_m/MPa	A(%)	Z(%)	KU_2/J	
20Cr	SCr240	15	835	10	40	47	用于 30mm 以下、形状复杂而受力不大的渗碳件，如机床齿轮、齿轮轴、活塞销
20MnV		15	785	10	40	55	代替 20Cr，也可做锅炉、压力容器、高压管道等
20CrMnTi		15	1080	10	45	55	用于截面直径在 30mm 以下，承受高速、中或重载、摩擦的重要渗碳件，如齿轮、凸轮等
20Cr2Ni4		15	1180	10	45	63	用于承受高载荷的重要渗碳件，如大型齿轮和轴类件
18Cr2Ni4W		15	1180	10	45	78	用于大截面的齿轮传动轴、曲轴、花键轴等

常用合金调质钢的牌号、性能及用途见表 1-2-10。

表 1-2-10　常用合金调质钢的牌号、性能及用途

牌　号	日本钢号	试样毛坯尺寸/mm	力学性能（不小于）				用途举例
			R_m/MPa	A(%)	Z(%)	KU_2/J	
40Cr	SCr440	25	980	9	45	47	制作重要调质件，如轴类件、连杆螺栓、汽车转向节、后半轴、齿轮等
40MnB		25	980	10	45	47	代替 40Cr
30CrMnSi		25	1080	10	45	39	用于飞机重要件，如起落架、螺栓、对接接头、冷气瓶等
30CrMo	SCM430	15	930	12	50	71	制作重要调质件，如大电机轴、锤杆、轧钢曲轴，是 40CrNi 的代用钢
38CrMoAl	SACM645	30	980	14	50	71	制作需渗氮的零件，如镗杆、磨床主轴、精密丝杠、高压阀门、量规等
40CrMnMo		25	980	10	45	63	制作受冲击载荷的高强度件，是 40CrNiMo 的代用钢
40CrNiMo		25	980	12	55	78	制作重型机械中高载荷的轴类、直升机的旋翼轴、汽轮机轴、齿轮等

常用合金弹簧钢的牌号、性能及用途见表 1-2-11。

表 1-2-11　常用合金弹簧钢的牌号、性能及用途

| 牌　号 | 日本钢号 | 热处理温度/℃ | | 力学性能（不小于） | | | | 用　途　举　例 |
		淬火	回火	R_m/MPa	R_{eL}/MPa	$A(\%)$	$Z(\%)$	
60Si2Mn	SUP7	870（油）	440	1570	1375	5（A11.3）	20	同 55Si2Mn
50CrV	SUP10	850（油）	500	1275	1130	10	40	用于 $\phi30 \sim 50mm$，工作温度在 400℃ 以下的弹簧、板簧
60Si2CrV		850（油）	410	1860	1665	6	20	用于直径小于 50mm 的弹簧,工作温度低于 250℃ 的重型板簧与螺旋弹簧

常用滚动轴承钢的牌号、性能及用途见表 1-2-12。

表 1-2-12　常用滚动轴承钢的牌号、性能及用途

| 牌　号 | 日本钢号 | 化学成分 | | 热处理温度/℃ | | 回火后硬度（HRC） | 用　途　举　例 |
		$w_C(\%)$	$w_{Cr}(\%)$	淬火	回火		
GCr15	SUJ2	0.95~1.05	1.40~1.65	820~840（油）	150~160	62~64	同 GCr9SiMn
GCr15SiMn		0.95~1.05	1.40~1.65	810~830（油）	160~200	61~65	直径小于 50mm 的滚珠,壁厚大于或等于 14mm、外径大于 250mm 的套圈,直径为 25mm 以上的滚珠

常用冷作模具钢的牌号、性能及用途见表 1-2-13。

表 1-2-13　常用冷作模具钢的牌号、性能及用途

| 牌　号 | 日本钢号 | 退火温度及硬度 | 热处理温度/℃ | | 回火后硬度（HRC） | 用　途　举　例 |
			淬火	回火		
Cr12	SKD1	850~870℃ ≤269HBW	950~980（油）	180~220	60~62	用于耐磨性能高而不受冲击的模具,如冷冲模冲头、冷切剪刀、钻套、量规、粉末冶金模、拉丝模、车刀、铰刀等
			1050~1080（油）	510~520（三次）	59~60	
Cr12MoV	SKD11	850~870℃ ≤255HBW	980~1030（油）	160~180	61~63	用于截面较大,形状复杂,工作繁重的模具,如圆锯、搓丝板、切边模、滚边模、标准工具与量规等
			1080~1150（油）	510~520（三次）	60~62	

常用热作模具钢的牌号、性能及用途见表 1-2-14。

表 1-2-14　常用热作模具钢的牌号、性能及用途

| 牌　号 | 日本钢号 | 退火 | | 淬火 | | 回火 | | 用　途　举　例 |
		温度/℃	硬度（HBW）	温度/℃	冷却介质	温度/℃	硬度（HRC）	
5CrNiMo		830~860	197~241	830~860	油	530~550	39~43	用于形状复杂、冲击载荷重的各种大、中型锤锻模（边长 >40mm）

（续）

牌　号	日本钢号	退火		淬火		回火		用　途　举　例
		温度/℃	硬度（HBW）	温度/℃	冷却介质	温度/℃	硬度（HRC）	
5CrMnMo	SKT3	820~850	197~241	820~850	油	560~580	35~39	用于中型锤锻模（边长范围 30~400mm）
4Cr5MoSiV	SKD6	840~890	≤229	1000~1010	空气	550	40~54	用于模锻锤锻模、热挤压模具（挤压铝、镁）、塑料模具、高速锤锻模、铝合金压铸模等
3Cr2W8V	SKD5	860~880	≤255	1075~1125	油	560~660（三次）	44~54	用于热挤压模（挤压铜、钢）、压铸模、热剪切刀
4Cr5W2VSi		840~890	≤229	1030~1050	油或空气	580（二次）	45~50	用于寿命要求高的热锻模、高速锤用模具与冲头、热挤压模具及芯棒、有色金属压铸模等

常用不锈钢的牌号、性能及用途见表 1-2-15。

表 1-2-15　常用不锈钢的牌号、性能及用途

牌　号	日本钢号	主要化学成分		力学性能				用途举例
		w_C（%）	w_{Cr}（%）	R_m/MPa	R_{eL}/MPa	Z（%）	硬度（HBW）	
12Cr13	SUS410 SUS403	≤0.15	11.50~13.50	≥540	≥345	≥55	≥159	制作耐弱腐蚀性介质并承受冲击的零件，如汽轮机叶片、水压机阀、螺栓
20Cr13	SUS420J1	0.16~0.25	12.00~14.00	≥640	≥440	≥50	≤192	
30Cr13	SUS420J2	0.26~0.35	12.00~14.00	≥735	≥540	≥40	≥217	制作刀具、喷嘴、阀座、阀门、医疗器具等
32Cr13Mo		0.28~0.35	12.00~14.00				≥50 HRC	制作高温及高耐磨性的热油泵轴、轴承、阀片、弹簧等
10Cr17	SUS430	≤0.12	16.00~18.00	≥450	≥205	≥50	≥183	制作建筑内装饰、家庭用具、重油燃烧部件、家用电器部件等
008Cr30Mo2	SUS117J1	≤0.010	28.50~32.00	≥450	≥295	≥45	≥228	耐腐蚀性很好，用作苛性碱设备及有机酸设备
06Cr19Ni10	SUS304	≤0.08	18.00~20.00	≥520	≥205	≥60	≥187	用于食品设备、一般化工设备、原子能工业
12Cr18Ni9	SUS302	≤0.15	17.00~19.00	≥520	≥205	≥60	≥187	制造建筑用装饰部件及耐有机酸、碱溶液腐蚀的设备零件、管道
06Cr19Ni13Mo3	SUS317	≤0.08	18.00~20.00	≥520	≥205	≥60	≥187	耐点蚀性好，用于制造染色设备零件
022Cr19Ni13Mo3	SUS317L	≤0.03	18.00~20.00	≥480	≥175	≥60	≥187	制作要求耐晶间腐蚀性好的零件

常用耐热钢的牌号、性能及用途见表1-2-16。

表 1-2-16 常用耐热钢的牌号、性能及用途

牌 号	日本钢号	力学性能					最高使用温度/℃		用 途 举 例
		R_m /MPa	$R_{p0.2}$ /MPa	A (%)	Z (%)	硬度 (HBW)	抗氧化	热强性	
16Cr25N	SUH446	≥510	≥275	≥20	≥40	≤201	<1082		用作工作温度为1050℃以下炉用构件
06Cr13Al	SUS405	≥410	≥175	≥20	≥60	≤183	<900		用作工作温度<900℃,受力不大的炉用构件,如退火炉罩等
10Cr17	SUS430	≥450	≥205	≥22	≥50	≤183	<900		用作工作温度<900℃的耐氧化性部件,如散热器、喷嘴等
13Cr13Mo	SUS410J1	≥690	≥490	≥20	≥60	≤192	800	500	用于工作温度<800℃的耐氧化件,工作温度<480℃的蒸汽用机械部件
15Cr12WMoV		≥735	≥585	≥15	≥45		750	580	用于工作温度<580℃的汽轮机叶片、叶轮、转子、紧固件等
42Cr9Si2	SUH1	≥885	≥590	≥19	≥50		800	650	用于工作温度<700℃的发动机排气阀、料盘等
40Cr10Si2Mo	SUH3	≥885	≥685	≥10	≥35		850	650	同 4Cr9Si2
06Cr18Ni11Nb	SUS347	≥520	≥205	≥40	≥50	≤187	850	650	用作工作温度为400～900℃腐蚀条件下使用的部件、焊接结构件等
45Cr14Ni14W2Mo		≥705	≥315	≥20	≥35	≤248	850	750	用于工作温度为500～600℃的汽轮机零件、重负荷内燃机排气阀
06Cr25Ni20	SUS310S	≥520	≥205	≥40	≥50	≤187	1035		用于工作温度<1035℃的炉用材料、汽车净化装置

2）合金工具钢牌号的表示方法与合金结构钢相似，区别仅在于碳含量的表示方法不同。当平均 $w_C<1\%$ 时，牌号前面用一位数字表示平均含碳量的千倍，当平均 $w_C \geq 1\%$ 时，牌号中不标含碳量。如 9SiCr，表示平均 $w_C = 0.90\%$，合金元素 Si、Cr 的平均含量都小于 1.5% 的合金工具钢；Cr12MoV 表示平均 $w_C \geq 1\%$，$w_{Cr} \approx 12\%$，钼和钒的平均含量都小于 1.5% 的合金工具钢。

3）特殊性能钢的牌号表示方法与合金工具钢的相似，铬前面的数字是碳的质量分数对应的小数点后面的数字，当 $w_C \geq 0.04\%$ 时，推荐用两位小数；$w_C \leq 0.030\%$ 时，推荐用三位小数。如 06Cr19NiBMo3 表示平均 $w_C \leq 0.08\%$，$w_{Cr} \approx 18\% \sim 20\%$，$w_{Ni} \approx 11\% \sim 15\%$，$w_{Mo} = 3\% \sim 4\%$ 的不锈钢。

3. 铸铁

铸铁是指一系列主要由铁、碳和硅组成的合金的总称。铸铁和碳钢的主要不同是铸铁含

碳量和含硅量较高，一般 $w_C = 2.50\% \sim 4\%$，$w_{Si} = 1\% \sim 3\%$，杂质元素锰、硫、磷较多。为了提高铸铁的力学性能或物理、化学性能，还可加入一定量的合金元素，得到合金铸铁。铸铁具有优良的铸造性能、切削加工性、耐磨性、减振性及较低的缺口敏感性。

常用铸铁种类：

（1）灰铸铁　断口呈灰色，这类铸铁力学性能不高，但它的生产工艺简单、价格低廉，在工业生产中应用最广。

灰铸铁的牌号：HT+数字。HT代表灰铸铁，数字表示最低抗拉强度值，单位为MPa。常用灰铸铁牌号、性能及应用见表1-2-17。

表 1-2-17　常用灰铸铁牌号、性能及应用

牌　号	铸件壁厚/mm	铸件最小抗拉强度/MPa	适用范围及应用
HT100	5～40	100	低载荷和不重要的零件,如盖、外罩、手轮、支架、重锤等
HT150	5～10	150	承受中等应力(抗弯强度小于100MPa)的零件,如支柱、底座、齿轮箱、工作台、刀架、端盖、阀体、管路附件及一般无工作条件要求的零件
HT150	10～20	150	
HT150	20～40	150	
HT150	40～80	150	
HT200	5～10	200	承受较大应力(抗弯强度小于300MPa)和较重要的零件,如气缸体、齿轮、机座、飞轮、床身、缸套、活塞、制动轮、联轴器、齿轮箱、轴承座、液压缸等
HT200	10～20	200	
HT200	20～40	200	
HT200	40～80	200	
HT250	5～10	250	
HT250	10～20	250	
HT250	20～40	250	
HT250	40～80	250	
HT300	10～20	300	承受高弯曲应力(抗弯强度小于500MPa)及抗拉应力的重要零件,如齿轮、凸轮、车床卡盘、剪床和压力机的机身、床身、高压液压缸、滑阀壳体等
HT300	20～40	300	
HT300	40～80	300	

（2）球墨铸铁　在铸铁中具有最高的力学性能，可与相应组织的铸钢相媲美，但球墨铸铁的塑性、韧性低于钢。

球墨铸铁的牌号：QT+数字+数字。QT代表球墨铸铁，前面数字表示抗拉强度单位为MPa；后面数字表示伸长率。常用球墨铸铁牌号、性能及应用见表1-2-18。

表 1-2-18　常用球墨铸铁牌号、性能及应用

牌　号	最小抗拉强度/MPa	最小伸长率(%)	硬度/HBW	实际应用
QT400-18	400	18	120～175	汽车和拖拉机底盘零件、轮毂、电动机壳、闸瓦、联轴器、泵、阀体、法兰等
QT400-15	400	15	120～180	
QT450-10	450	10	160～210	

（续）

牌　号	最小抗拉强度 /MPa	最小伸长率 （％）	硬度/HBW	实际应用
QT500-7	500	7	170～230	电动机架、传动轴、直齿轮、链轮、罩壳、托架、连杆、摇臂、曲柄等
QT600-3	600	3	190～270	
QT700-2	700	2	225～305	汽车、拖拉机传动齿轮、曲轴、凸轮轴、缸体、缸套、转向节等
QT800-2	800	2	245～335	
QT900-2	900	2	280～360	

（3）可锻铸铁　是一种历史比较悠久的铸铁材料，力学性能比灰铸铁高，尤其是塑性和韧性较好。可锻铸铁主要用于薄壁、复杂小型零件的生产。

可锻铸铁的牌号：KTH 或 KTZ、KTB+数字+数字。KTH、KTZ、KTB 代表黑心可锻铸铁、珠光体可锻铸铁、白心可锻铸铁；前面数字表示抗拉强度，单位为 MPa，后面数字表示伸长率。常用可锻铸铁牌号、性能及应用见表1-2-19。

表 1-2-19　常用可锻铸铁牌号、性能及应用

类　别	牌　号	最小抗拉强度 /MPa	最小伸长率 （％）	硬度/HBW	实际应用
黑心可锻铸铁	KTH 300—06	300	6	≤150	汽车、拖拉机用桥壳、减速器壳、制动器、支架等；机床附件，如钩形扳手、螺栓扳手；农机具零件，如犁刀、犁柱等 纺织、建筑零件及各种管接头、中低压阀门等
	KTH 330—08	330	8		
	KTH 350—10	350	10		
	KTH 370—12	370	12		
珠光体可锻铸铁	KTZ 450—06	450	6	150～200	曲轴、凸轮轴、连杆、齿轮、摇臂、活塞环、轴套、万向接头、棘轮、传动链条等
	KTZ 550—04	550	4	180～230	
	KTZ 650—02	650	2	210～260	
	KTZ 700—02	700	2	240～290	

4．铝合金

在纯铝中加入适量的铜、镁、锰、锌、硅等合金元素而形成的合金。铝合金的力学性能大大高于纯铝，而且仍保持密度小、耐腐蚀的优点。若再经过热处理，其强度还可进一步提高。

铝合金可分为变形铝合金（可进行压力加工的铝合金）和铸造铝合金两大类。

（1）变形铝合金

1）防锈铝：具有适中的强度、良好的塑性和抗蚀性。主要用途是制造油罐、各种容器、防锈蒙皮等。

2）硬铝：可通过淬火和时效处理获得相当高的强度，但耐蚀性差。硬铝应用广泛，可轧成板材、管材和型材，在火箭、飞机、轮船等制造业中主要用来制造较高负荷下的各种构件、铆接与焊接零件。

3）超硬铝：在硬铝基础上再加锌而成，强度高于硬铝。主要用于制造要求质量轻、受力较大的结构零件。应用于飞机结构件，如翼梁、螺旋桨叶、起落架等。

4）锻铝：具有优良的锻造工艺性能，主要用来制造锻件和模锻件。

部分变形铝合金的牌号、性能及实际应用见表 1-2-20。

表 1-2-20　部分变形铝合金的牌号、性能及实际应用

类　别	牌　号	抗拉强度/MPa	伸长率（%）	硬度/HBW	实　际　应　用
防锈铝	5A05	280	20	70	焊接油箱、油管、焊条、铆钉以及中载零件及制品
	3A21	130	20	30	焊接油箱、油管、焊条、铆钉以及轻载零件及制品
硬铝	2A01	300	24	70	工作温度不超过100℃的结构用中等强度铆钉
	2A11	420	15	100	中等强度的结构零件，如骨架、支柱、螺旋桨叶片、局部镦粗零件、螺栓和铆钉
超硬铝	7A04	600	12	150	结构中主要受力件，如飞机大梁、桁架、加强框、起落架
锻铝	2B50	390	10	100	形状复杂的锻件，如压气机轮和风扇叶轮
	2A70	440	12	120	可制作高温下工作的结构件

（2）铸造铝合金　部分铸造铝合金的代号、牌号、性能及应用见表 1-2-21。

表 1-2-21　部分铸造铝合金的代号、牌号、性能及应用

代　号	牌　号	抗拉强度/MPa	伸长率（%）	硬度（HBW）	实　际　应　用
ZL101	ZAlSi7Mg	202	2	60	形状复杂的零件，如内燃机活塞、气缸体、气缸套、扇风机叶片、形状复杂的薄壁零件及电动机、仪表的外壳等
ZL203	ZAlCu4	212	3	70	中等载荷、形状较简单的零件
ZL301	ZAlMg10	280	9	60	在大气或海水中工作的零件，承受大振动载荷、工作温度不超过150℃的零件
ZL401	ZAlZn11Si7	241	2	80	结构形状复杂的汽车、飞机仪器零件

5. 铜合金

铜合金按其化学成分分为黄铜、青铜。

（1）黄铜　黄铜可分为普通黄铜和特殊黄铜两大类，一般特殊黄铜用于制造机械零件。常用特殊黄铜的牌号、性能及应用见表 1-2-22。

表 1-2-22　常用特殊黄铜的牌号、性能及应用

类　别	牌　号	抗拉强度/MPa	伸长率（%）	实　际　应　用
铅黄铜	HPb59-1	400	45	可加工性好，强度高，用于切削加工零件
锰黄铜	HMn58-2	400	40	耐腐蚀零件
铸铝黄铜	ZCuZn31Al2	295～390	12～15	在常温下要求耐腐蚀性较高的零件，适用于压力铸造
铸硅黄铜	ZCuZn16Si4	345～390	15～20	接触海水工作的管配件及水泵叶轮、旋塞等

（2）青铜　青铜原为铜锡合金的旧称，现泛指除黄铜和白铜以外的铜合金。常用青铜的牌号、性能及应用见表1-2-23。

表 1-2-23　常用青铜的牌号、性能及应用

类　别	牌　号	抗拉强度/MPa	伸长率（%）	实际应用
锡青铜	QSn6.5-0.4	750	9	耐磨及弹性零件
	QSn4-4-2.5	300～350	35～45	轴承和轴套的衬垫等
铍青铜	QBe2	500	3	重要仪表的弹簧、齿轮等
铸造锡青铜	ZCuSn10Pb1	310	2	重要的轴瓦、齿轮、连杆和轴套等
铸造铝青铜	ZCuAl10Fe3	540	15	重要用途的耐磨、耐蚀重型铸件,如轴套、螺母、蜗轮
铸造铅青铜	ZCuPb30			高速双金属轴瓦、减磨零件等

第三节　常用表面处理

自动化设备行业常用表面处理见表1-2-24。

表 1-2-24　常用表面处理

种　类	说　明
发黑（发蓝）	一种历史悠久的常用化学表面处理手段,原理是使金属表面产生一层氧化膜,以隔绝空气,达到防锈目的 外观要求不高时可以采用发黑处理。钢制件的表面发黑处理也被称为"发蓝" 钢铁的发黑处理虽然工艺成熟、价格便宜,但是耐磨性和耐蚀性较差,限制了其在高要求领域的应用
锌铬涂层	英文名称 DACROMET,可直译成达克罗 一种以锌粉、铝粉、铬酸和去离子水为主要成分的新型的防腐涂料。常用于家用电器、小五金及标准件、铁路、桥梁、管道的耐候耐腐蚀处理
（热）镀锌	是指在金属、合金或者其他材料的表面镀一层锌以起美观、防锈等作用的表面处理技术。常用于家用电器、小五金及标准件、钣金零件的耐腐蚀处理 但锌与酸、碱以及潮湿环境中的水容易起化学反应,耐候性较差。主要采用的方法是热镀锌
镀铬	铬是一种活泼的金属,在空气中极易生成钝化膜,铬镀层具有良好的化学稳定性,碱、硫化物、硝酸和大多数有机酸与其均不发生作用 镀铬层具有很高的硬度（400～1200HV）,而且具有低摩擦因数,机械零部件镀硬铬后可以提高其抗磨损能力,延长使用寿命 镀铬工艺还可以用于修复磨损零件,镀铬层的厚度可从1微米（μm）到几个毫米（mm）。例如,轴颈处要提高耐磨性,或轴颈磨损了,可采用镀铬表面处理,经磨床磨削加工后便可投入使用
电镀镍	金属镍极易在空气中生成钝化膜,有很强的化学稳定性,能抵抗大气、碱和某些酸的腐蚀 电镀镍结晶极其细小,经抛光后可得到镜面效果,且在大气中可长期保持光泽,所以电镀层常用于装饰 镍镀层的硬度比较高,可以提高制品表面的耐磨性。如在造纸、印刷工业中用于辊子表面硬化耐磨处理 镀镍层还广泛应用在功能性方面,如修复被磨损、被腐蚀的零件,采用刷镀技术进行局部电镀 近几年来发展了复合电镀,可沉积出夹有耐磨微粒的复合镍镀层,其硬度和耐磨性比镀镍层更高。如以石墨或氟化石墨作为分散微粒,则获得的镍-石墨或镍-氟化石墨复合镀层就具有很好的自润滑性,可用作润滑镀层 黑镍镀层作为光学仪器的镀覆层或装饰镀覆层亦都有着广泛的应用
化学镀镍	通过化学自催化方法将镍离子直接还原成原子,沉积到工件表面 化学镀镍厚度均匀、均镀能力好是一大特点,也是应用广泛的原因之一。化学镀时,只要零件表面和镀液接触,镀液中消耗的成分能及时得到补充,镀件部位的镀层厚度都基本相同,即使凹槽、缝隙、不通孔也是如此 和电镀相比,化学镀速度慢,虽然加工效率不是很高,但是对镀层厚度控制有利 化学镀镍可沉积在包括非导电材料在内的各种材料的表面上

（续）

种 类	说 明
喷丸	也称喷丸强化,是提高零件疲劳强度的有效方法之一 其处理工艺方法是将高速弹丸流喷射到零件表面,使零件表层发生塑性变形而形成一定厚度的强化层,强化层内形成较高的残余应力。由于零件表面压应力的存在,当零件承受载荷时可以抵消一部分应力,从而提高零件的疲劳强度
DLC 处理	DLC 是英文"DIAMOND-LIKE CARBON"一词的缩写 DLC 是一种由碳元素构成,在性质上和钻石类似,同时又具有石墨原子组成结构的物质,称为类金刚石薄膜 DLC 是一种非晶态薄膜,具有高硬度(硬度可达到或超过金刚石的硬度)和高弹性模量,低摩擦因数,耐磨损以及良好的真空摩擦学特性,很适合于作为耐磨涂层 纯 DLC 膜具有优异的耐蚀性,各类酸、碱甚至王水都很难侵蚀它 缺点是 DLC 属亚稳态的材料,热稳定性差是限制 DLC 膜应用的一个重要因素 DLC 膜可以应用于钻头和铣刀、光盘模具及其辅助模具和关键零部件上,提高其耐磨性、抗黏结性和耐腐蚀性,延长使用寿命

第四节　非金属材料

一、工程塑料

1. 塑料的概念

塑料是以天然或合成树脂为主要成分,加入适量的可改善或弥补塑料某些性能的添加剂,在一定温度和压力下可以塑制成一定形状,在常温下可保持形状不变的材料。

2. 塑料的特性

①质轻;②机械强度分布广且比强度高（比重小,强度大）;③耐化学腐蚀性好;④优异的电绝缘性能;⑤优良的消声和隔热作用;⑥优良的耐磨性和良好的自润滑性能;⑦缺点是易燃烧,刚度不如金属高,耐老化性差,不耐热等。

3. 塑料的分类

1）热塑性塑料:受热软化,可塑造成形,冷却后变硬,再受热又可软化,冷却再变硬,可多次重复。优点是加工成形简便,力学性能较高,缺点是耐热性和刚性较差。

2）热固性塑料:在一定条件下（加热、加压）会发生化学反应,经过一定时间固化成为坚硬制品。固化后既不溶于任何溶剂,也不会再受热熔融而再成形。优点是耐热性高,受压不易变形等。缺点是力学性能不高。

常用塑料的名称、符号、性能及用途见表 1-2-25。

表 1-2-25　常用塑料的名称、符号、性能及用途

塑料名称	符号	主要性能	实际应用
聚乙烯	PE	耐蚀性和电绝缘性能极好 高压聚乙烯质地柔软透明,低压聚乙烯质地坚硬、耐磨	高压聚乙烯制软管、薄膜和塑料瓶。低压聚乙烯制塑料管板、绳及承载不高的零件。亦可作为耐磨、减磨及防腐蚀涂层
聚苯乙烯	PS	密度小,常温下透明度好。着色性好,具有良好的耐蚀性和绝缘性 耐热性差,易燃、易脆裂	可用作眼镜等光学零件、车辆灯罩、仪表外壳,化工中的储槽、管道、弯头及日用装饰品等

（续）

塑料名称	符号	主要性能	实际应用
聚酰胺 （尼龙 1010）	PA	具有较高的强度和韧性，很好的耐磨性和自润滑性，及良好的成型工艺性，耐蚀性较好，抗霉抗菌、无毒 但吸水性大，耐热性不高，尺寸稳定性差	制作各种轴承、齿轮、凸轮轴、轴套、泵、叶轮、风扇叶片、储油容器、传动带、密封圈、蜗轮、铰链、电缆、电器线圈等
聚甲醛	POM	综合力学性能和尺寸稳定性好 良好的耐磨性和自润滑性，耐老化性也好，吸水性小，使用温度为 $-50 \sim 110\,^{\circ}\mathrm{C}$，但密度较大，耐酸性和阻燃性不太好，遇火易燃	制造减磨、耐磨件及传动件，如齿轮轴承、凸轮轴、制动闸瓦、阀门、仪表、外壳、汽化器、叶片、运输带、线圈骨架等
ABS 塑料 （丙烯腈-丁二烯-苯乙烯）	ABS	兼有三组元的共同性能，坚韧、质硬、刚性好，同时具有良好的耐磨、耐热、耐蚀、耐油及尺寸稳定性。可在 $-40 \sim 100\,^{\circ}\mathrm{C}$ 条件下长期工作，成形性好	应用广泛。如制造齿轮、轴承、叶轮、管道、容器、设备外壳、把手、仪器和仪表零件、外壳、文体用品、家具小轿车外壳等
聚甲基丙烯酸甲酯 （有机玻璃）	PMMA	具有优良的透光性、耐候性、耐电弧性。强度高，可耐稀酸、碱，不易老化，易于成形，但表面硬度低，易擦伤，较脆	可用于制造飞机、汽车、仪器仪表和无线电工业中的透明件。如挡风玻璃、光学镜片、电视机屏幕、透明模型、广告牌、装饰品等
聚对苯二甲酸类塑料	PET	具有很好的光学性能，非晶态的 PET 塑料具有良好的光学透明性 另外还具有优良的耐蠕变、耐磨耗摩擦性和尺寸稳定性及电绝缘性 是热塑性塑料中韧性最好的材料	主要用于各种线圈骨架、变压器、电视机、录音机零件和外壳、汽车灯座、灯罩、白热灯座、继电器、硒整流器等
聚碳酸酯塑料	PC	具有高强度及弹性系数、高冲击强度、使用温度范围广 成形收缩率低、尺寸稳定性好，耐疲劳性差、电气特性优、机械性能好、无味无臭，对人体无害，符合卫生安全	PC 工程塑料的三大应用领域是玻璃装配业、汽车工业和电器工业，其次还有工业机械零件、光盘、包装、计算机等办公设备，医疗及保健、薄膜、休闲和防护器材等。还可用于门窗玻璃、PC 层压板。广泛用于银行、使馆、拘留所和公共场所的防护窗、飞机窗罩、工业安全挡板和防弹玻璃
酚醛塑料	PF	采用木屑、玻璃纤维作填料的酚醛塑料俗称"电木"。有优良的耐热、绝缘性能，化学稳定性、尺寸稳定性和抗蠕变性良好 采用纸质填料的酚醛塑料具有极好的加工性，且加工面平整	用于制作各种电信器材和电木制品，如电气绝缘板、电器插头、开关灯口等，还可用于制造受力较高的制动片、带轮，仪表中的无声齿轮、轴承等
聚酰亚胺	PI	是综合性能最佳的有机高分子材料之一。根据重复单元的化学结构，聚酰亚胺可以分为脂肪族、半芳香族和芳香族聚酰亚胺三种。根据热性质，可分为热塑性和热固性聚酰亚胺 具有优异的热稳定性、耐化学腐蚀性和机械性能，通常为橘黄色。石墨或玻璃纤维增强的聚酰亚胺的抗弯强度可达到 345 MPa，抗弯模量达到 20GPa。热固性聚酰亚胺蠕变很小，有较高的拉伸强度。聚酰亚胺的使用温度范围覆盖较广，从零下一百余度到两三百度 化学性质稳定。聚酰亚胺不需要加入阻燃剂就可以阻止燃烧。一般的聚酰亚胺都抗化学溶剂，如烃类、酯类、醚类、醇类和氟氯烷。它们也抗弱酸，但不推荐在较强的碱和无机酸环境中使用 聚酰亚胺，因其在性能和合成方面的突出特点，不论是作为结构材料或是作为功能性材料，其巨大的应用前景已经得到充分的认识，被称为"解决问题的能手"，并认为"没有聚酰亚胺就不会有今天的微电子技术"	作为一种特种工程材料，已广泛应用在航空、航天、微电子、纳米、液晶、分离膜、激光等领域 用于电机的槽绝缘及电缆绕包材料，太阳能电池底板。另外，聚酰亚胺纤维可以用于热气体的过滤，聚酰亚胺的纱可以从废气中分离出尘埃和特殊的化学物质 作为先进复合材料，用于航天、航空器及火箭部件，是最耐高温的结构材料之一 作为工程塑料，热塑型可以模压成型，也可以用注射成型或传递模塑。主要用于自润滑、密封、绝缘及结构材料 作为分离膜，用于各种气体的分离，如氢/氮、氮/氧、二氧化碳/氮或甲烷等，从空气、烃类原料气及醇类中脱除水分。也可作为渗透蒸发膜及超滤膜 在电子元件和半导体工业方面应用于光刻胶、微电子器件的层间绝缘；半导体工业中用作高温黏合剂、液晶显示用的取向剂；电-光材料方面用作无源或有源波导材料、光学开关等；还可以用来制作湿度传感器

二、陶瓷材料

陶瓷材料是用天然或合成化合物经过成形和高温烧结制成的一类无机非金属材料。

1. 陶瓷材料的性能

1）力学性能：陶瓷材料是工程材料中刚度最好、硬度最高的材料，其硬度大多在1500HV以上。陶瓷的抗压强度较高，但抗拉强度较低，塑性和韧性很差。

2）热性能：具有高熔点，且在高温下具有极好的化学稳定性，高温强度高。

3）化学性能：在高温下不易氧化，并对酸、碱、盐具有良好的抗腐蚀能力。

4）电性能：大多数陶瓷材料具有良好的电绝缘性。

2. 陶瓷材料的应用

氧化铝陶瓷又叫"刚玉瓷"。它的熔点高、耐高温，硬度高，绝缘性、耐腐蚀性优良。缺点是脆性大，抗急冷急热性差。被广泛应用于刀具、内燃机火花塞、热电偶的绝缘套等。

氮化硅陶瓷的突出优点是抗急冷急热性优良，并且硬度高、化学稳定性好、电绝缘性优良，还有自润滑性，耐磨性好。广泛用于制造耐磨、耐腐蚀、耐高温和绝缘的零件，如高温轴承、耐蚀水泵密封环、阀门、刀具等。

氧化锆陶瓷具有高韧性、高抗弯强度和高耐磨性，优异的隔热性能，热膨胀系数接近于钢等优点，被广泛应用于结构陶瓷领域，主要有：Y-TZP 磨球、分散和研磨介质、喷嘴、球阀球座、氧化锆模具、微型风扇轴心、光纤插针、光纤套筒、拉丝模和切割工具、耐磨刀具、服装纽扣、表壳及表带、手链及吊坠、滚动轴承、高尔夫球的轻型击球棒及其他室温耐磨零器件等。同时，其优异的耐高温性能使之可作为感应加热管、耐火材料、发热元件使用。氧化锆陶瓷还具有敏感的电性能参数，主要应用于氧传感器、固体氧化物燃料电池和高温发热体等领域。

三、复合材料

复合材料是由两种以上物理、化学性质不同的材料经人工组合而得到的多相固体材料。它不仅具有各组成材料的优点，而且还能获得单一材料无法具备的优良综合性能。

复合材料一般由基体相和增强相构成。基体相起形成几何形状和黏结作用；增强相起提高强度、韧性等作用。

1. 复合材料的性能

复合材料与传统材料相比，具有比强度高、质量轻、比模量高、抗疲劳性能好及减振性能好、加工成形方便、耐高温、耐化学腐蚀性能好等特点。

2. 复合材料的应用

玻璃纤维—树脂复合材料：这类复合材料是以玻璃纤维及其制品为增强相，以树脂为基体相而制成的，俗称玻璃钢。以尼龙、聚烯烃类、聚苯乙烯类等热塑性树脂为基体相制成的玻璃钢，可用来制造轴承、齿轮、仪表盘、空调机叶片、汽车前后灯等。以环氧树脂、酚醛树脂、有机硅树脂等热固性树脂为黏结剂制成的玻璃钢，常用于制造汽车车身、船体、直升机的旋翼、风扇叶片、石油化工管道等。

碳纤维—树脂复合材料：这种材料是以碳纤维及其制品为增强相，以环氧树脂、酚醛树脂、聚四氟乙烯树脂等为基体相结合而成，常用于制造承载件和耐磨件，如连杆、齿轮、轴承、机架等。

第三章

机械设计基础

【知识目标】

了解常用机械机构的类型、工作原理及其主要应用；熟悉常用机械传动的类型、传动原理及其应用；了解齿轮、轴、轴承、螺纹、联轴器、制动器等零部件的用途、结构等。

【知识结构】

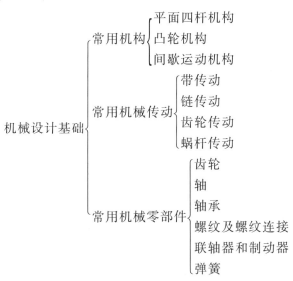

第一节 常用机构

一、常用平面四杆机构的类型及应用

（1）铰链四杆机构运动简图如图 1-3-1 所示。其基本组成为：

1）机架——固定不动的构件。

2）连杆——不与机架直接相连的构件。

3）连架杆——与机架以运动副连接的构件。

4）曲柄——能做整周运动的连架杆。

5）摇杆——仅能做某一角度摆动的连架杆。

（2）铰链四杆机构的基本类型及特点见表1-3-1。

二、凸轮机构与间歇运动机构的类型及应用

1. 凸轮机构

凸轮做匀速运动，特殊形状的凸轮轮廓驱动从动杆，使其按预期的运动规律运动。常用的运动规律有等速运动规律、等加速等减速运动规律、简谐（余弦加速度）运动规律等。常用的凸轮机构类型及应用见表1-3-2。

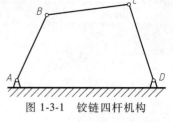

图 1-3-1　铰链四杆机构

表 1-3-1　铰链四杆机构的基本类型及特点

机构类型	图例	特点	应用
曲柄摇杆机构		具有一个曲柄和一个摇杆的铰链四杆机构	一般是以曲柄为主动件做等速转动，摇杆为从动件做往复摆动
双曲柄机构		具有两个曲柄的铰链四杆机构	通常主动曲柄做等速转动，从动曲柄做变速转动
双摇杆机构		具有两个摇杆的铰链四杆机构	主动件和从动件连架杆均做往复摆动
曲柄滑块机构		具有一个曲柄和一个滑块（导轨不动）	把旋转运动转换成直线运动
导杆机构		属于曲柄滑块机构的变形，导轨运动，有转动导杆机构和摆动导杆机构	

（续）

机构类型	图例	特点	应用
定块机构	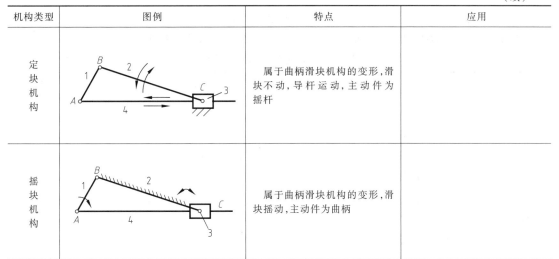	属于曲柄滑块机构的变形,滑块不动,导杆运动,主动件为摇杆	
摇块机构		属于曲柄滑块机构的变形,滑块摇动,主动件为曲柄	

表 1-3-2　凸轮机构类型及应用

机构类型	图例	特点	应用
盘形凸轮机构		将凸轮的旋转运动转换成从动杆的直线运动	用于传力不大的控制机构
移动凸轮机构		将凸轮的水平往复直线运动转换成从动杆的垂直往复直线运动	用于传力不大的控制机构
圆柱凸轮机构		将圆柱凸轮的旋转运动转换成从动件的往复直线运动。对从动件有双向驱动作用	用于传力不大的控制机构

2. 间歇运动机构

主动件连续运动，而从动件在主动件的驱动下做周期性的时动时停的间歇运动，这种输出具有间歇性运动的机构称为间歇运动机构。常用的间歇运动机构类型及特点见表1-3-3。

表1-3-3　间歇运动机构类型及特点

机构类型	图例	原理	特点
棘轮机构		棘轮机构是间歇运动机构，它由棘轮、棘爪、摇杆和机架组成。驱动棘爪4铰接于摇杆1上，当摇杆1逆时针方向摆动时，棘爪4插入棘轮3的齿槽内，推动棘轮转过一定角度；当摇杆顺时针方向摆动时，驱动棘爪4便在棘轮齿背上滑过，这时，止动棘爪5插入棘轮的齿槽内，阻止棘轮顺时针方向转动	间歇时间短，步进距离小
槽轮机构		槽轮机构也是间歇运动机构，它由带圆柱销A的主动拨盘1，具有径向槽的从动槽轮2和机架组成。拨盘做匀速转动时，圆柱销插入槽轮径向槽中，带动槽轮转动，当转过一定角度圆柱销脱离径向槽时，由于槽轮的内凹锁止弧β被拨盘的外凸圆弧α卡住，故槽轮静止	间歇时间稍长
不完全齿轮机构		它由具有一个或几个齿的不完全齿轮1、具有正常轮齿和锁止弧的齿轮2及机架组成。当主动轮1做等速转动时，轮1上的轮齿与轮2的正常齿啮合，驱动轮2转动；当转动到轮1上的锁止弧S_1与轮2上的锁止弧S_2接触时，则从动轮2停歇不动，并停止在确定的位置上，从而实现周期性的单向间歇运动	从动轮的运动时间和静止时间的比例不受机构结构的限制

第二节　常用机械传动

一、带传动

1. 带传动的分类

带传动是由带和带轮组成的传递运动和动力的传动装置。按其工作原理分为摩擦型带传动和啮合型带传动，如图 1-3-2 所示。

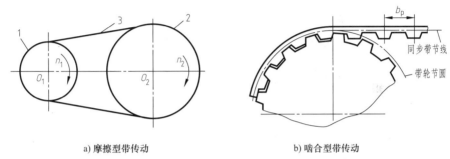

a) 摩擦型带传动　　　　　　　　　b) 啮合型带传动

图 1-3-2　带传动

按照传动带不同的截面形状，带分为平带、V 带、多楔带、圆带等类型，其中常用的有平带和 V 带。V 带制成无接头的环形，已标准化。按其截面尺寸由小到大，普通 V 带分为 Y、Z、A、B、C、D、E 七种型号，其截面尺寸见表 1-3-4。

表 1-3-4　普通 V 带的截型与截面公称尺寸（GB/T 11544—2012）

	截型	Y	Z	A	B	C	D	E
	节宽 b_p/mm	5.3	8.5	11.0	14.0	19.0	27.0	32.0
	顶宽 b/mm	6.0	10.0	13.0	17.0	22.0	32.0	38.0
	高度 h/mm	4.0	6.0	8.0	11.0	14.0	19.0	25.0
普通 V 带	楔角 α				40°			
	每米带长质量 q/(kg/m)	0.04	0.06	0.1	0.17	0.3	0.62	0.87

普通 V 带的标记为： 截型　基准长度　标准编号

例如 B　1000　GB/T 1171。

普通 V 带的基准长度系列见表 1-3-5。

表 1-3-5　普通 V 带的基准长度系列（GB/T 11544—2012）　　　　（单位：mm）

截面型号						
Y	Z	A	B	C	D	E
200	406	630	930	1565	2740	4660
224	475	700	1000	1760	3100	5040
250	530	790	1100	1950	3330	5420
280	625	890	1210	2195	3730	6100
315	700	990	1370	2420	4080	6850

（续）

截面型号						
Y	Z	A	B	C	D	E
355	780	1100	1560	2715	4620	7650
400	920	1250	1760	2880	5400	9150
450	1080	1430	1950	3080	6100	12230
500	1330	1550	2180	3520	6840	13750
	1420	1640	3300	4060	7620	15280
	1540	1750	2500	4600	9140	16800
		1940	2700	5380	10700	
		2050	2870	6100	12200	
		2200	3200	6815	13700	
		2300	3600	7600	15200	
		2480	4060	9100		
		2700	4430	10700		
			4820			
			5370			
			6070			

2. 带传动的失效和张紧

带传动的失效形式通常表现为带在带轮上打滑和疲劳破坏（脱层、撕裂或拉断）。

带传动的张紧：把装有带轮的电动机安装在滑道上（图1-3-3a）或摆动底座上（图1-3-3b），通过调整螺钉或调整螺母，即可达到张紧的目的。当中心距不能调整时，可采用张紧轮装置（图1-3-3c）。

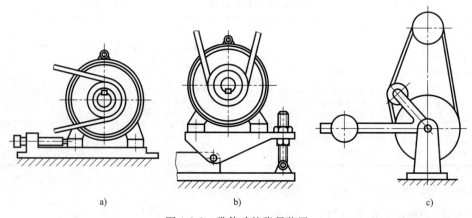

a)　　　　　　　　　　b)　　　　　　　　　　c)

图1-3-3　带传动的张紧装置

3. 带传动的安装和维护

1）选用V带时要注意截型和长度。截型应和带轮轮槽尺寸相符合。使用多根V带时，为避免各根带的载荷分布不均，其长度的最大允许差值应符合规定（GB/T 13575.1—2008）。使用中应定期检查，如发现V带出现疲劳撕裂现象，应及时更换全部V带，新旧V带不能同时使用。

2）安装时，两带轮的轴线应平行。两轮相对应的V形槽的对称平面应重合，误差不得超过20′。

3）带的工作温度不应超过 60°。带不宜与油、酸、碱等腐蚀性物质接触。

4）带传动应加防护罩。

5）装拆时不要硬撬，应先缩小其中心距，然后再装拆传动带。安装时应按规定的初拉力张紧传动带。

二、链传动

1. 链传动的结构和类型

链传动是由主动链轮 1、从动链轮 2 和套在链轮上的链条 3 组成的（图 1-3-4），它依靠链节和链轮齿的啮合来传递运动和动力。

按链传动用途不同，链条分为传动链、起重链和牵引链。

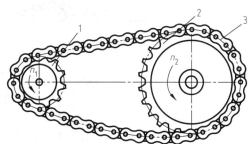

链传动的应用条件：一般链传动传递的功率 $P \leqslant 100\text{kW}$；传动比 $i \leqslant 8$；中心距 $a \leqslant 6\text{m}$；链速 $v \leqslant 15\text{m/s}$；传动效率约为 0.95～0.98。

2. 链传动的布置

链传动中两轮轴线应平行，两轮端面应共面。两链轮轴心连线可水平布置（图 1-3-5a）

图 1-3-4 链传动

或倾斜布置（图 1-3-5b）时，均应使紧边在上，松边在下，以避免松边下垂量增大后，链条和链轮卡死。倾斜布置时，应使倾角 φ 小于 45°。当两链轮轴心连线铅垂布置时（图 1-3-5c），链下垂量增大后，下链轮与链的啮合齿数减少，传动能力降低，此时可调整中心距或采用张紧装置。

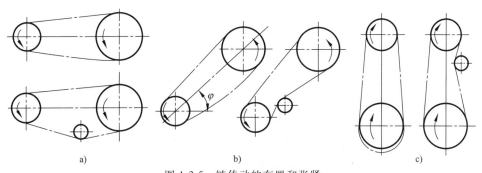

a)   b)   c)

图 1-3-5 链传动的布置和张紧

3. 链传动的张紧

链传动靠链条和链轮的啮合传递动力，不需要很大的张紧力。链传动张紧的目的主要是避免垂度过大引起啮合不良。一般链传动设计成可调整的中心距，通过调整中心距来张紧链条；也可采用张紧轮（图 1-3-5），张紧轮可设置在松边链条的外侧或内侧。

4. 链传动的润滑

图 1-3-6 所示为几种常见的润滑方法：图 1-3-6a 所示为用油刷或油壶人工定期润滑；图 1-3-6b 所示为滴油润滑，用油杯通过油管将油滴入松边链条元件各摩擦面间；图 1-3-6c 所示为链浸入油池的油浴润滑；图 1-3-6d 所示为飞溅润滑，由甩油轮将油甩起进行润滑；图 1-3-

6e 所示为压力润滑，润滑油由油泵经油管喷在链条上，循环的润滑油还可起冷却作用。

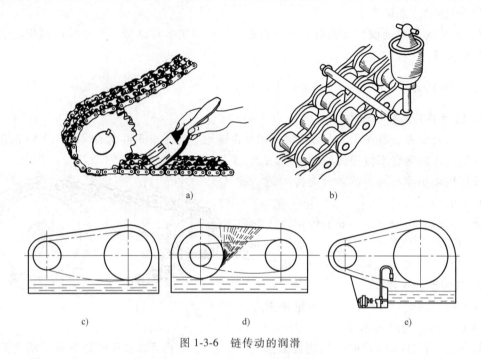

图 1-3-6　链传动的润滑

润滑油可采用 L-AN32，L-AN46，L-AN68 全损耗系统用油。对开式和重载、低速链传动，应在油中加入 MoS2，WS2 等添加剂，以提高润滑效果。

为了安全与防尘，链传动应装防护罩。

三、齿轮传动

齿轮传动是机械传动中最主要的一类传动方式，广泛用于传递任意两轴或多轴间的运动和动力，由主动齿轮和从动齿轮组成。

1. 齿轮传动的分类

$$齿轮传动\begin{cases}平面齿轮传动\begin{cases}直齿圆柱齿轮传动\\平行轴斜齿圆柱齿轮传动\\人字齿轮传动\end{cases}\begin{cases}内啮合\\外啮合\\齿轮齿条\end{cases}\\空间齿轮传动\begin{cases}传递相交轴运动——锥齿轮传动\\传递交错轴运动\begin{cases}交错轴斜齿轮传动\\蜗杆传动\\准双曲面齿轮传动\end{cases}\end{cases}\end{cases}$$

2. 齿轮传动的传动比

$$i_{12}=\frac{n_1}{n_2}$$

式中　n_1——主动轮转速，单位 r/min；

n_2——从动轮转速，单位 r/min。

3. 齿轮系

由一系列彼此相啮合的齿轮所组成的齿轮传动系统称为齿轮系。图 1-3-7 所示为平面定轴轮系（所有齿轮轴线相互平行），图 1-3-8 所示为空间定轴轮系（包含相交轴和交错轴）。

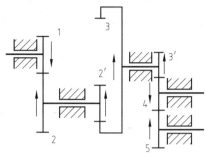

图 1-3-7　平面定轴轮系

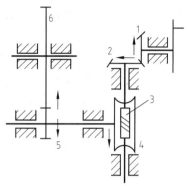

图 1-3-8　空间定轴轮系

定轴轮系的总传动比等于组成该齿轮系的各对齿轮传动比的连乘积，即：

$$i_{1k} = i_{12}i_{23}i_{34}\cdots i_{(k-1)k}$$

4. 齿轮传动的润滑

闭式齿轮传动的润滑，一般根据齿轮的圆周速度确定。

浸油润滑：当齿轮的圆周速度 $v < 12\text{m/s}$ 时，通常将大齿轮浸入油池中进行润滑（图 1-3-9），齿轮浸入油中的深度约为一个齿高，但不应小于 10mm，浸入过深则增大了齿轮的运动阻力，并使油温升高。

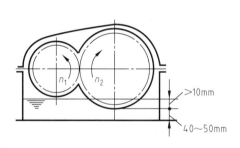

图 1-3-9　浸油润滑

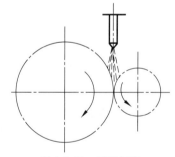

图 1-3-10　喷油润滑

喷油润滑：当齿轮的圆周速度 $v \geqslant 12\text{m/s}$ 时，由于圆周速度大，齿轮搅油剧烈，且离心力较大，会使黏附在齿廓面上的油被甩掉，因此不宜采用浸油润滑。可采用喷油润滑，即用油泵将具有一定压力的油经喷油嘴喷到啮合的齿面上，如图 1-3-10 所示。

对于开式齿轮传动，由于速度较低，通常采用人工定期加油润滑。

5. 润滑油的选择

齿轮传动润滑油的选择，可根据齿轮材料和圆周速度参考表 1-3-6 查得运动黏度值，并由选定的黏度再确定润滑油的牌号（参考有关机械设计手册）。

四、蜗杆传动

蜗杆传动主要由蜗杆和蜗轮组成，一般以蜗杆为主动件，用于传递交错轴间的回转运动和动力，通常两轴交错角为 90°。

表 1-3-6　齿轮传动润滑油黏度

齿轮材料	强度极限 R_m/MPa	圆周速度 $v/(m/s)$						
		<0.5	0.5~1	1~2.5	2.5~5	5~12.5	12.5~25	>25
		运动黏度 $\nu/(mm^2/s)(40℃)$						
塑料、青铜、铸铁	—	350	220	150	100	80	55	—
钢	450~1000	500	350	220	150	100	80	55
	1000~1250	500	500	350	220	150	100	80
渗碳钢或表面淬火钢	1250~1580	900	500	500	350	220	150	100

1. 蜗杆传动的分类

蜗杆传动的类型如图 1-3-11 所示。

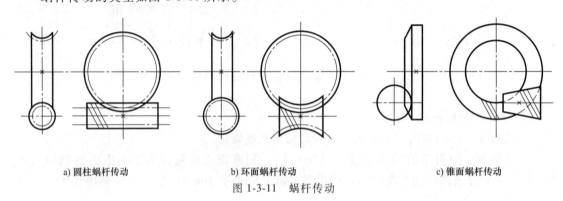

a) 圆柱蜗杆传动　　　　　b) 环面蜗杆传动　　　　　c) 锥面蜗杆传动

图 1-3-11　蜗杆传动

2. 蜗杆传动的传动比

$$i_{12} = \frac{n_1}{n_2}$$

式中　n_1——主动蜗杆转速，单位 r/min；

　　　n_2——从动蜗轮转速，单位 r/min。

3. 蜗杆传动的特点

具有传动比大、结构紧凑、传动平稳、噪声小、自锁性好的优点，但传动效率低、成本高。

4. 蜗杆传动的润滑

蜗杆传动的润滑方式与齿轮传动的润滑方式相同。

闭式蜗杆传动的润滑油黏度和给油方法，一般可根据相对滑动速度、载荷类型等因素参考表 1-3-7 选择。为提高蜗杆传动的抗胶合性能，宜选用黏度较高的润滑油。对青铜蜗轮，不允许采用抗胶合能力强的活性润滑油，以免腐蚀青铜齿面。

表 1-3-7　蜗杆传动的润滑油黏度及给油方法

圆周速度 $v/(m/s)$	0~1	1~2.5	2.5~5	5~10	10~15	15~25	>25
工作条件	重载	重载	中载	—	—	—	—
运动黏度 $\nu/(mm^2/s)(40℃)$	900	500	350	220	150	100	80
给油方法	浸油润滑			浸油润滑或喷油润滑	压力喷油润滑及其压力/MPa		
					0.7	2	3

第三节　常用机械零部件

一、齿轮

1. 齿轮各部分的名称

本书以渐开线标准直齿圆柱齿轮为例介绍齿轮，齿轮形状如图 1-3-12 所示，齿轮各部分名称及符号见表 1-3-8。

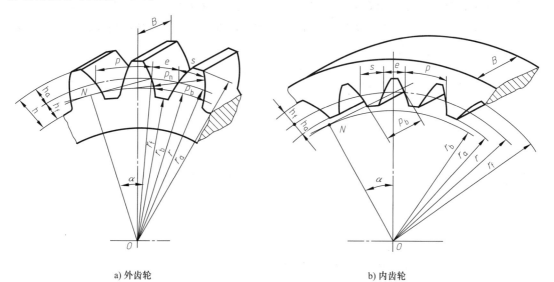

a) 外齿轮　　　　　　　　　　　　　　　　b) 内齿轮

图 1-3-12　渐开线标准直齿圆柱齿轮

表 1-3-8　齿轮各部分名称及符号

序号	名称	符号	定义	备注
1	齿数	z	在齿轮整个圆周上均匀分布的轮齿总数	
2	齿厚	s_k	一个齿两侧齿廓间的弧长	分度圆上用 s 表示
3	齿槽宽	e_k	齿槽两侧齿廓间的弧长	分度圆上用 e 表示
4	齿距	p_k	相邻两齿同侧齿廓间的弧长	分度圆上用 p 表示
5	齿顶圆(半径，直径)	(r_a, d_a)	齿顶圆柱面与端平面的交线	
6	齿根圆(半径，直径)	(r_f, d_f)	齿根圆柱面与端平面的交线	
7	分度圆(半径，直径)	(r, d)	在齿轮上具有标准模数和压力角的圆	分度圆上 $s = e$
8	基圆(半径，直径)	(r_b, d_b)	生成渐开线轮廓的圆	
9	模数	m	分度圆上的齿距 p 与 π 的比值	我国规定为标准值
10	压力角	α	分度圆上的压力角规定为标准压力角	标准压力角为 20°
11	齿顶高系数	h_a^*	齿顶高与模数之间的关系系数	我国规定为标准值
12	顶隙系数	c^*	顶隙与模数之间的关系系数	我国规定为标准值
13	顶隙	c	一对齿轮啮合时，一齿轮齿顶与另一齿轮齿根间的径向距离	$c = c^* m$

（续）

序号	名称	符号	定义	备注
14	齿顶高	h_a	分度圆与齿顶圆间的径向高度	$h_a = r_a - r = m$
15	齿根高	h_f	分度圆与齿根圆间的径向高度	$h_f = r - r_f = (h_a * + c *) m$
16	齿宽	B	齿轮轮齿沿齿轮轴线方向的长度	
17	中心距	a	两个圆柱齿轮轴线之间的距离	

2. 齿轮的标准参数

我国规定，标准齿轮的模数 m、压力角 α、齿顶高系数 h_a^*、顶隙系数 c^* 为标准值。标准模数见表 1-3-9，其余标准参数值为：正常齿制，$h_a^* = 1$，$c^* = 0.25$；短齿制，$h_a^* = 0.8$，$c^* = 0.3$，标准压力角为 20°。

表 1-3-9　标准模数系列

第一系列	1	1.25	1.5	2	2.5	3	4	5	6	8
	10	12	16	20	25	32	40	50		
第二系列		1.125	1.375	1.75	2.25	2.75		3.5		4.5
	5.5	(6.5)	7	9	11	14	18	22	28	36
	45									

注：1. 选用模数时，应优先采用第一系列，其次是第二系列，括号内的模数尽可能不用。
　　2. 本表适用于渐开线直齿圆柱齿轮。对斜齿轮，是指法向模数。

3. 齿轮几何尺寸的计算

渐开线标准直齿圆柱齿轮几何尺寸的计算公式见表 1-3-10。

表 1-3-10　渐开线标准直齿圆柱齿轮几何尺寸的计算公式

名称	符号	计算公式
分度圆直径	d	$d = mz$
基圆直径	d_b	$d_b = d\cos\alpha$
齿顶高	h_a	$h_a = h_a^* m$
齿根高	h_f	$h_f = (h_a^* + c^*) m$
全齿高	h	$h = h_a + h_f$
顶隙	c	$c = c^* m$
齿顶圆直径	d_a	$d_a = d + 2h_a$
齿根圆直径	d_f	$d_f = d - 2h_f$
齿距	p	$p = m\pi$
齿厚	s	$s = p/2 = m\pi/2$
齿槽宽	e	$e = p/2 = m\pi/2$
标准中心距	a	$a = (d_1 + d_2)/2 = m(z_1 + z_2)/2$

4. 两标准圆柱齿轮的正确啮合条件

1）模数相等：$m_1 = m_2$；

2）压力角相等：$\alpha_1 = \alpha_2$；

3）斜齿轮啮合还必须保证螺旋角相等：$\beta_1 = \beta_2$。

5. 齿轮的失效形式

（1）轮齿折断 轮齿折断常发生在齿根部位，如图1-3-13所示。

（2）齿面点蚀 在变化的接触应力反复作用下，齿面表层的金属微粒剥落，形成齿面麻点（或麻坑），如图1-3-14所示。

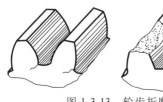

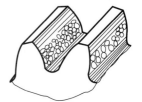

图1-3-13 轮齿折断 　　　　　　　　　　图1-3-14 齿面点蚀

（3）齿面磨损 齿面磨损常发生在开式齿轮传动中，如图1-3-15所示。采取减小齿面粗糙度值、保持良好的润滑、采用闭式传动等措施，可以减轻或防止齿面磨损。

（4）齿面胶合 在高速重载的齿轮传动中，啮合处的高压接触使温升过高，破坏了齿面的润滑油膜，造成润滑失效，致使两齿轮齿面金属直接接触，局部金属黏结在一起。如图1-3-16所示。

图1-3-15 齿面磨损 　　　　　　　　　　图1-3-16 齿面胶合

（5）塑性变形 重载下，由于过大的应力作用，轮齿材料因屈服产生塑性流动，从而形成齿面或齿体的塑性变形，一般多发生于较软的轮齿上。

二、轴

轴是用来支承回转的零件，提供转动可能，或同时传递运动和动力。

1. 轴的类型

轴按承载情况可分为三种类型：

（1）转轴 同时传递转矩和承受弯矩的轴。机械设备中的大多数轴都属于转轴。

（2）心轴 只承受弯矩不传递转矩的轴。根据转动与否可分为固定心轴和转动心轴。

（3）传动轴 只传递转矩而不承受弯矩或承受弯矩很小的轴。

轴按轴线形状可分为直轴、曲轴和挠性轴。

2. 轴的材料

轴的常用材料及其主要机械性能见表1-3-11。

3. 零件在轴上的定位和固定

（1）轴向定位和固定 阶梯轴上截面变化处称为轴肩、轴环，起轴向定位和单向固定轴上零件的作用。为使零件能紧靠定位面，轴肩的过渡圆角半径应小于轴上零件的倒角 C

（图 1-3-17a）或圆角半径 R（图 1-3-17b）。轴肩高度 $h \approx (0.07d+3mm) \sim (0.1d+5mm)$，或取 $h = (2 \sim 3)C$，一般轴环宽度 $b \approx 1.4h$。装滚动轴承处的轴肩尺寸，由轴承标准规定的安装尺寸确定。非定位轴肩的高度和过渡圆角半径可不受此限，一般可取轴肩高度 $h = 1.5 \sim 2mm$，圆角半径 $r \leqslant (D-d)/2$。轴肩和轴环定位简单可靠，可承受较大的轴向力。

表 1-3-11　轴的常用材料及其主要机械性能

材料	热处理	毛坯直径/mm	硬度HBW	机械性能			应用说明
				抗拉强度 R_m/MPa	屈服强度/MPa	弯曲疲劳 $\sigma_{-1}^{①}$/MPa	
Q235A				440	235	200	用于不重要或载荷不大的轴
Q275A				580	275	230	
35	正火	≤100	143~187	520	270	250	用于一般用途的轴
45	正火	≤100	170~217	600	300	275	用于较重要的轴,应用最广泛
	调质	≤200	217~255	650	360	300	
35SiMn	调质	≤100	229~286	750	550	350	用于比较重要的轴
40Cr	调质	≤100	241~286	750	550	350	用于载荷较大,无很大冲击的重要轴
40MnB	调质	25		1000	800	485	性能接近 40Cr,用于重要的轴
		≤200	241~286	750	500	335	
20Cr	渗碳淬火、回火	15	（表面）56~62HRC	850	550	375	用于要求强度、韧性及耐磨性均较高的轴
		≤60		650	400	280	
QT600-3			197~269	600	370	215	用于铸造外形复杂的轴

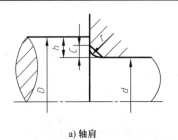

a) 轴肩

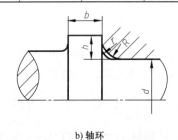

b) 轴环

图 1-3-17　轴肩和轴环

其他常用轴上零件轴向定位和固定方式及特点见表 1-3-12。

表 1-3-12　轴上零件轴向定位和固定方式及特点

定位和固定方式	简图	特点
套筒		套筒作为轴上零件间的定位和间接固定件,不能单独使用,必须与其他固定元件配合使用,如与圆螺母、弹性挡圈等配合使用

（续）

定位和固定方式	简图	特点
圆螺母	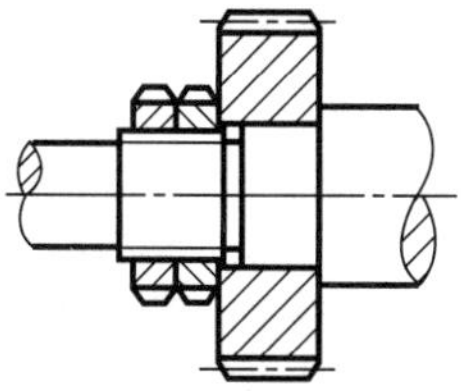	固定可靠,可承受大的轴向力;但需在轴上切制螺纹,容易引起应力集中,对轴疲劳强度影响较大。常常用于轴端
弹性挡圈	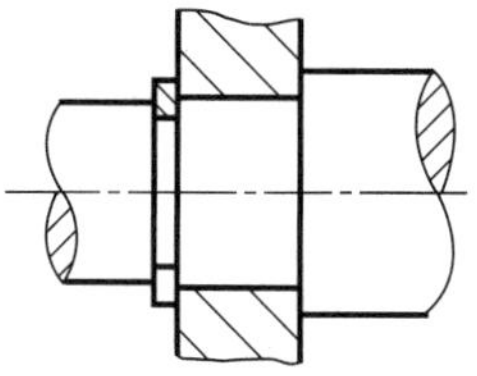	结构简单,但只能承受较小的轴向力。一般用于受轴向载荷较小的零件的轴向固定,或作为阻挡圈,不承受任何载荷
紧定螺钉	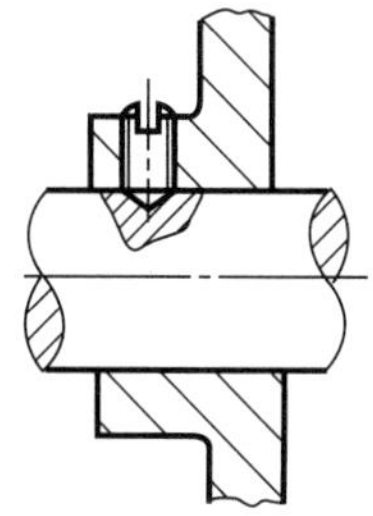	工作条件基本与弹性挡圈相同。紧定螺钉还具有周向固定的作用,受力也不大
圆锥面和轴端挡圈	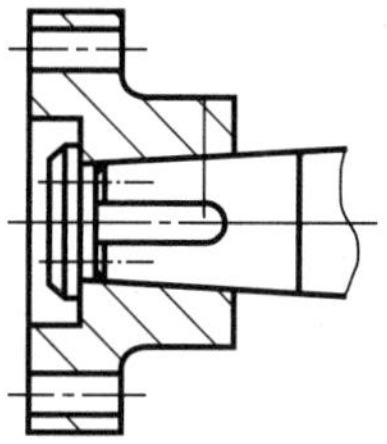	圆锥面常与轴端挡圈或圆螺母配合使用。轴上零件与轴端采用锥面配合,零件装拆方便,常用于轴上零件与轴的同心度要求较高或轴受振动的场合

（2）周向定位和固定　零件在轴上的周向定位和固定的方式有键连接、花键连接、销连接、成形连接及过盈配合等。紧定螺钉也可起周向定位和固定作用。轴上零件轴向定位和固定方式及特点见表 1-3-13。

表 1-3-13　轴上零件轴向定位和固定方式及特点

定位和固定方式	简图	特点
键	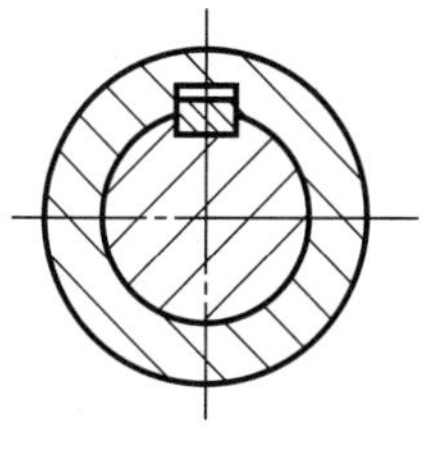	平键以两侧面为工作面,工作时依靠键和键槽侧面的挤压传递转矩。平键连接结构简单,装拆方便,轴和轮毂的同心度高,所以应用最广泛

（续）

定位和固定方式	简图	特点
花键	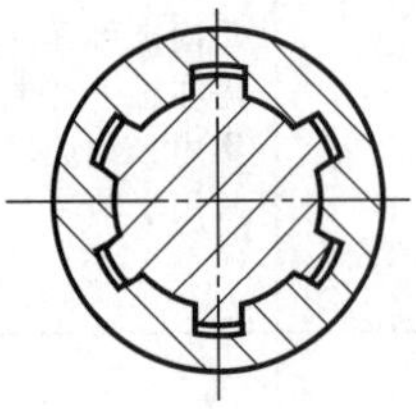	花键连接由具有周向均匀分布的多个键齿的花键轴和具有同样键齿槽的轮毂组成。工作时依靠齿侧的挤压传递转矩，承载能力强；同时由于齿槽浅，故应力集中小，且对中性和导向性均较好；缺点是成本高
圆锥销	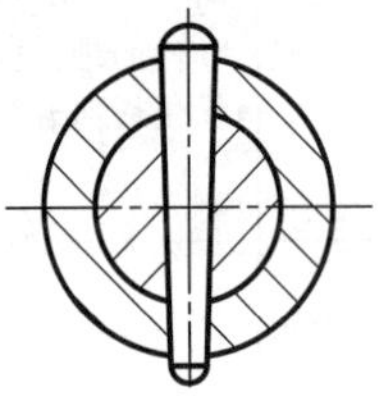	结构简单，用于受力不大，同时需要周向定位和固定的场合
成形	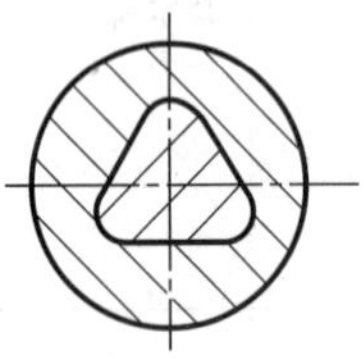	成形连接是利用非圆截面的轴与相同形状的轮毂孔构成的连接。这种连接对中性好，工作可靠，无应力集中，但加工困难，故应用少
过盈配合	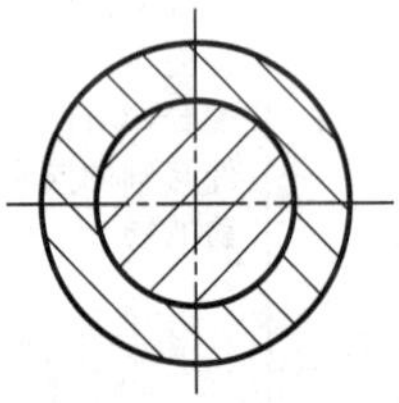	过盈配合连接是利用轴和轮毂孔间的过盈配合构成的连接，能同时实现周向和轴向固定。过盈连接结构简单，对轴削弱小，但装拆不便，且对配合面加工精度要求较高

三、轴承

轴承是机器中主要用来支承轴的部件，用以保证轴的旋转精度，并减少轴与支承物间的摩擦和磨损。有时，轴承也被用来支承轴上的旋转零件。根据工作时的摩擦性质，轴承分为滑动轴承和滚动轴承两大类。

1. 滑动轴承

滑动轴承工作时的摩擦为滑动摩擦，其形式简单，接触面积大，承载能力强，回转精度高，抗振性好，工作平稳可靠，噪声小，寿命长。被广泛应用在内燃机、轧钢机、大型电机及仪表、雷达、天文望远镜等方面。

滑动轴承根据所受载荷方向的不同可分为径向滑动轴承（主要承受径向载荷）和止推滑动轴承（主要承受轴向载荷）两种类型。

（1）径向滑动轴承（表1-3-14）

表 1-3-14 径向滑动轴承

类型	简图	结构组成	主要特点	应用场合
整体式滑动轴承	1—轴瓦 2—轴承座	由轴承座和轴瓦等组成	结构简单,成本低,但磨损后轴承的径向间隙无法调整,且装拆不如对开式轴承方便	多用于轻载、低速、间歇工作的场合
对开式滑动轴承	1—双头螺柱 2—对开轴瓦 3—轴承盖 4—轴承座	由轴承座、轴承盖、对开轴瓦、双头螺柱等组成	在对开面上设有阶梯形的定位止口,对开面间放有垫片,以便磨损后调整轴承的径向间隙,装拆和维修方便	用于重载、连续工作的场合,或需要在轴的中部设置轴承的场合
自动调心轴承		由轴承座、轴承盖、球面轴瓦和双头螺柱等组成	轴瓦的外表面做成球面形状,可自动调位以适应轴颈在弯曲时产生的偏斜,避免轴颈与轴瓦的局部磨损	主要用于轴的刚度较小,或两轴难于保证同心的场合

（2）止推滑动轴承（表 1-3-15）

表 1-3-15 止推滑动轴承轴颈

轴颈类型	简图	主要特点	应用
实心端面止推轴颈		轴心与边缘磨损不均匀,以致轴心部分压强极高	应用极少
空心端面止推轴颈		轴颈磨损均匀,工作稳定	用于低速、轻载机械
环状轴颈			

（续）

轴颈类型	简图	主要特点	应用
多环轴颈		支承轴颈较多，可承受双向轴向载荷	用于载荷很大，或具有双向轴向载荷的场合

（3）轴承材料　轴瓦和轴承衬的材料统称为轴承材料。常用的轴承材料及其性能见表 1-3-16。

表 1-3-16　常用轴承材料及其性能

轴承材料		最大许用值			最高温度/℃	轴颈硬度/HBW	性能比较[①]				应用
		$[p]$/MPa	$[v]$/(m/s)	$[pv]$/(MPa·m/s)			抗胶合性	顺应性及嵌藏性	耐腐蚀性	疲劳强度	
锡基轴承合金	ZSnSb11Cu6 ZSnSb8Cu4	冲击载荷			150	150	1	1	1	5	用于高速、重载下工作的重要轴承，变载荷时易疲劳，价贵，常用作轴承衬
		25	80	20							
		平稳载荷									
		20	60	15							
铅基轴承合金	ZPbSb16Sn16Cu2	12	12	10	150	150	1	1	3	5	用于中速、中载的轴承，不宜受显著冲击，可作为锡基轴承合金的代用品
	ZPbSb15Sn10	20	15	15							
铜基轴承合金	ZCuSn10P1	15	10	15	280	200	5	3	1	1	用于中速、重载及受变载荷的轴承
	ZCuPb5Sn5Zn5	8	3	15							用于中速、中载的轴承
	ZCuPb30	25	12	30	280	300	3	4	4	2	用于高速、重载轴承，能承受变载和冲击
铸造黄铜	ZCuZn16Si4	12	2	10	200	200	5	5	1	1	用于低速、中载轴承
	ZCuZn38Mn2Pb2	10	1	10	200	200	5	5	1	1	用于高速、中载轴承，强度高、耐腐蚀、表面性能好
铸铁	HT150~HT250	2~4	0.5~1	1~4	150	200~250	4	5	1	1	用于低速、轻载的不重要轴承，价廉

① 数值越小，性能越高。

（4）润滑剂

1）润滑油。润滑油是滑动轴承中最常用的润滑剂，其中以矿物油应用最广。滑动轴承常用润滑油牌号见表 1-3-17。

2）润滑脂。润滑脂是由润滑油添加各种稠化剂和稳定剂稠化而成的膏状润滑剂。润滑脂主要应用在速度低（轴颈圆周速度 $1 \sim 2m/s$）、载荷大、不经常加油、使用要求不高的场合。滑动轴承常用润滑脂牌号见表 1-3-18，滑动轴承润滑方式选择见表 1-3-19。

表 1-3-17 滑动轴承常用润滑油牌号

轴颈圆周速度 $v/(m/s)$	$p<3MPa$ 工作温度：10~60℃		$3MPa \leqslant p<7.5MPa$ 工作温度：10~60℃		$7.5MPa \leqslant p<30MPa$ 工作温度：20~80℃	
	运动黏度 $\nu_{40}/(mm^2/s)$	润滑油牌号	运动黏度 $\nu_{40}/(mm^2/s)$	润滑油牌号	运动黏度 $\nu_{40}/(mm^2/s)$	润滑油牌号
0.3~1.0	60~80	L-AN46 L-AN68	85~115	L-AN100	10~20	L-AN100 L-AN150
1.0~2.5	40~80	L-AN46 L-AN68	65~90	L-AN100 L-AN150		
5.0~9.0	15~50	L-AN15 L-AN22 L-AN32				
>9	5~22	L-AN7 L-AN10 L-AN15				

表 1-3-18 滑动轴承常用润滑脂牌号

轴承压强 p/MPa	轴颈圆周速度 $v/(m/s)$	最高工作温度/℃	润滑脂牌号
<1.0	≤1.0	75	钙、锂基脂 L-XAAMHA3，ZL-3
1.0~6.5	0.5~5.0	55	钙、锂基脂 L-XAAMHA2，ZL-2
>6.5	≤0.5	75	钙、锂基脂 L-XAAMHA3，ZL-3
≤6.5	0.5~5.0	120	钙、锂基脂 L-XACMGA2，ZL-2
1.0~6.5	≤0.5	110	钙钠基脂 ZGN-2
1.0~6.5	≤1.0	50~100	锂基脂 ZL-3

（5）润滑方式 滑动轴承的润滑方式可按下式求得的 k 值来选取（表 1-3-19）：

$$k = \sqrt{pv^3}$$

式中 p——轴颈的平均压强，单位为 MPa；

v——轴颈的平均圆周速度，单位为 m/s。

2. 滚动轴承

（1）滚动轴承的结构 滚动轴承的典型结构如图 1-3-18 所示，通常由外圈 1、内圈 2、滚动体 3 和保持架 4 组成。内圈装在轴颈上，外圈装在轴承座孔内；多数情况下内圈与轴一起转动，外圈保持不动。工作时，滚动体在内、外圈间滚动，保持架将滚动体均匀地隔开，以减少滚动体之间的摩擦和磨损。

（2）滚动轴承的类型及特点 滚动轴承中滚动体与外圈接触处的法线与垂直于轴承轴线的径向平面之间的夹角 α 称为滚动轴承的公称接触角，它是滚动轴承的一个重要参数，如图 1-3-19 所示。滚动轴承的主要分类见表 1-3-20。

表 1-3-19　滑动轴承润滑方式选取

k 值	$k \leq 2$	$2 < k \leq 16$	$16 < k \leq 32$	$k > 32$
润滑方式	压配式压注油杯 1—钢球　2—弹簧　3—杯体 旋套式注油油杯 1—杯体　2—旋套 旋盖式油杯 1—杯盖　2—杯体	针阀式注油油杯 1—手柄　2—调节螺母 3—弹簧　4—针阀　5—杯体 油芯式油杯 1—盖　2—杯体 3—接头　4—油芯	油环润滑	压力循环

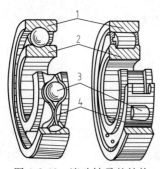

图 1-3-18　滚动轴承的结构

1—外圈　2—内圈　3—滚动体　4—保持架

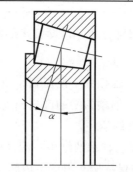

图 1-3-19　滚动轴承的接触角

（3）滚动轴承的代号及含义（GB/T 272—2017）　由于滚动轴承已标准化，为了便于生产和使用，国家有关标准规定了滚动轴承的代号。滚动轴承代号由前置代号、基本代号和后置代号三部分组成，见表 1-3-21。

表 1-3-20 滚动轴承的主要分类、特点及应用

分类方法	类型		主要参数或简图	特点及应用
按承受的载荷方向	向心轴承	径向接触轴承	$\alpha = 0°$	主要承受径向载荷,也能承受一定的轴向载荷,可用于较高转速的场合
		向心角接触轴承	$0° < \alpha \leq 45°$	
	推力轴承	轴向推力轴承	$\alpha = 90°$	主要承受轴向载荷,也能承受一定的径向载荷。接触角越大,可承受的轴向载荷越大
		推力角接触轴承	$45° < \alpha < 90°$	
按滚动体的形状	球轴承			承载能力小,起动阻力小,极限转速较高
	圆柱滚子轴承			能承受较大的轴向、径向载荷,用于低速、重载的工况条件
	鼓形滚子轴承			能承受较大的轴向、径向载荷,用于低速、重载的工况条件
	圆锥滚子轴承			能承受较大的轴向、径向载荷,用于低速、重载的工况条件
	滚针轴承			用于低速、重载且安装径向尺寸受限制的场合

表 1-3-21 滚动轴承代号的构成

前置代号	基本代号			四	五	后置代号								
	轴承系列													
		尺寸系列代号		内径代号(公称内径除以5的商数,公称内径为小于10mm、10mm、12mm、15mm、17mm、22mm、28mm、32mm及500mm以上除外)		内部与外部形状代号	密封与防尘与外部形状代号	保持架及其材料代号	轴承零件材料代号	公差等级代号	游隙代号	配置代号	振动及噪声代号	其他代号
轴承分部件代号	类型代号(数字或字母)	宽度(或高度)系列代号(数字)	直径系列代号(数字)											

向心滚动轴承常用的直径系列和宽度系列的关系如图 1-3-20 所示。

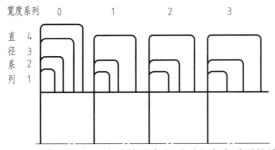

图 1-3-20 常用的向心滚动轴承直径系列和宽度系列的关系

常用滚动轴承主要类型、尺寸系列代号及性能特点见表 1-3-22。

表 1-3-22　常用滚动轴承主要类型、尺寸系列代号及性能特点

类型代号	简图及承载方向	类型名称结构代号	尺寸系列代号	轴承系列代号	极限转速比	性能特点
1 或(1)		调心球轴承 10000	39 1(0) 30 (0)2 22 (0)3① 23	139 10 130 12 22 13 23	中	能自动调心,内、外圈轴线允许偏斜2°~3°。可承受不大的双向轴向载荷,但不宜承受纯轴向载荷,适用于轴承轴心线难以对中的支承,常成对使用
2		调心滚子轴承 20000	38 48 39 49 30 40 31 41 22 32 03① 23	238 248 239 249 230 240 231 241 222 232 213 223	低	性能及特点与调心球轴承类似,但径向承载能力较大。内、外圈轴线允许偏斜1.5°~2.5°,适用于多支点轴、弯曲刚度较小的轴及难于精确对中的支承
3		圆锥滚子轴承 30000	29 20 30 31 02 22 32 03 13 23	329 320 330 331 302 322 332 303 313 323	中	能承受以径向载荷为主的径向、轴向联合载荷,当接触角 α 大时,亦可承受纯单向轴向载荷。外圈可分离,可调整径向、轴向游隙,承载能力较大,一般须成对使用,对称安装。要求轴的刚性大,轴与支承座孔的中心线对中性好。适用于转速不太高,轴的刚度较好的场合
5		推力球轴承 51000	11 12 13 14	511 512 513 514	低	承受单向轴向载荷,滚动体与套圈多半可分离。紧圈与轴相配合。为防止钢球与滚道之间的滑动,工作时需加一定的轴向载荷。极限转速低,适用于轴向载荷大、转速不高的场合
5		双向推力球轴承 52000	22 23 24	522 523 524	低	能承受双向轴向载荷,中间圈为紧圈,其他性能特点与推力球轴承相同

（续）

类型 代号	简图及 承载方向	类型名称 结构代号	尺寸系 列代号	轴承 系列代号	极限 转速比	性能特点
6 或 16		深沟球轴承 60000	17 37 18 19 (0)0 (1)0 (0)2 (0)3 (0)4	617 637 618 619 160 60 62 63 64	高	主要承受径向载荷,亦能承受一定的双向轴向载荷。高转速时,可用来承受纯轴向载荷。价格便宜
7		角接触球轴承 70000C　α=15° 70000AC　α=25° 70000B　α=40°	18 19 (1)0 (0)2 (0)3 (0)4	718 719 70 72 73 74	高	可以同时承受径向及轴向载荷,亦可单独承受轴向载荷。α 越大,轴向承载能力也越大。通常须成对使用。对称安装,极限转速较高
8		推力圆柱滚子 轴承 80000	11 12	811 812	低	只能承受单向轴向载荷,承载能力很大,极限转速低
N		外圈无挡边 圆柱滚子轴承 N 0000	10 (0)2 22 (0)3 23 (0)4	N10 N2 N22 N3 N23 N4	高	只能承受径向载荷,承载能力大,抗冲击能力强。内、外圈可分离,对轴的偏斜敏感,极限转速较高。适用于刚性较大、与支承座孔能很好对中的轴的支承
NA		滚针轴承 NA 0000	48 49 69	NA 48 NA 49 NA69	低	径向尺寸小,只能承受径向载荷。其极限转速低。一般不带保持架,摩擦因数大

注：表中括号中的数字表示在组合代号中省略。
① 尺寸系列实为 03,用 13 表示。

（4）滚动轴承的润滑　滚动轴承润滑的目的主要是减少摩擦、磨损,同时也有冷却、吸振、防锈和减小噪声的作用。

当轴颈圆周速度为 4~5m/s 时,可采用润滑脂润滑,其优点为：润滑脂不易流失,便于密封和维护,一次填充可运转较长时间。润滑脂填充量一般为轴承内空隙的 1/3~1/2,以免因润滑脂过多而引起轴承发热,影响轴承正常工作。

当轴颈速度较高时,应采用润滑油润滑,这不仅使摩擦阻力减小,且可起到散热、冷却作用。润滑方式常用油浴或飞溅润滑。油浴润滑时油面不应高于最下方滚动体中心,以免因搅油能量损失较大,使轴承过热。高速轴承可采用喷油或油雾润滑。

四、螺纹及螺纹连接

1. 螺纹的结构及主要参数（表 1-3-23）

表 1-3-23　螺纹的结构及主要参数

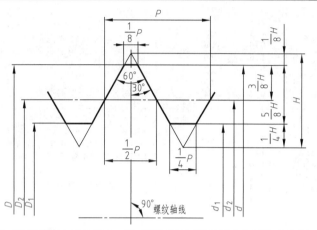

　　螺纹是机械零件上常用的一种结构要素,有外螺纹和内螺纹两种,成对使用,起连接或传动作用。

　　螺纹的牙型、大径、小径、螺距等都已标准化,具体参数可查阅国家标准 GB/T 193—2003。

　　螺纹紧固件是螺纹的一种具体应用,其结构形式也已标准化,根据使用性能可分为螺栓、双头螺柱和螺钉等多种类型。

大径(d、D)	与外螺纹牙顶或内螺纹牙底相重合的假想圆柱面的直径。一般定为螺纹的公称直径
小径(d_1、D_1)	与外螺纹牙底或内螺纹齿顶相重合的假想圆柱面的直径。一般为外螺纹危险剖面的直径
中径(d_2、D_2)	是一个假想圆柱的直径,该圆柱母线上的螺纹齿厚等于齿槽宽
螺距 P	相邻两牙体上对应牙侧与在中径线相交两点间的轴向距离
线数 n	螺旋线的数量,只有一条螺旋线的称为单线螺纹,两条及以上称为多线螺纹
导程 P_h	同一条螺旋线上最相邻的两同名牙侧与中径线相交两点间的轴向距离。导程 P_h、螺距 P 和线数 n 的关系为 $P_h = nP$
升角 ϕ	在中径圆柱上,螺旋线的切线与垂直于螺纹轴线的平面间的夹角
牙型角 α	在轴向剖面内,螺纹牙型两侧边的夹角。牙型侧边与螺纹轴线的垂线间的夹角称为牙侧角 β
旋向	左旋和右旋。在螺纹标记中,右旋可省略不标,左旋用字母"LH"标注

2. 常用螺纹的类型及应用

常用螺纹的类型、特点及应用见表 1-3-24。

表 1-3-24　常用螺纹的类型、特点及应用

类型	牙型简图	特征代号	特点及应用
普通(三角形)螺纹	60°	M	牙型角 $\alpha = 60°$,自锁性好,广泛用于各种螺纹紧固连接
管螺纹	55°	Rc, Rp, R_1, R_2 G	牙型角 $\alpha = 55°$,分为 55° 非密封的管螺纹(GB/T 7307—2001)和用 55° 密封的管螺纹(GB/T 7306.1~2—2000)。主要适用于管接头、旋塞、阀门等螺纹连接的附件
梯形螺纹	30°	Tr	牙型为等腰梯形,牙型角 $\alpha = 30°$,牙根强度高,对中性好,广泛用于车床丝杠,螺旋起重器等各种传动螺旋中

（续）

类型	牙型简图	特征代号	特点及应用
锯齿形螺纹	30° 3°	B	工作面的牙侧角 $\beta=3°$，非工作面的牙侧角为 30°，它兼有矩形螺纹和梯形螺纹的效率高、牙根强度高的优点，但只能用于承受单方向的轴向载荷传动
矩形螺纹			牙型为正方形，牙型角 $\alpha=0°$，其传动效率最高，但牙根强度弱，精加工困难，螺纹牙磨损后难以补偿，传动精度降低，故应用较少。矩形螺纹未标准化

3. 螺纹的标记

螺纹标记反映了螺纹的主要性能参数，具体规定见表 1-3-25。

表 1-3-25　螺纹标记的组成及规定

螺纹类型	标记组成	示例	说明
普通螺纹	螺纹特征代号　公称直径×螺距（单线）-中径公差带号和顶径公差带号-旋合长度代号-旋向代号	M60×2-5g6g-L-LH	旋合长度：L—长；N—中等；S—短，中等省略不标。旋向：右旋省略不标
55°密封管螺纹	螺纹特征代号　尺寸代号　旋向代号	Rc½，Rp¾	Rc：圆锥内螺纹 Rp：圆柱内螺纹 R₁ 和 R₂：圆锥外螺纹
55°非密封管螺纹	螺纹特征代号　尺寸代号　公差等级代号—旋向代号	G½B-LH	外螺纹的公差等级分 A、B 两级，内螺纹只有一种，不加标记
梯形螺纹	螺纹特征代号　公称直径×导程（P 螺距值）旋向代号-中径公差带代号-螺纹旋合长度代号	Tr20×14(P7)—7H	旋合长度：L—长；N—中等。中等省略不标。当单线螺纹省略圆括号部分
锯齿形螺纹	螺纹特征代号　公称直径×导程（P 螺距值）旋向代号—中径公差带代号—螺纹旋合长度代号	B32×6LH	旋合长度：L—长；N—中等。中等省略不标。单线螺纹省略圆括号部分

4. 螺纹紧固件的基本类型及应用（表 1-3-26）

表 1-3-26　螺纹紧固件的基本类型及应用

基本类型	简图	特点及应用
螺栓连接		常用于被连接件不太厚和便于加工通孔的场合

（续）

基本类型	简图	特点及应用
双头螺柱连接	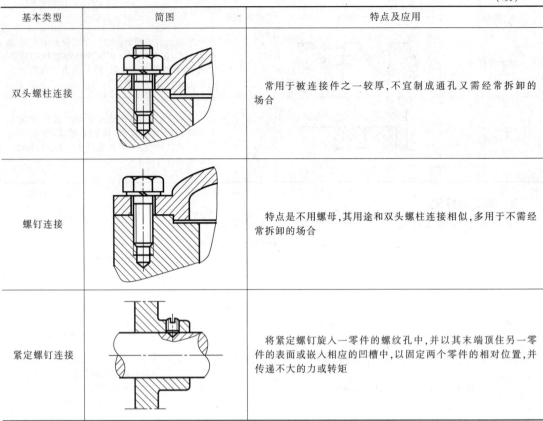	常用于被连接件之一较厚,不宜制成通孔又需经常拆卸的场合
螺钉连接		特点是不用螺母,其用途和双头螺柱连接相似,多用于不需经常拆卸的场合
紧定螺钉连接		将紧定螺钉旋入一零件的螺纹孔中,并以其末端顶住另一零件的表面或嵌入相应的凹槽中,以固定两个零件的相对位置,并传递不大的力或转矩

5. 螺纹连接的预紧

1）紧固件的拧紧次序　当紧固件连接为环形布置或矩形布置时,其拧紧的次序如图 1-3-21 所示,并且不能一次性拧紧,应按该次序多次逐步拧紧;拆卸也应如此操作。

图 1-3-21　螺纹连接的拧紧次序

2）预紧力的控制　在装配螺栓连接时,可采用测力矩扳手对拧紧力矩予以控制,也可测量拧紧螺母后螺栓的伸长量来控制预紧力。

在比较重要的连接中,若不能严格控制预紧力的大小,而只依靠安装经验来拧紧螺栓时,为避免螺栓拉断,通常不宜采用规格小于 M12mm 的螺栓,一般常用 M12～M24mm 的螺栓。

6. 螺纹连接的防松

防松原理是防止螺母与螺栓杆的相对转动,或增大相对转动的难度。常用防松方法如下:

摩擦防松：弹簧垫圈（图 1-3-22）、对顶螺母（图 1-3-23）、自锁螺母（图 1-3-24）。

机械防松：开口销（图 1-3-25）、止动垫片（图 1-3-26）、带翅垫片（图 1-3-27）、铁丝。

不可拆连接：打冲点（图 1-3-28）、点焊、金属胶接。

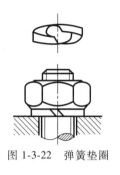

图 1-3-22　弹簧垫圈

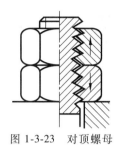

图 1-3-23　对顶螺母

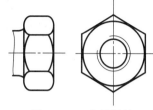

图 1-3-24　自锁螺母

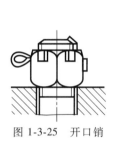

图 1-3-25　开口销

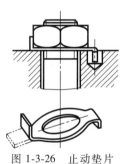

图 1-3-26　止动垫片

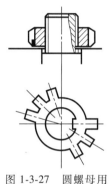

图 1-3-27　圆螺母用
带翅垫片

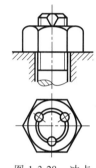

图 1-3-28　冲点

五、联轴器和制动器

1. 联轴器

联轴器的功能是把不同部件的两根轴连接成一体，以传递运动和转矩。常用联轴器的主要类型和应用见表 1-3-27。

表 1-3-27　常用联轴器的主要类型及应用

联轴器类型		简图	特点及应用
刚性联轴器	套筒联轴器		结构简单、径向尺寸小、容易制造,但缺点是装拆时因需做轴向移动而使用不太方便。适用于载荷不大、工作平稳、两轴严格对中并要求联轴器径向尺寸小的场合
	凸缘联轴器		结构简单、使用方便,可传递较大转矩,但要求两轴必须严格对中,不能缓冲减振。适用于刚性大、振动冲击小、低速大转矩的传动场合

（续）

联轴器类型		简图	特点及应用
挠性联轴器	无弹性元件挠性联轴器	滑块联轴器	结构简单、使用方便，但离心冲击力大，故适用于低速、振动冲击小的传动场合
		万向联轴器	可实现空间任意两根轴的传动连接，适用于两轴安装精度不高的传动或空间传动
	有弹性元件挠性联轴器	弹性套柱销联轴器	结构与凸缘联轴器相似，只是柱销上套有弹性套，弹性套的变形可以补偿两轴的径向误差和角度误差，并且具有缓冲和吸振作用；但弹性套容易磨损，寿命短。用于冲击载荷小、起动频繁、经常正反转的中、小功率传动
		弹性柱销联轴器	弹性柱销联轴器用尼龙柱销作为缓冲元件，结构简单，维修安装方便，具有吸振和补偿轴向误差及微量径向误差、角度误差的能力。适用于经常正反转、起动频繁、转速较高的场合
		轮胎联轴器	由橡胶或橡胶织物制成轮胎形的弹性元件，用压板与螺栓压紧在两半联轴器之间，允许两轴之间有轴向误差、径向误差和角度误差，并起缓冲减振作用。适用于潮湿多尘、冲击大、起动频繁及经常正反转的场合

联轴器的装配必须根据联轴器的类型和特性进行正确安装调试，一般情况下，两轴之间没有精确的定位方式，因此，应用相应的调整措施，修正两轴之间的安装误差。两轴之间的误差类型如图1-3-29所示。两个半联轴器的端面不能贴紧，应留有一定的间隙，否则会顶死。

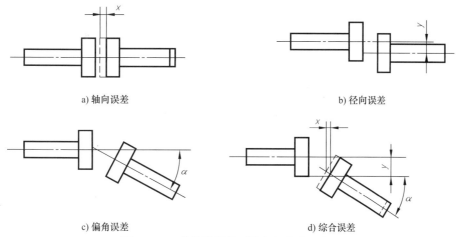

a) 轴向误差　　　　　　　　　　　　　　　　b) 径向误差

c) 偏角误差　　　　　　　　　　　　　　　d) 综合误差

图 1-3-29　联轴器所联两轴之间的误差类型

2. 制动器

制动器与联轴器、离合器不同，它利用摩擦力矩来消耗机器运动部件的动能，从而实现制动作用。制动器动作迅速，可靠；其摩擦副要求耐磨，易散热。

制动器通常装在机构中转速较高的轴上，这样所需制动力矩和制动器尺寸可以小一些。常用制动器的类型和性能特点见表1-3-28。

表 1-3-28　常用制动器类型及性能特点

制动器类型	结构简图	性能特点
带式制动器	1 — 制动轮 2 — 闸带 3 — 杠杆	当杠杆上作用外力 F_Q 后，钢闸带收紧而抱住制动轮，靠带和轮间的摩擦力达到制动的目的。带式制动器结构简单，径向尺寸小，但制动力矩不大。为了增强摩擦作用，钢带上常衬有石棉、橡胶、帆布等
块式制动器	1 — 电磁线圈 2 — 衔铁 3、4 — 杠杆系统 5 — 瓦块 6 — 制动轮	靠制动瓦块与制动轮间的摩擦来制动：通电时，由电磁线圈1的吸力吸住衔铁2，再通过一套杠杆使制动瓦块5松开，机器便能自由运转；当需要制动时，则切断电流，电磁线圈释放衔铁2，弹簧力和杠杆使制动瓦块5抱紧制动轮6，机器便停止转动

六、弹簧

常用弹簧的类型及应用见表 1-3-29。

表 1-3-29　常用弹簧的类型及应用

弹簧名称	简图	性能特点及应用
等节距圆柱螺旋拉伸弹簧		承受拉力。结构简单,制造方便,应用广泛
等节距圆柱螺旋压缩弹簧		承受压力。结构简单,制造方便,应用广泛
圆锥螺旋弹簧		承受压力。弹簧圈从大端开始受力后特性线为非线性。可防止共振,稳定性好,结构紧凑。多用于承受较大载荷和需减振的场合
圆柱螺旋扭转弹簧		承受扭矩
碟形弹簧		承受压力。缓冲、吸振能力强。采用不同的组合,可以得到不同的特性线,用于要求缓冲和减振能力强的重型机械。卸载时需先克服接触面间的摩擦力,然后恢复到原形,故卸载线和加载线不重合
环形弹簧		承受压力。圆锥面间具有较大的摩擦力,因而具有很高的减振能力,常用于重型设备的缓冲装置

（续）

弹簧名称	简图	性能特点及应用
平面蜗卷弹簧		承受转矩。圈数多,变形角大,存储能量大。多用作压紧弹簧和仪器、钟表中的储能弹簧
板弹簧		承受弯矩。主要用于汽车、拖拉机和铁路车辆的车厢悬架装置中,起缓冲和减振作用

第二篇

气动与液压技术基础知识

气 动 技 术

【知识目标】

掌握气动系统的工作原理、组成和各部分的功能。了解气压传动的特点及应用。

【知识结构】

气动技术

- 气动系统的基础知识
  - 气动系统的特点、原理及组成
  - 空气压缩机
  - 压缩空气净化处理装置
    - 空气过滤器
    - 气罐
    - 自动排水器
    - 油雾器
  - 气动系统的图形符号
- 气动执行元件
  - 气缸
    - 气缸分类
    - 普通气缸
      - 单作用气缸
      - 双作用气缸
      - 无杆气缸
    - 标准气缸及规格
    - 气缸的参数计算及选择要点
  - 气动马达（叶片式、活塞式）
  - 方向控制阀（单向阀、梭阀、双压阀、快速排气阀、换向阀）
  - 压力控制阀（减压阀、溢流阀、顺序阀）
  - 流量控制阀（节流阀、单向节流阀、排气节流阀）
- （低）真空技术及其应用
  - 真空系统概述
  - 真空元件
    - 真空发生器
    - 真空发生器组件
    - 真空泵
    - 真空过滤器
    - 真空吸盘
    - 真空压力开关
- 气动系统的使用与维护

第一节　气动系统基础知识

一、气动技术的应用

气动技术是指对压缩空气的技术应用。压缩空气是被压缩了的空气，空气在被压缩的过程中存储了压力能，然后通过执行机构将其转变为机械能，或者通过控制、调节和测量元件用于工业过程的控制、调节及测量。气动技术的应用范围：

1）旋紧、钻孔和磨削等旋转运动的驱动。

2）供给、夹紧、滑移、弹射等直线运动的驱动。

3）开凿、剪切、冲压、挤压、铆接等冲击运动的驱动。

4）对工件或者切屑吹气的喷嘴供气。

5）喷砂和喷颜色的表面喷涂技术。

6）长度测量技术中的气动测量和检验仪器。

7）输送废料。

二、气动技术的主要特点

1）压缩空气可以在管道中进行传输并且储存在容器中。

2）可移动的压缩机可以实现压缩空气在不同地点的应用。

3）压缩空气对温度不敏感，故可应用在易燃易爆的场所。

4）气压传动动作迅速、反应快、维护简单。

5）气动工具或设备可在静止时承受负载甚至过载，同时具有较大的起动力矩。

6）提供相等的功率时，气动设备的质量更轻，结构坚固且易于维修。

7）由于空气具有可压缩性，所以气缸的运动速度受负载的影响比较大。

8）压缩机和排气噪声大，会使噪声防护措施的费用较高。

9）因为工作压力一般低于1MPa，故无法获得较大的活塞力。

10）排气中的油雾会污染工作场所附近的环境。

三、气动系统的工作原理及组成

气动装置由压缩空气制备装置、气源处理装置和控制回路组成（图2-1-1）。在压缩空气制备装置中，压缩机从环境中吸气，并进行压缩。经压缩而受热的空气将在冷却装置中冷却，冷凝水通过排水器排出，压缩空气则进入压缩空气容器中，并通过网络管道输被送至各个控制位置。压缩空气在被送至主阀前，必须先经气源调节装置过滤，并且调节至恒定的工作压力。在控制回路中，工件先由一个单向气缸夹紧，再由一个双向气缸弯折。

气压传动系统由以下四种装置组成：

（1）气源装置　压缩空气的发生装置以及压缩空气的存储、净化辅助装置。它为系统提供合乎质量要求的压缩空气。

（2）执行元件　将气体压力能转换成机械能并完成做功动作的元件，如气缸、气马达。

（3）控制元件　控制气体压力、流量及运动方向的元件，如各种阀类；能完成一定逻

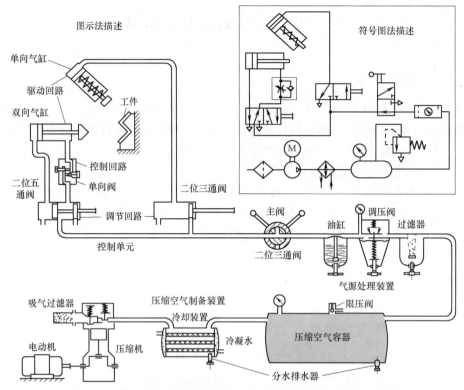

图 2-1-1　带有压缩空气制备装置和气源处理装置的气动控制装置

辑功能的元件，即气动逻辑元件；感测、转换、处理气动信号的元器件，如气动传感器及信号处理装置。

（4）气动辅件　气动系统中的辅助元件，如过滤器、油雾器、消声器、压力表、管道、接头等。

四、气源装置与压缩空气净化处理装置

气源装置的组成和布置如图 2-1-2 所示。

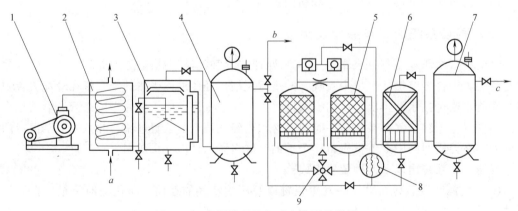

图 2-1-2　气源装置的组成和布置示意图

1—空压机　2—冷却器　3—油水分离器　4—气罐1　5—干燥器　6—过滤器　7—气罐2
8—加热器　9—四通阀　a—水　b—工业用气　c—气动装置用气

1. 空气压缩机

空气压缩机（简称空压机）是压缩空气的发生装置。

空压机将电动机或内燃机的机械能转化为压缩空气的压力能。根据压缩方式的不同，空压机可分为容积式压缩机和速度式压缩机。目前，气压传动中最常用的空气压缩机为活塞式压缩机（容积式），如图 2-1-3 所示。

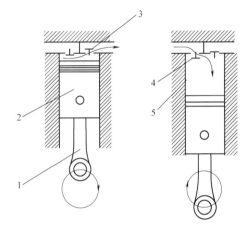

a) 实物图　　　　　　　　　　　　　　　　　　　　　b) 原理图

图 2-1-3　活塞式空气压缩机

1—连杆　2—活塞　3—排气阀　4—进气阀　5—气缸

2. 压缩空气净化处理装置

如图 2-1-2 所示，气源装置由空气压缩机、空气净化与储存装置、压缩空气运输管道系统组成。经管道输送到气动设备的压缩空气，还须通过气源处理装置对其进行进一步的过滤、减压与稳压、加油与润滑才可以使用。气源处理装置如图 2-1-4 所示，连接顺序为：空气过滤器——减压阀——油雾器，不能颠倒，安装时应尽量靠近气动设备，距离不应大于 5m。

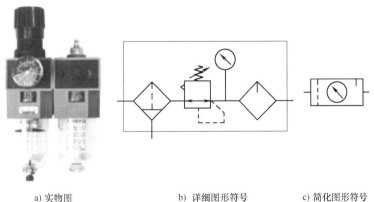

a) 实物图　　　　　　b) 详细图形符号　　　　　c) 简化图形符号

图 2-1-4　气源处理装置

（1）空气过滤器　空气过滤器分为主管道过滤器和支管道过滤器。主管道过滤器（图2-1-5）较支管道过滤器的流量大，安装在气罐的出口，过滤面积大，去除压缩空气中的油污、水和其他杂质，可延长精密过滤器的寿命。

支管道过滤器（标准过滤器）如图 2-1-6 所示，压缩空气从入口进入过滤器内部后，因导流板 1（旋风叶片）的导向，产生了强烈的旋转，在离心力作用下，压缩空气中混有的大颗粒固体杂质和液态水滴等被甩到滤杯 4 的内表面上，在重力作用下沿壁面沉降至底部，然后，经过这样预净化的压缩空气通过滤芯 2 流出，进一步清除其中颗粒较小的固态粒子，清洁的空气便从出口输出。挡水板 3 的作用是防止已积存在滤杯中的冷凝水再混入气流中。

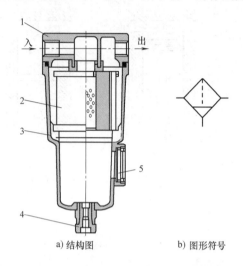

a) 结构图　　　b) 图形符号

图 2-1-5　主管道过滤器结构及图形符号

1—主体　2—滤芯　3—保护罩
4—手动排水器　5—观察窗

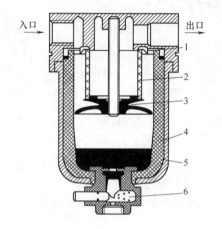

图 2-1-6　标准过滤器结构

1—导流板　2—滤芯　3—挡水板
4—滤杯　5—杯罩　6—排水阀

空气过滤器主要根据系统所需要的流量、过滤精度（标准过滤器的过滤精度为 5μm）和容许压力等参数来选用，通常垂直安装在气动设备入口处，进、出气孔不得接反，使用过程中注意定期放水、清洗或更换滤芯。

（2）气罐　气罐外形结构及图形符号如图 2-1-7 所示。气罐（图 2-1-7）的作用包括消除压力波动，保证输出气流的连续性，储存一定数量的压缩空气，调节用气量以备发生故障和临时需要应急使用，进一步分离压缩空气中的水分和油分等。气罐一般采用圆筒状焊接结构，有立式和卧式两种，一般以立式居多。

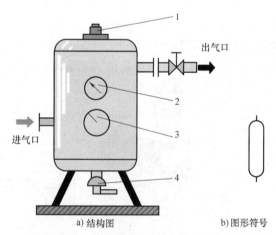

a) 结构图　　　b) 图形符号

图 2-1-7　气罐的外形结构及图形符号

1—安全阀　2—压力表　3—检修盖　4—排水阀

（3）自动排水器　自动排水器（图2-1-8）用来自动排出管道、气罐、过滤器滤杯等部件最下端的积水。自动排水器可作为单独的元件安装在净化设备的排污口处，也可内置安装在过滤器等元件的壳体内（底部）。

（4）油雾器　油雾器以压缩空气为动力源，将润滑油喷射成雾状，随压缩空气一起进入气动元件，使该压缩空气具有润滑气动元件的能力。如图 2-1-9 所示，压缩空气从输入口进入后，一小部分压缩空气通过立杆上的小孔 A 经截止阀进入 C 腔，使油面受压，润滑油经吸油管、调节针阀滴到立杆中，被通道中的气流从小孔 B 中引射出来，雾化后从输出口输出。

目前，气动控制系统中的控制阀、气缸和气马达主要是靠带有油雾的压缩空气来实现润滑的，其优点是方便、干净、润滑质量高。在气动仪表、逻辑元件等个别气动元件中不需要安装油雾器。油雾器在使用时一定要垂直安装，它可以单独使用，也可以和分水滤气器、减压阀联合使用。

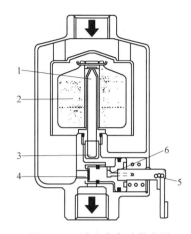

图 2-1-8　浮子式自动排水器

1—喷管　2—浮子　3—烧结铜过滤器
4—排水阀座　5—手动开关　6—溢流阀

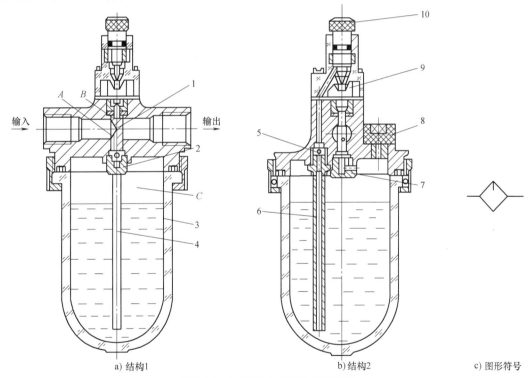

a) 结构1　　　　　b) 结构2　　　　　c) 图形符号

图 2-1-9　油雾器的结构及图形符号

1—立杆　2—截止阀　3—贮油杯　4、6—吸油管　5—单向阀　7—截止阀螺母　8—油塞　9—视油器　10—调节针阀

五、压力的表示方法

压力表示方法有两种，即绝对压力（Absolute Pressure）和相对压力（Gauge Pressure）。绝对压力是以绝对真空为零基准所表示的压力；相对压力是以大气压力作为零基准所表示的压力。以大气压力为基准计算压力，压力高于基准时的相对压力又称表压力（如仪表指示

的压力）；压力低于基准时出现真空，其低于大气压的那部分压力称为真空度。绝对压力、相对压力和真空度的关系如图 2-1-10 所示，关系式为：

绝对压力 = 大气压力 + 相对压力（表压力）

真空度 = 大气压力 − 绝对压力（绝对压力小于大气压力时）

压力单位为帕斯卡，简称帕（Pa），$1Pa = 1N/m^2$。由于 Pa 单位很小，工程上常采用兆帕（MPa）或巴（bar）：$1MPa = 10^6Pa$，$1bar = 10^5Pa$。

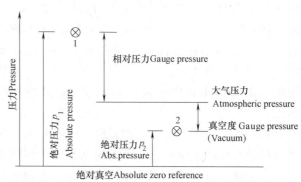

图 2-1-10　绝对压力、相对压力和真空度的关系

六、气动系统的图形符号

我国已经制定了规定的图形符号来表示流体传动原理图中各元件和连接管路的国家标准，即《GB/T 786.1—2009　流体传动系统及元件图形符号和回路图》（附录 B）。本书液压与气压件图形符号符合下述基本规定：

1) 符号只表示元件的职能、连接系统的通断，不表示元件的具体结构和参数，也不表示元件在机器中的实际安装位置。

2) 元件符号内的油液流动方向用箭头表示，线段两端都有箭头的，表示流动方向可逆。

3) 符号均以元件的静止位置或中间零位置表示，当系统的动作另有说明时，可作例外。

第二节　气动执行元件

在气动系统中，将压缩空气的压力能转换成机械能的元件被称为气动执行元件。可以实现往复直线运动或往复摆动运动的气动执行元件称为气缸；可以实现连续旋转运动的气动执行元件称为气马达。

一、气缸

在气动自动化系统中，气缸因其相对较低的成本、容易安装、结构简单、耐用、有各种缸径尺寸及行程可选等优点，成为应用最广泛的一种执行元件。

1. 气缸的分类

（1）按结构分类

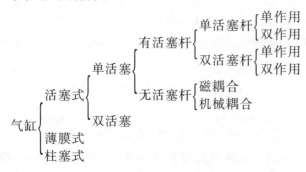

（2）按驱动方式分类

1）单作用气缸。气缸只有一个方向的运动由压缩空气作用在活塞端面上驱动，活塞的复位靠弹簧力，或自重和其他外力。

2）双作用气缸。双作用气缸的往返运动都依靠压缩空气驱动。

（3）按功能分类

1）普通气缸。包括单作用气缸和双作用气缸，常用于无特殊要求的场合。

2）缓冲气缸。气缸的一端或两端带有缓冲装置，以防止和减轻活塞运动到端部时对气缸盖的撞击。

3）气-液阻尼缸。气缸与液压缸串联，以压缩空气为动力，通过控制油液的流量来获得活塞的平稳运动。

（4）按安装方式分类

1）固定式气缸。气缸安装在机体上固定不动，如图 2-1-11a、b、c 所示。

2）摆动式气缸。缸体围绕一个固定轴可做一定角度的摆动，如图 2-1-11d、e、f 所示。

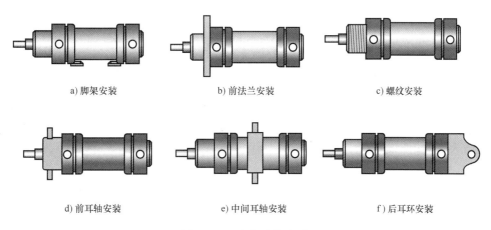

a) 脚架安装　　　　　　　　b) 前法兰安装　　　　　　　　c) 螺纹安装

d) 前耳轴安装　　　　　　　e) 中间耳轴安装　　　　　　　f) 后耳环安装

图 2-1-11　气缸安装方式

2. 普通气缸

（1）单作用气缸（Single-Acting Cylinder）　单作用气缸在缸盖一端输入压缩空气，使活塞杆伸出（或缩回），而另一端靠弹簧、自重或其他外力使活塞杆恢复到初始位置。主要用于夹紧、退料、阻挡、压入、举起和进给等操作。图 2-1-12 所示为预缩型单作用气缸结构

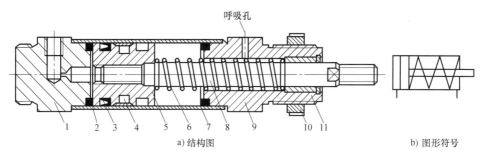

呼吸孔

a) 结构图　　　　　　　　　　　　　　　　　　　b) 图形符号

图 2-1-12　预缩型单作用气缸

1—后缸盖　2—橡胶缓冲垫　3—活塞密封圈　4—导向环　5—活塞　6—弹簧　7—缸筒
8—活塞杆　9—前缸盖　10—螺母　11—导向套

原理图，单作用气缸行程受内装回程弹簧自由长度的影响，其行程一般在100mm以内。

（2）双作用气缸（Double-Acting Cylinder）　双作用气缸两个方向的运动都是通过气压传动进行的，气缸的结构如图 2-1-13 所示。在压缩空气作用下，双作用气缸活塞杆既可以伸出，也可以回缩。通过缓冲调节装置，可以调节其终端缓冲速度。气缸活塞上的永久磁环可用于驱动行程开关动作。

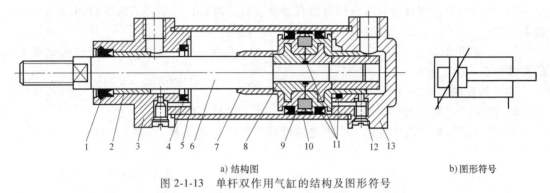

a) 结构图　　　　　　　　　　　　　　　　　　　　b) 图形符号

图 2-1-13　单杆双作用气缸的结构及图形符号

1—防尘组合密封圈　2—导向套　3—前缸盖　4—缓冲密封圈　5—缸筒　6—缓冲柱塞

7—活塞环　8—活塞　9—磁性环　10—导向环　11—密封圈　12—缓冲节流针阀　13—后缸盖

（3）无杆气缸（Rodless Cylinder）　无杆气缸主要分机械耦合式无杆气缸和磁耦合式无杆气缸两种，适用于缸径小、行程长的场合。其最大优点是节省安装空间，在自动化系统、气动机器人中应用广泛。

1）机械耦合式无杆气缸。如图 2-1-14 所示，在气缸筒轴向开有一条槽，在气缸两端设有空气缓冲装置。在压缩空气作用下，活塞带动与负载相连的滑块一起在槽内移动，且借助缸体上的一个管状沟槽防止其产生旋转。

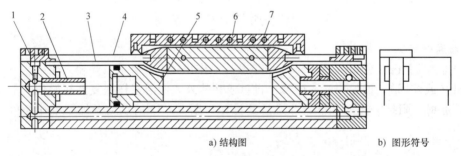

a) 结构图　　　　　　　　　　　　　　b) 图形符号

图 2-1-14　机械耦合式无杆气缸

1—节流阀　2—缓冲柱塞　3—密封带　4—防尘不锈钢带　5—活塞　6—滑块　7—管状体

2）磁耦合式无杆气缸。如图 2-1-15 所示，在活塞上安装有一组高磁性的稀土永久磁环，磁力线穿过薄壁缸筒（不锈钢或铝合金非导磁材料）作用在套在缸筒外面的另一组磁环上。由于两组磁环极性相反，两者间具有很强的吸力，当活塞在输入气压作用下移动时，通过磁力线带动缸筒外的磁环套与负载一起移动。在气缸行程两端设有空气缓冲装置。

3. 标准气缸及规格

标准气缸是指气缸的功能和规格是普遍适用的、结构容易制造的、普通厂商通常将其作

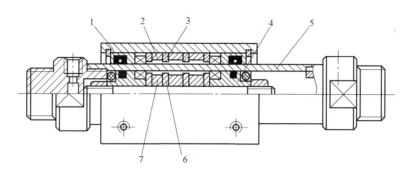

图 2-1-15　磁耦合式无杆气缸

1—套筒（移动支架）　2—外磁环　3—外导磁板　4—活塞　5—气缸筒　6—内导磁板　7—内磁环

　　为通用产品供应市场的气缸，如 SMC 公司和亚德客公司提供从结构到参数都已经标准化、系列化的气缸（简称标准化气缸）供用户选用。选型时，应尽可能地选用标准化气缸，使产品具有互换性，方便设备使用和维修。

　　气缸的规格：气缸的缸筒内径 D（简称缸径，见表 2-1-1）和活塞行程 L 是选择气缸的重要参数。常用中小型气缸尺寸参数见表 2-1-2。

表 2-1-1　气缸缸径尺寸系列（GB/T 2348—1993）　　　　（单位：mm）

8	10	12	16	20	25	32	40	50	63	80	（90）	100	（110）
125	（140）	160	（180）	200	（220）	250	（280）	320	（360）	400	（450）	500	

注：括号内尺寸为非优先选用者。

表 2-1-2　常用中小型气缸尺寸参数

缸径/mm	活塞杆外径/mm	活塞杆螺纹/mm	气缸口螺纹	标准行程/mm
12	6	M6	M5	
16	6	M6	G1/8	
20	8	M8	G1/8	
25	10	M10×1.25	G1/8	
32	12	M10×1.25	G1/8	
40	16	M12×1.25	G1/4	25,50,80,100,125,160,200,250,
50	20	M16×1.5	G1/4	320,400,500
63	20	M16×1.5	G3/8	
80	25	M20×1.5	G3/8	
100	25	M20×1.5	G1/2	
125	32	M27×2	G1/2	

4. 气缸的参数计算

（1）气缸的输出力　普通单作用气缸理论输出推力为：

$$F_0 = \frac{\pi}{4} D^2 p_1 - (f + ma + L_0 K_s)$$

式中　D——缸径，单位为 m；

　　　　p_1——作用在活塞上的压力，单位为 Pa；

f——摩擦阻力，单位为 N；

m——运动构件质量，单位为 kg；

a——运动构件加速度，单位为 m/s^2；

L_0——活塞位移和弹簧预压缩量的总和，单位为 m；

K_s——弹簧刚度，单位为 N/m。

普通双作用气缸理论输出推力为：

$$F_0 = \left[\frac{\pi}{4}D^2 p_1 - \left(\frac{\pi}{4}D^2 - \frac{\pi}{4}d^2 \right) p_2 \right]$$

式中　p_1、p_2——输入侧、输出侧的气压，单位为 Pa；

　　　d——活塞杆直径，估算时可令 $d = 0.3D$，单位为 m。

（2）气缸的负载率　气缸的负载率是指气缸的实际负载力 F 与理论输出力 F_0 之比。

$$\eta = \frac{F}{F_0} \times 100\%$$

负载率是选择气缸的重要因素。负载情况不同，作用在活塞轴上的实际负载力也不同。而负载率的选择与负载的运动状态有关，以 SMC 公司产品为例，表 2-1-3 为其双作用气缸输出力参考值。

表 2-1-3　双作用气缸输出力表　　　　　　　　　　　单位：kgf

缸径(mm)	负载率 η 为 50% 时气缸允许输出力					气缸的理论输出力				
	使用空气压力 MPa					使用空气压力 MPa				
	0.3	0.4	0.5	0.6	0.7	0.3	0.4	0.5	0.6	0.7
6	0.43	0.57	0.71	0.85	0.99	0.85	1.13	1.41	1.70	1.98
10	1.18	1.57	1.97	2.36	2.75	2.36	3.14	3.93	4.71	5.50
12	1.70	2.26	2.83	3.39	4.00	3.39	4.52	5.65	6.78	7.91
16	3.02	4.02	5.05	6.05	7.05	6.03	8.04	10.1	12.1	14.1
20	4.71	6.30	7.85	9.40	11.0	9.42	12.6	15.7	18.8	22.0
25	7.35	9.80	12.3	14.7	17.2	14.7	19.6	24.5	29.4	34.4
32	12.1	16.1	20.1	24.2	28.2	24.1	32.2	40.2	48.3	56.3
40	18.9	25.2	31.4	37.7	44.0	37.7	50.3	62.8	75.4	88.0
50	29.5	39.3	49.1	58.5	68.5	58.9	78.5	98.2	117	137
63	46.8	62.5	78.0	93.5	109	93.5	125	156	187	218
80	75.5	101	126	151	176	151	201	251	302	352
100	118	157	197	236	275	236	314	393	471	550
125	184	246	308	368	430	368	491	615	736	859
140	231	308	385	462	539	462	616	770	924	1078
160	302	402	503	603	704	603	804	1005	1206	1407
180	382	509	636	764	891	763	1018	1272	1527	1781
200	471	629	786	943	1100	942	1257	1571	1885	2199
250	737	982	1227	1473	1718	1473	1963	2454	2945	3436
300	1061	1414	1767	2121	2474	2121	2827	3534	4241	4948

（续）

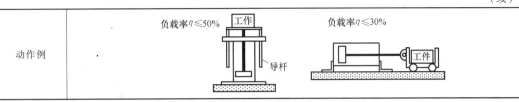

	负载率η≤50% 工作 导杆	负载率η≤30% 工件
动作例		

注：1. 表中输出力单位为已废除单位 kgf，与单位牛顿 N 的换算关系约为 1kgf＝9.8N。
2. 负载率 β 是气缸活塞杆承受的轴向力与气缸理论输出力之比。负载率 β 的大小与气缸的动作状态有关：
对静负载（如夹紧、低速铆接等），$\beta \leqslant 70\%$；
对气缸速度在 50～500mm/s 范围内的水平或垂直动作，$\beta \leqslant 50\%$；
对气缸速度在 500mm/s 以上至气缸允许最大运动速度范围内的动作，$\beta \leqslant 30\%$。

5. 气缸的选择要点

气缸选用要考虑的因素主要包括工作压力范围、负载要求、工作行程、工作介质温度、环境条件（温度等）、润滑条件及安装要求等。

1）根据气缸的负载状态和负载运动状态确定负载力 F 和负载率，再根据使用压力应小于气源压力 85%的原则，按气源压力确定使用压力 p。对单作用缸，按杆径与缸径比为 0.5 预选，双作用缸按杆径与缸径比为 0.3～0.4 预选，求得缸径 D 后，将所求出的 D 值标准化即可。

2）根据气缸及传动机构的实际运行距离来预选气缸的行程，为便于安装调试，应对计算出的距离加大 10～20mm，但不能太长，以免增加耗气量。

3）根据使用目的和安装位置确定气缸的品种和安装形式。可参考相关手册或产品样本。

4）活塞（或缸筒）的运动速度主要取决于气缸进、排气口及导管内径，选取时以气缸进、排气口连接螺纹尺寸为基准。为获得缓慢而平稳的运动可采用气-液阻尼缸。普通气缸的运动速度为 0.5～1m/s 左右，对高速运动的气缸应选用缓冲缸或在回路中加缓冲装置。

二、气动马达

气动马达（Air motor）是一种做连续旋转运动的气动执行元件，是一种把压缩空气的压力能转换成回转机械能的能量转换装置，其作用相当于电动机或液压马达，它可以输出转矩，驱动执行机构做旋转运动。气动马达的工作适应性较强，可适用于无级调速、起动频繁、经常换向、高温潮湿、易燃易爆、负载起动、不便人工操纵及有过载可能的场合。气压传动中使用广泛的是叶片式气动马达（图 2-1-16）、活塞式气动马达（图 2-1-17）。

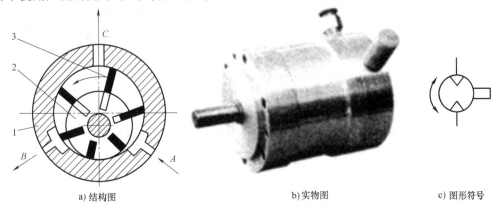

a) 结构图　　　　　　　　　　b) 实物图　　　　　　　c) 图形符号

图 2-1-16　双向旋转的叶片式气动马达

1—定子　2—转子　3—叶片

叶片式气动马达适用于中低功率机械，如手提风动工具、复合工具、升降装置等。

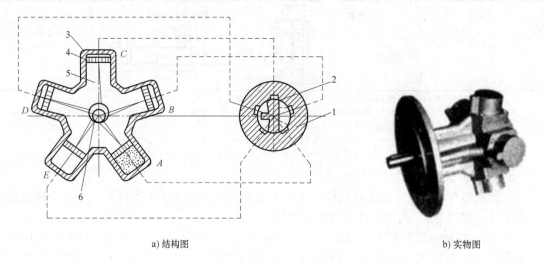

a) 结构图　　　　　　　　　　　　　　　　b) 实物图

图 2-1-17　五缸径向活塞式气动马达

1—配气阀套　2—配气阀　3—星形缸体　4—活塞　5—气缸　6—曲轴

活塞式气动马达适用于负载较大且要求低速转矩较高的机械设备，如起重机、绞车及拉管机等。

三、方向控制阀 （Directional Control Valve）

方向控制阀是用来改变气流流动方向或通断的控制阀。

方向控制阀按阀内气流的流动方向分为单向型控制阀和换向型控制阀；按控制方式分为手动控制型、气动控制型、电磁控制型、机动控制型等。只允许气流沿一个方向流动的控制阀称为单向型控制阀，如单向阀、棱阀、双压阀、快速排气阀等。可以改变气流流动方向的控制阀称为换向型控制阀，如电磁换向阀和气控换向阀等。

1. 单向阀 （No-return Valve）

普通单向阀的气流只能沿一个方向流动而不能反向流动，且压降较小。单向阀的工作原理、结构和图形符号与液压传动中的单向阀基本相同。其单向阻流作用可由锥密封、球密封、圆盘密封或膜片来实现。如图 2-1-18 所示的单向阀，利用弹簧力将阀芯顶在阀座上，

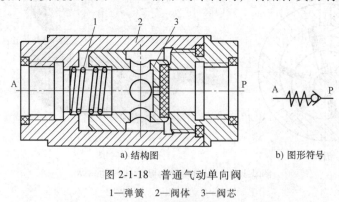

a) 结构图　　　　　　　　　　b) 图形符号

图 2-1-18　普通气动单向阀

1—弹簧　2—阀体　3—阀芯

故压缩空气要通过单向阀时必须先克服弹簧力。

2. 梭阀（Shuttle Valve）

如图 2-1-19 所示的梭阀，有两个输入口 P_1 和 P_2、一个输出口 A。压力高的入口自动与出口连通。这种阀具有"或"逻辑的功能。

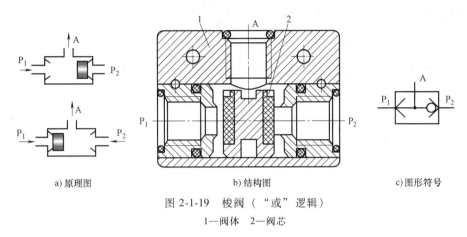

a) 原理图　　　　b) 结构图　　　　c) 图形符号

图 2-1-19　梭阀（"或"逻辑）

1—阀体　2—阀芯

梭阀在逻辑回路和气动程序控制回路中应用广泛，常用作信号处理元件。图 2-1-20 所示为梭阀的应用实例，用手动按钮 1S1 和 1S2 操纵气缸进退。当驱动两个按钮阀中的任何一个发生动作时，双作用气缸活塞杆都伸出；只有同时松开两个按钮阀，气缸活塞杆才回缩。梭阀应与两个按钮阀的工作口相连接，这样，气动回路才可以实现两地控制工作。

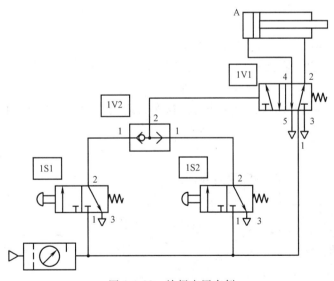

图 2-1-20　梭阀应用实例

3. 双压阀（Dual Pressure Valve）

又称"与"门梭阀，在气动逻辑回路中，它的作用相当于"与"门。如图 2-1-21 所示，该阀有两个输入口 P_1 和 P_2、一个输出口 A。若只有一个输入口有气信号，则输出口 A 没有气信号输出，只有当双压阀的两个输入口均有气信号，输出口 A 才有气信号输出。双压阀相当于两个输入元件串联。

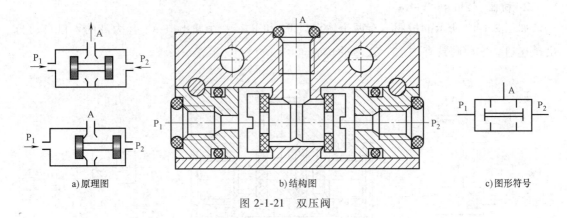

a)原理图   b)结构图   c)图形符号

图 2-1-21 双压阀

双压阀在气动控制系统中也作为信号处理元件，主要用于互锁控制、安全控制、检查功能或者逻辑操作。图 2-1-22 所示为一个安全控制回路，只有当两个按钮阀 1S1 和 1S2 都压下时，单作用气缸活塞杆才伸出；若二者中有一个不动作，则气缸活塞杆将回缩至初始位置。

4. 快速排气阀（Quick Exhaust Valve）

快速排气阀的结构原理及图形符号如图 2-1-23所示。

快速排气阀用于使气动元件和装置迅速排气的场合。为了减小流阻，快速排气阀应靠近气缸安装，例如，把它装在换向阀和气缸之间（应尽量靠近气缸排气口，或直接拧在气缸排气

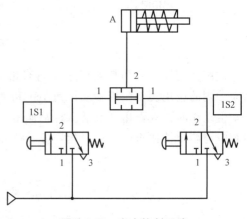

图 2-1-22 安全控制回路

口上），使气缸不用通过换向阀而直接排气。这尤其适用于大缸径气缸及缸阀之间管路长的回路。快速排气阀应用回路如图 2-1-24 所示。

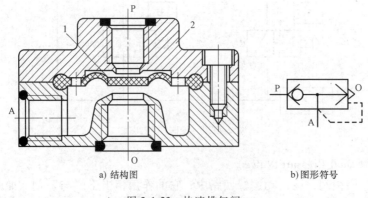

a) 结构图   b)图形符号

图 2-1-23 快速排气阀
1—膜片 2—阀体

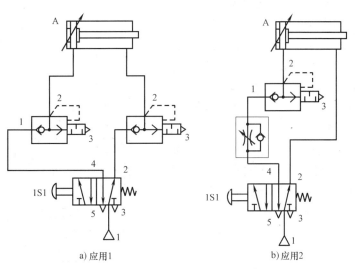

a) 应用1　　　　　　　　　　　　b) 应用2

图 2-1-24　快速排气阀应用回路

5. 换向阀（Selector Valve）

换向阀利用外力改变阀芯相对阀体的位置，从而实现气流方向的变换或者流道的通断。

（1）换向阀的控制（表 2-1-4）

表 2-1-4　换向阀的控制方式

控制方式	类型			
人力控制	一般手动操作	按钮式	手柄式、带定位	脚踏式
机械控制	控制轴	滚轮杠杆式	单向滚轮式	弹簧复位
气压控制		直动式	先导式	
电磁控制	单电控	双电控	先导式双电控，带手动	

1）人力控制。一般用来直接操纵气动执行机构。在半自动和全自动系统中，多作为信号阀使用。

2）机械控制。通过凸轮、撞块或其他机械外力使阀芯切换的阀称为机械控制换向阀，简称机控阀。如图 2-1-25 所示，改变挡块（或凸轮）与滚轮接触的压力角可改变切换速度，控制换向平稳性。机控换向阀常用作气动顺序控制回路中的行程发讯器，适用于湿度大、粉尘多、油分多，不宜使用电气行程开关的场合。

3）气压控制。这种阀在易燃、易爆、潮湿、粉尘大的工作环境中，工作安全可靠。按施加压力的方式可分为加压控制、时间控制等类型。加压控制有单气控和双气控之分，是气动系统中最常用的控制方式。二位五通双气控换向阀的基本结构如图 2-1-26 所示。

延时控制利用气流经过小孔或缝隙节流后向气室内充气，当气室里的压力升至一定值后使阀芯切换，从而达到信号延时输出的目的。

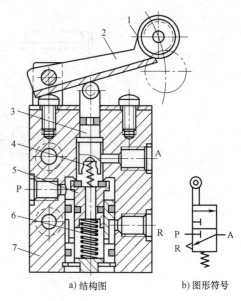

a) 结构图　　　　b) 图形符号

图 2-1-25　杠杆滚轮式二位三通气动换向阀
1—滚轮　2—杠杆　3—推杆　4—缓冲弹簧
5—阀芯　6—弹簧　7—阀体

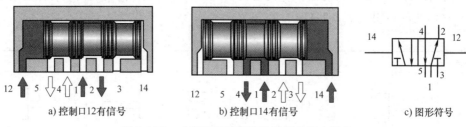

a) 控制口12有信号　　　b) 控制口14有信号　　　c) 图形符号

图 2-1-26　二位五通双气控换向阀的基本结构

延时阀作为一种时间控制元件，它的作用是使阀在某一特定时间发出信号或中断信号，在气动系统中用作信号处理元件。延时阀是一种组合阀，由二位三通换向阀、单向可调节流阀和气室组成，二位三通换向阀既可以是常闭式，也可以是常开式。延时阀工作原理如图 2-1-27 所示。

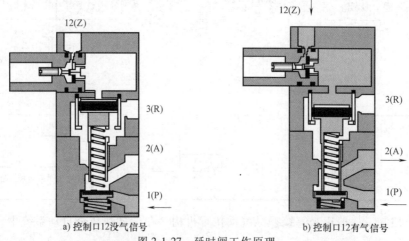

a) 控制口12没气信号　　　　　b) 控制口12有气信号

图 2-1-27　延时阀工作原理

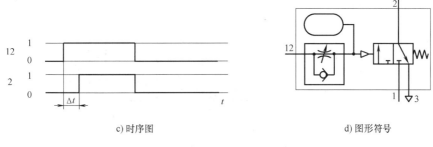

c) 时序图   d) 图形符号

图 2-1-27   延时阀工作原理（续）

4）电磁控制。利用电磁线圈通电时静铁心对动铁心产生的电磁吸力使阀切换以改变气流方向的阀，称为电磁控制换向阀，简称电磁阀。这种阀易于实现电-气联合控制，能实现远距离操作，故得到广泛应用。电磁阀按电磁力作用于主阀阀芯的方式分为直动式和先导式两种。

图 2-1-28 所示为二位三通单电磁控制换向阀。常态时电磁铁不通电，由于弹簧力的作用，A 口与 R 口相通。电磁铁通电时，阀芯被推向下端，P 口与 A 口相通，阀处于进气状态。

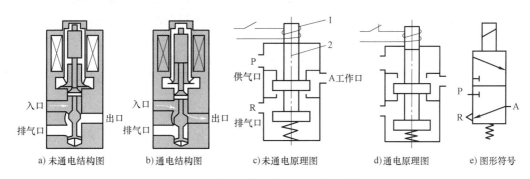

a) 未通电结构图   b) 通电结构图   c) 未通电原理图   d) 通电原理图   e) 图形符号

图 2-1-28   直动式单电控二位三通电磁换向阀
1—电磁铁   2—阀芯

图 2-1-29 所示为直动式双电控二位五通电磁换向阀，这种阀的两个电磁铁不能同时通电。

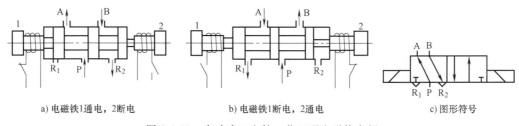

a) 电磁铁1通电，2断电   b) 电磁铁1断电，2通电   c) 图形符号

图 2-1-29   直动式双电控二位五通电磁换向阀

图 2-1-30 所示为先导式双电控二位五通电磁换向阀。电磁铁 1 通电、电磁铁 3 断电时，主阀 K_1 腔进气，K_2 腔排气，主阀芯 2 右移，P 与 A 接通，B 与 R_2 接通。反之，电磁铁 1

断电、电磁铁 3 通电时，K_2 腔进气，K_1 排气，主阀芯 2 左移，P 与 B 接通，A 与 R_1 接通。

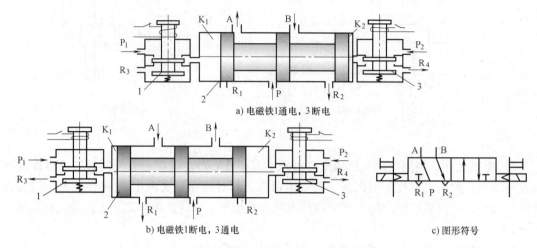

a) 电磁铁1通电，3断电

b) 电磁铁1断电，3通电

c) 图形符号

图 2-1-30　先导式双电控二位五通电磁换向阀

（2）换向阀的"位"与"通"　阀体内阀芯可移动的位置数称为切换位置数，阀芯有几个切换位置就称之为几位阀。通常用方框符号代表一个工作位置，方框外部连接的接口表示通口，换向阀的通口包括输入口、输出口和排气口。常用换向阀有二通阀、三通阀、四通阀和五通阀等（表 2-1-5）。

表 2-1-5　常用换向阀的名称和图形符号

图形符号	名称	常态位
	二位二通阀（2/2）	常闭
	二位二通阀（2/2）	常开
	二位三通阀（3/2）	常闭
	二位三通阀（3/2）	常开
	二位五通阀（5/2）	两个独立排气口

（续）

图形符号	名称	常态位
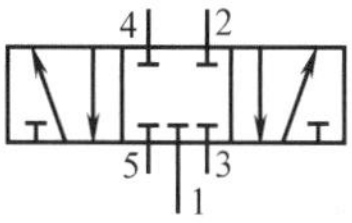	三位五通阀(5/3)	中位封闭
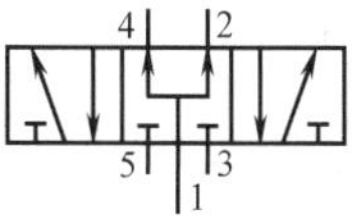	三位五通阀(5/3)	中位加压
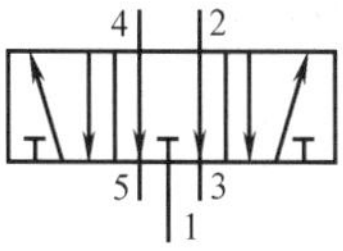	三位五通阀(5/3)	中位卸压

阀中的通口既可用数字表示，也可用字母表示，见表2-1-6。

表2-1-6　通口用数字、字母表示对照表

通口	数字表示	字母表示
压力口(压缩空气输入口)	1	P
工作口(输出口)	2,4	B,A
排气口/回油口	3,5	S,R
泄漏口	—	L
输出信号清零	10	Z,Y
控制口(1、2接通)	12	Y
控制口(1、4接通)	14	Z

四、压力控制阀

压力控制阀用来控制气动系统中压缩空气的压力，它利用作用于阀芯上的液压力与弹簧力相平衡的原理进行工作。压力控制阀有减压阀、溢流阀（安全阀）和顺序阀三种。

空压站输出的空气压力高于每台气动装置所需压力，且压力波动较大。因此每台气动装置的供气压力都需要减压阀来减压，并保持供气压力稳定。

当管路中的压力超过允许压力时，为了保证系统的工作安全，往往用安全阀实现自动排气，使系统的压力下降。

气动装置中不便安装行程阀而要依据气压的大小来控制两个以上的气动执行机构的顺序动作时，就要用到顺序阀。

（1）减压阀　减压阀又称调压阀，空压站输出的空气压力高于每台气动装置所需的压力，且压力波动较大。因此，每台气动装置的供气压力都需要用减压阀将其减到适当的压力，并保持供气压力稳定，以适应各种设备。直动式减压阀工作原理及图形符号如图2-1-31所示。

直动式减压阀通径范围是20~25mm，输出压力在0~1.0MPa时最为适当，超出这个范

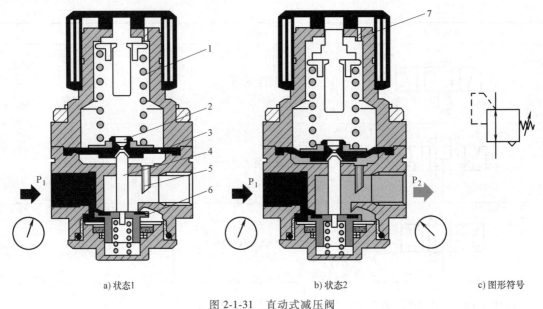

a) 状态1   b) 状态2   c) 图形符号

图 2-1-31 直动式减压阀

1—调压弹簧 2—溢流阀 3—膜片 4—阀杆 5—反馈导杆 6—主阀 7—排气口

围应选用先导式。

（2）溢流阀（安全阀） 溢流阀的作用是调节和稳定系统压力，使多余的气体溢出，保持进口压力基本不变，其调定压力等于系统的工作压力。溢流阀可作安全阀用，在系统过载时，溢流泄压，保护系统。

安全阀可防止系统内压力超过最大许用压力，以保护回路或气动装置的安全。图 2-1-32 所示为安全阀的工作原理图，安全阀的调整极限压力是 1.1 倍的工作压力，当系统压力大于此阀的调定压力时，阀芯开启，压缩空气从 R 口排放到大气中。

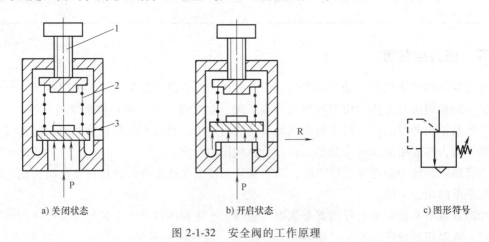

a) 关闭状态   b) 开启状态   c) 图形符号

图 2-1-32 安全阀的工作原理

1—旋钮 2—弹簧 3—活塞

（3）顺序阀 气动装置中不便安装行程阀而要依据气压的大小来控制两个以上的气动执行机构的顺序动作时，就要用到顺序阀。顺序阀通常用于需要某一特定压力的场合，以便完成某一操作。只有达到需要的操作压力后，顺序阀才有气信号输出。顺序阀工作原理如图

2-1-33 和图 2-1-34 所示。

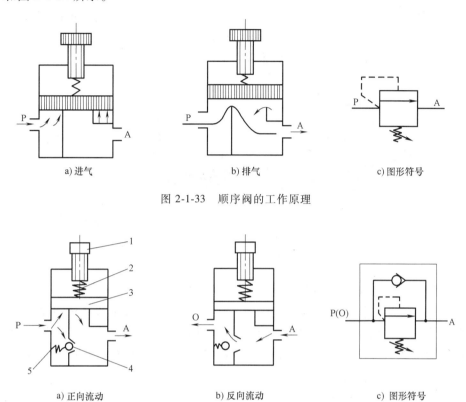

a) 进气   b) 排气   c) 图形符号

图 2-1-33 顺序阀的工作原理

a) 正向流动   b) 反向流动   c) 图形符号

图 2-1-34 单向顺序阀的工作原理

1—调压手柄 2—压缩弹簧 3—活塞 4—单向阀 5—单向阀小弹簧

五、流量控制阀

在气动系统中，经常要求控制气动执行元件的运动速度，这要通过调节压缩空气的流量来实现。用来控制气体流量的阀，称为流量控制阀。流量控制阀是通过改变阀的通流截面积来实现流量控制的元件，包括节流阀、单向节流阀、排气节流阀等。常用于调节气缸活塞运动速度，若有可能，应直接安装在气缸上。

（1）节流阀（Throttle Valve） 节流阀通过缩小空气的流通截面以增加气体的流通阻力，从而降低气体的压力和流量。如图 2-1-35 所示，阀体上有一个调整螺钉，可以调节阀的开口度（无级调节），并可保持其开口度不变，这种节流阀有双向节流作用。

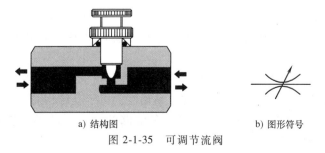

a) 结构图   b) 图形符号

图 2-1-35 可调节流阀

（2）单向节流阀（One-Way Throttle Valve） 单向节流阀由单向阀和节流阀组合而成，常用于控制气缸的运动速度。如图 2-1-36 所示，气流从 P_1 口进入时，单向阀被顶在阀座上，空气只能从节流口流向出口 P_2，流量被节流阀节流口的大小所限制，调节螺钉可以调节节流口面积。气流从 P_2 口进入时，将推开单向阀，自由流到 P_1 口，不受节流阀限制。

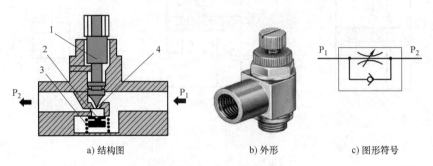

a）结构图　　　　　　　　b）外形　　　　　　　c）图形符号

图 2-1-36　单向节流阀

1—调节针阀　2—单向阀阀芯　3—压缩弹簧　4—节流口

利用单向节流阀控制气缸的速度方式有进气节流和排气节流两种方式。

图 2-1-37a 所示为进气节流控制回路，它通过控制进入气缸的气体流量来调节活塞的运动速度。采用这种控制方式，如活塞杆上的负荷有轻微变化，将导致气缸速度的明显变化。因此调节的速度稳定性差，仅用于单作用气缸、小型气缸或短行程气缸的速度控制。

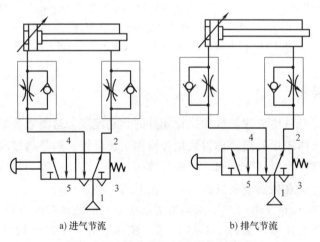

a）进气节流　　　　　　　　　　　b）排气节流

图 2-1-37　单向节流阀速度控制回路

图 2-1-37b 所示为排气节流控制回路，它控制气缸排气量的大小，而进气是满流的。这种控制方式能为气缸提供背压以限制速度，故速度稳定性好，常用于双作用气缸的速度控制。

（3）排气节流阀（Exhaust Throttle Valve） 排气节流阀安装在换向阀的排气口处，调节排入大气的流量，以此来调节执行机构的运动速度。由于其结构简单，安装方便，能简化回路，故应用日益广泛。图 2-1-38 所示为排气节流阀的工作原理图，它不仅能调节执行元件的运动速度，还能起到降低排气噪声的作用。

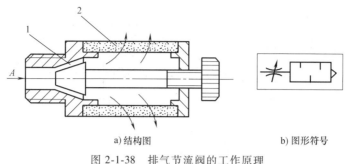

a) 结构图   b) 图形符号

图 2-1-38　排气节流阀的工作原理

1—节流口　2—消声套

第三节　（低）真空技术及其应用

一、真空系统概述

真空状态下工作的元件称为真空元件，由真空元件组成的系统称为真空系统。以真空吸附为动力源，已成为实现自动化的一种手段，广泛用于轻工业。对于任何具有光滑表面的物体，特别是有色金属、非金属且不适合夹紧的物体，如薄的纸张、塑料膜、铝箔、易碎的玻璃制品，及集成电路等微型精密零件，都可使用真空吸附。

真空发生装置有真空泵和真空发生器两种。真空泵是吸入口形成负压，排气口直通大气，两端压力比很大的气体抽除机械，适合连续、大流量作业，不宜频繁起停，适合集中使用。真空发生器是利用压缩空气的流动而形成一定真空度的气动元件，需供应压缩空气，宜从事流量不大的间歇工作，适合分散使用。

二、真空元件

1. 真空发生器

真空发生器是利用压缩空气的流动形成一定的真空度的气动元件，如图 2-1-39 所示，真空发生器由先收缩后扩张的拉瓦尔喷管、负压腔和接收管等组成，有供气口 P、排气口 T 和真空口 A。当供气口的供气压力高于一定值后，喷管射出超声速射流。由于气体的黏性，高速射流卷吸走负压腔内的气体，使该腔形成很低的真空度，在真空口处接上吸盘，靠真空压力便可吸起吸吊物。

真空发生器分类：

1）按外形分：盒式（图 2-1-40a），排气口带消声器；管式（图 2-1-40b），不带消声器。

2）按性能分：标准型；大流量型。

3）按连接方式分：快换接头式；锥管螺纹式。

2. 真空发生器组件

真空发生器组件是将各种真空元件组合起来的多功能元件，由真空发生器、消声器、抽吸过滤器、真空发生器用空气供给阀、真空破坏阀（带流量调整阀）、真空压力开关、（电子式、膜片式）等构成。

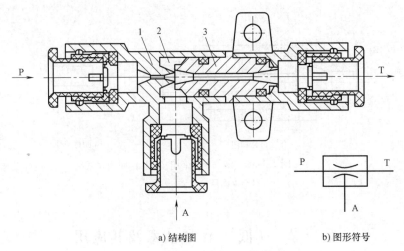

a) 结构图   b) 图形符号

图 2-1-39 真空发生器工作原理

1—拉瓦尔喷管 2—负压腔 3—接收管

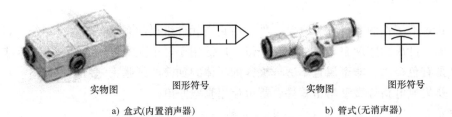

实物图   图形符号   实物图   图形符号

a) 盒式(内置消声器)   b) 管式(无消声器)

图 2-1-40 真空发生器

图 2-1-41b 所示为采用真空发生器组件的回路。当电磁阀 5 通电后，压缩空气通过真空发生器 8，由于气流的高速运动产生真空，真空开关 11 检测到真空度，发出信号给控制器，吸盘 14 将工件吸起。当电磁阀 5 断电，电磁阀 6 通电时，真空发生器停止工作，真空消失，

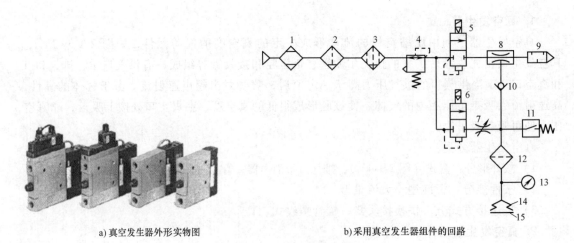

a) 真空发生器外形实物图   b) 采用真空发生器组件的回路

图 2-1-41 真空发生器组件

1—干燥器 2—空气过滤器 3—油雾分离器 4—减压阀 5、6—电磁阀 7—节流阀 8—真空发生器
9—消声器 10—单向阀 11—真空开关 12—真空过滤器 13—真空表 14—真空吸盘 15—被吸吊物

压缩空气进入真空吸盘，将工件 15 与吸盘吹开。此回路中，过滤器 12 的作用是防止抽吸过程中将异物和粉尘吸入发生器。

3. 真空泵

以 SMC 真空技术为例，图 2-1-42 为运用真空泵的典型真空回路。

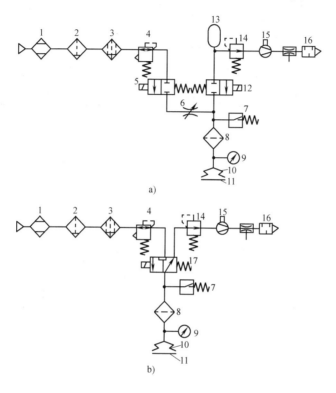

图 2-1-42 运用真空泵的典型真空回路

1—IDF 冷冻式干燥器 2—AF 空气过滤器 3—AM 油雾分离器 4—AH 减压阀 5—真空换向阀 6—节流阀
7—真空压力开关 8—真空过滤器 9—真空表 10—真空吸盘 11—被吸吊物 12—真空切换阀 13—真空罐
14—真空调压阀 15—真空泵 16—消声器 17—真空换向阀

真空泵与真空发生器的技术特性对比见表 2-1-7。

表 2-1-7 真空泵与真空发生器的特点

项目	真空泵		真空发生器	
最大真空度	101.3kPa	能同时达到最大值	88kPa	不能同时达到最大值
吸入流量	可很大		不大	
结构	复杂		简单	
体积	大		很小	
质量	重		很轻	
寿命	有可动件,寿命长		无可动件,寿命长	
消耗功率	较大		较大	
价格	高		低	

（续）

项　目	真空泵	真空发生器
安装	不便	方便
维护	需要	不需要
与配套件复合化	困难	容易
真空的产生与解除	慢	快
真空压力脉动	有脉动,需设真空罐	无脉动,不需设真空罐
应用场合	用于连续、大流量工作,不宜频繁起、停,适合集中使用的场合	适合从事流量不大的间歇工作和用于表面光滑的工件

4. 真空过滤器

真空过滤器是将从大气中吸入的污染物（主要是尘埃）收集起来，防止真空系统中的元件受污染而出现故障。用在吸盘和真空发生器（或真空阀）之间。

5. 真空吸盘

吸盘通常由橡胶材料和金属骨架压制而成，制造吸盘的材料通常有丁腈橡胶、聚氨酯橡胶和硅橡胶等，其中硅橡胶适用于食品行业。吸盘形状及应用见表2-1-8。

表2-1-8　真空吸盘形状及用途

平形 用于工件表面为平面,且不变形的场合		椭圆形	用于吸着面小的工件,工件也长,能可靠定位的场合
带肋平形 用于工件易变形的场合		摆动形	用于吸着面不是水平的工件
深形 用于工件表面形状是曲面的场合		长行程缓冲型	用于工件高度不确定的需缓冲的场合
风琴形 用于没有空间安装缓冲的场合和工件吸着面倾斜的场合		大型	用于重型工件
		导电性吸盘	抗静电,使用电阻率低的橡胶

6. 真空压力开关

真空压力开关是用于检测真空压力的开关。当真空压力未达到设定值时，开关处于断开状态；当真空压力达到设定值时，开关处于接通状态，发出电信号指挥真空吸附机构动作。当真空系统存在泄漏，吸盘破损或气源压力变动等原因而影响到真空压力大小时，真空开关可保证真空系统安全可靠地工作。

真空开关按触点形式可分为有触点式（磁性舌簧管开关式）和无触点式（电子式）。

第四节　气动系统的使用与维护

1. 系统使用过程中应定期检查各部件有无异常现象；各连接部位有无松动；气缸、各种阀的活动部位应定期加润滑油。

2. 气缸检修重新装配时，零件必须清洗干净，特别注意避免密封圈被剪切、损坏，注意唇形密封圈的安装方向。

3. 阀的密封元件通常由丁腈橡胶制成，应选择对橡胶无腐蚀作用的透平油作为润滑油（ISO VG32）。即使对无油润滑的阀，一旦使用了含油雾润滑的空气后，便不能中断使用，因为润滑油已将原有的油脂洗去，中断后会造成润滑不良。

4. 气缸拆下长时间不使用时，所有加工表面应涂防锈油，进、排气口加防尘塞。

5. 应严格管理所用空气的质量，注意空压机等设备的管理，除去冷凝水等有害杂质。

为了使气动系统能够长期稳定地运行，还应采取下述定期维护措施：

1）每天将过滤器中的水排放掉；有大的气罐时，应装油水分离器；检查油雾器的油面高度及油雾器调节情况。

2）每周检查信号发生器是否有灰尘或铁屑沉积；查看调压阀上的压力表和检查油雾器的工作是否正常。

3）每三个月检查管道连接处的密封，以免泄漏；更换连接到移动部件上的管道；检查阀口有无泄漏；用肥皂水清洗过滤器内部，并用压缩空气从反方向将其吹干。

4）每六个月检查气缸内活塞杆的支承点是否磨损，必要时可更换；同时应更换刮板和密封圈。

液压传动技术

【知识目标】

掌握液压传动的工作原理、液压传动系统的组成和各部分的功用，了解液压传动的特点及应用。

【知识结构】

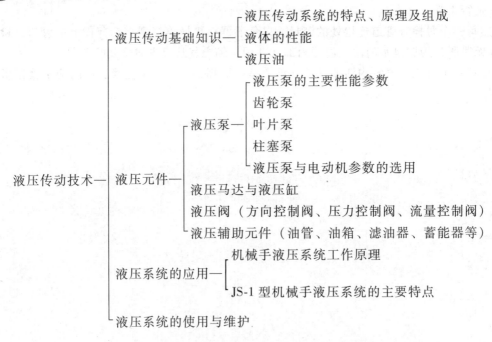

第一节　液压传动基础知识

液压传动是指在密闭系统中，通过机件对有压液体的控制来传递运动和动力的一种传动方式。与机械传动、电气传动相比，液压传动有许多独特的优点，被广泛地应用于机械、建筑、航天航空、军事、冶金、采矿等领域。

一、液压传动的工作原理及系统构成

图 2-2-1 所示为一台平面磨床工作台液压传动系统结构原理图。工件安装在工作台上，随工作台做往复运动，通过工作台与旋转的砂轮产生相对运动，实现对工件的磨削加工。

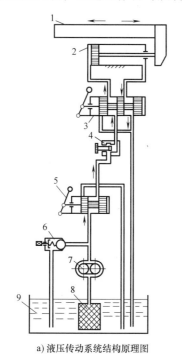 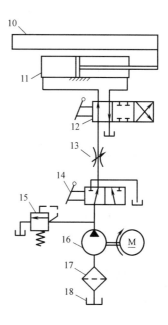

a) 液压传动系统结构原理图　　　　b) 图形符号表示的液压传动系统

图 2-2-1　磨床工作台液压传动系统

1、10—工作台　2、11—液压缸　3、12—换向阀Ⅱ　4、13—节流阀　5、14—换
向阀Ⅰ　6、15—溢流阀　7、16—泵　8、17—过滤器　9、18—油箱

最初，电动机带动液压泵从油箱中吸入的液压油，经过滤器进入油管，由节流阀进入换向阀Ⅱ，手柄右推，阀芯右移，油液进入液压缸的左腔，推动活塞向右移动，同时带动工作台向右直线运动。工作台运动方向需要变化时，左拉换向阀手柄，换向阀的阀芯相对于阀体位置改变，油液通道发生变化，于是液压泵从油箱中吸入的液压油，经进油路进入液压缸的右腔，推动活塞向左移动，带动工作台向左直线运动。当换向阀Ⅱ的阀芯相对于阀体处于中位时，由液压泵输出的压力油经溢流阀，沿回油管直接流回油箱。

磨床工作台液压传动系统在工作中，运动的传递主要靠液体（液压油）进行，在液压传输过程中，可通过机械、电动、气动或者液压控制信号进行预先控制。如改变可调液压泵的排量，可控制液压油的流量和液压缸活塞的速度；可通过操作换向阀改变液体流动方向；可通过限压阀限制液压缸的压力，满足工作部件在力、速度和方向上的要求。其能量的转变和传递过程如图 2-2-2 所示：

由图 2-2-2 可以看出，一个完整的液压传动系统由动力元件、控制元件、执行元件、辅助元件和传动介质五个部分构成（表 2-2-1）。

二、液压传动的工作特点

与机械传动相比较，液压传动借助油管的连接可以方便灵活地布置传动机构。其主要工

作特点如下：

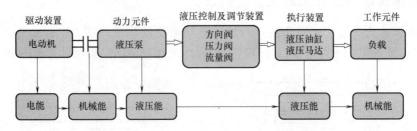

图 2-2-2　液压系统能量转变和传递

表 2-2-1　液压传动系统的组成部分及含义

组成部分	含　义	典型元件
动力元件	为液压系统供给压力油,将电动机输出的机械能转换为流体的压力能,从而向整个液压系统提供动力	液压泵
控制元件	对液压系统中流体的压力、流量和流动方向进行控制和调节	各种阀类元件、信号检测元件
执行元件	把流体的压力能转换成机械能,驱动负载做直线或回转运动	液压缸、液压马达
辅助元件	起到存储和过滤液压油、连接油路、监视系统工作情况、防止液压油渗漏等作用	油箱、油管及管接头、滤油器、压力表、密封圈
传动介质	在液压传动系统中传递能量的介质	液压油

1）液压传动装置的质量轻、结构紧凑、输出力大、运动惯性小，可在大范围内实现无级调速。

2）运动传递均匀平稳，负载变化时速度较稳定。

3）液压装置易于实现过载保护，而且工作油液能实现自行润滑，因此，液压元件使用寿命长。

4）液压传动容易实现自动化，液压控制和电气控制结合使用时，易于实现复杂的自动工作循环。

5）液压元件易于实现标准化、系列化和通用化，便于设计、制造和推广应用。

6）液压系统中可能存在漏油等问题，会影响运动的平稳性和准确性，使液压传动不能保证严格的传动比。

7）能量转换损失较大，传动效率低。

8）液压油的黏度与温度有关，不宜在很高或很低的温度下工作。

9）压力损失将转换为热量。

10）液压传动出现故障时不易诊断。

三、液体的性能

1. 静止液体

当静止的液体在活塞力 F 的作用下受压时，压力将向各个方向传递，并且作用于液压设备的内壁（图 2-2-3）。力 F_1 作用在面积为 A_1 的活塞上时，其静止压力 p 为：

$$p = \frac{F_1}{A_1}$$

选择较大的活塞面积 A_2 时，需要一个较大的力 F_2 来获得相同的压力 p。公式如下：

$$p = \frac{F_1}{A_1} = \frac{F_2}{A_2}, \text{或} \frac{F_1}{F_2} = \frac{A_1}{A_2}$$

在相同压力下，活塞力与受压活塞面积成正比。液压传动可使力放大或缩小，也可以改变力的方向。液压系统中的压力是由外界负载决定的，而与流入的液体多少无关。

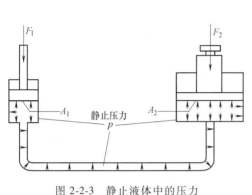

图 2-2-3　静止液体中的压力

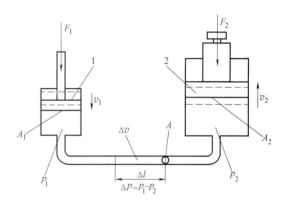

图 2-2-4　流动液体中的压力

1—活塞泵　2—行程活塞

2. 流动液体

在一个封闭设备中，各个位置的流量 Q 都是相同的（图 2-2-4）。因此，流体截面积 A 越小的地方液体流动的速度 v 越快。相反，流体截面扩大时流动速度将减慢。相关公式如下：

$$Q = A_1 v_1 = A_2 v_2, \quad \text{或} \quad \frac{v_1}{v_2} = \frac{A_2}{A_1}$$

因此，流体或液压缸活塞的速度与流体截面积或活塞面积成反比。

3. 功率

液压设备或者活塞消耗的能量为活塞力和行程的乘积，对于液压缸，为压力和流体体积的乘积：

$$W = F_2 S_2 = p A_2 S_2 = pV$$

功率为

$$P = \frac{W}{t} = \frac{pV}{t} = pQ$$

因此，液压设备的功率由流体的压力和流量确定。

4. 流量（排量）

大部分情况下使用液压泵作为动力元件（图 2-2-5）。液压泵转动一周产生的液体排量为 V，则液压泵在每分钟转动 n 圈时产生的流量 Q 为：

$$Q = nV$$

5. 压力的建立

压缩过程中，液压管路内建立的压力将取决于负载，负载施加的阻碍液体流动的阻力越大，液压管路内的压力就越高。当活塞因为行驶中出现损坏而被卡住时，管路内的液压会过高，导致设备元件损坏。为了防止发生此情况，可在管路中安装限压阀，当管路出现极限压力（最大压力 $p_{\max}$）时，限压阀打开，对液压管路进行卸载。此时液压泵送出的液压油可通过限压阀回到油箱中（图 2-2-5）。

当希望在不改变液压泵排量的前提下降低活塞速度时，可在液压缸管路中安装一个节流阀。如图 2-2-6 所示，当调节节流阀减小其开度时，节流阀之前的压力 p_1 升高。压降 Δp_1（$p_1 - p_2$）逐渐加大，节流位置的流体速度提高。也就是说，流体截面积减小时能通过较大的流动速度来平衡，而流量则保持不变。继续转动节流阀，使节流阀之前的压力 p_1 达到 $p_{\max}$ 时，限压阀打开，使液压泵的部分流体回流油箱中，此时流入到液压缸内的流量减小，液压缸活塞的驶出速度将降低。

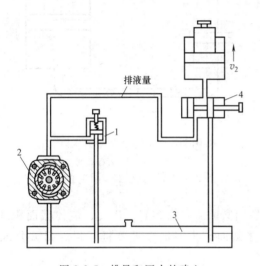

图 2-2-5　排量和压力的建立
1—限压阀　2—液压泵　3—油箱　4—换向阀

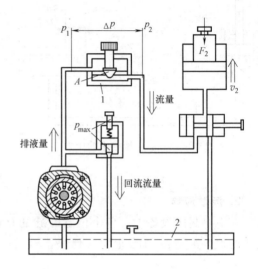

图 2-2-6　节流阀中的压力差
1—节流阀　2—油箱

6. 压力损失

液体在流动时的压力损失分为两类，一类是沿程压力损失，是液体在等直径直管中流动时产生的压力损失。它是由液体流动时的内、外摩擦力所引起的，取决于液体的流速、黏性、管路的长度以及油管的内径等因素。另一类是局部压力损失，是油液流经局部障碍（如弯管、接头、管道截面突然扩大或收缩）时，由于液流的方向和速度突然变化，在局部形成旋涡，由油液质点间以及质点与固体壁面间相互碰撞和剧烈摩擦而产生的压力损失。管路中总的压力损失等于所有沿程压力损失和所有局部压力损失之和。液压传动中的压力损失，绝大部分转换为热能而造成油温升高、泄漏增多，使液压传动效率降低，甚至影响系统的工作性能。

7. 液压冲击

在液压系统中，由于某种原因引起液体压力瞬间急剧升高，形成很高的压力峰值，这种现象称为液压冲击（表 2-2-2）。液压冲击会损坏系统管道和液压元件，引起振动和噪声，有时还会使某些液压元件产生误动作，造成很大危害。

8. 空穴现象

在液压系统中，由于某种原因会产生低压区（如流速很大的区域压力会较低）。当压力低于空气分离压力时，溶于液体中的空气就游离出来，以气泡的形式存在于液体中，使原来充满管道的液体中出现了气体的空穴，这种现象称为空穴现象（表 2-2-3）。

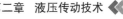

表 2-2-2　液压冲击产生的原因及相应措施

产生液压冲击的原因	减小液压冲击的措施
阀门突然关闭,流速降低,压力突增	缓慢关闭阀门
系统中某些元件反应不灵敏,压力突增	限制管路中的油液流速,合理设计系统管径
液压系统突然堵塞	采用橡胶软管,或设置蓄能器和安全阀

表 2-2-3　空穴现象产生的原因及相应措施

产生空穴现象的原因	减轻空穴现象的措施
流速突增,压力过低,真空度过大	减小液流在小孔和间隙处的压力降,节流前后压力比 $p_1/p_2<3.5$
油液中含有空气,空气游离形成气泡	提高密封能力,防止空气进入,降低油液中的含气量
油液蒸发形成气泡	降低吸油高度,减小真空度
系统供油不足	管径适当,限制流速 保证液压泵供油,及时清洗过滤器 管路要尽可能直,避免急弯和局部窄缝 提高元件的抗氧化、抗腐蚀能力

四、液压油

1. 液压油的种类与选用

液压传动系统的压力、温度和流速在很大的范围内变化,应合理地选用液压油。液压油的国际标准分类见表 2-2-4。选用时,首先确定液压油的品种,然后再选择液压油的黏度,同时注意液压系统的特殊要求。如在低温条件下工作的系统宜选用黏度较低的油液,高压系统则应选用抗磨性好的油液;当系统工作压力较高、环境温度较高、工作部件运动速度较低时,为了减少系统的泄漏量,宜选用黏度较高的液压油;工作压力较低、环境温度较低、运动速度较高时,为减少系统的功率损失,宜选用黏度较低的液压油。

表 2-2-4　液压油的分类及应用

类型	名称	代号	组成和特性	应用
矿油型	抗氧防锈液压油	L-HL	HH 油,并改善其防锈和抗氧性	一般的液压系统
	抗磨液压油	L-HM	HL 油,并改善其抗磨性	适用于高、中、低压液压系统,特别适用于有防磨要求、带叶片泵的液压系统
	低温液压油	L-HV	HM 油,并改善其黏温特性	能在 −40~−20℃ 的低温环境下工作,用于户外工作的各种工程机械和船用设备的液压系统
	超低温液压油	L-HS	HL 油,并改善其黏温特性	黏温特性优于 L-HV 油,用于数控机床液压系统和伺服系统
	液压导轨油	L-HG	HM 油,并改善其抗黏滑特性	适用于机床中液压和导轨润滑共用的系统,对导轨有良好的润滑作用
乳化型	水包油型乳化液	L-HFAE	难燃	适用于液压支架及用液量特别大的液压系统,以及需要难燃液压油的场合
	油包水型乳化液	L-HFB		含油 60% 以上,适用于冶金、煤矿等,使用温度范围为 5~50℃
合成型	水—乙二醇液	L-HFC		系统压力低于 14MPa,工作温度在 −20~50℃ 条件下使用,适用于飞机液压系统
	磷酸酯无水合成液	L-HFDR		适用于冶金设备、汽轮机等高温、高压系统,使用温度范围为 −20~100℃

2. 液压系统的污染控制

液压油受污染指油液中含有水分、空气、微小颗粒和胶状生成物。

（1）污染的危害　液压系统 80% 的失效由过度液压污染造成：

1）胶状生成物污染——堵塞过滤器、阀小孔或缝隙。

2）微小颗粒污染——加速零件磨损。

3）水分、空气污染——降低润滑能力，发生油氧化、气蚀。

（2）污染产生的原因

1）残留物污染——元件在制造、储存、运输、安装、维修中残留物的污染。

2）侵入物污染——使用时周围环境中污染物侵入污染。

3）生成物污染——系统工作过程中产生生成物污染。

（3）防止污染的措施

1）对元件和系统进行清洗、防尘，力求减少残留物污染和侵入物污染。

2）在液压系统合适的部位设置合适的过滤器，并定期检查、清洗或更换。

3）定期换油，清洗油箱。

4）控制油液的温度。

第二节　液压元件

一、液压泵

液压泵按输出流量是否可调分为定量泵和变量泵两类；按结构形式可分为齿轮泵、叶片泵和柱塞泵三大类。常用液压泵的图形符号见表 2-2-5，其他液压泵图形符号参见附录 B。

表 2-2-5　液压泵的图形符号

名称	单向定量泵	双向定量泵	单向变量泵	双向变量泵	并联单向定量泵
图形符号					

1. 液压泵的主要性能参数

（1）压力（表 2-2-6）

表 2-2-6　压力分级

压力等级	低压	中压	中高压	高压	超高压
压力/MPa	≤2.5	2.5~8	8~16	16~32	>32

1）工作压力。液压泵实际工作时的输出压力称为工作压力。

2）额定压力。液压泵在正常工作条件下，按试验标准规定转速连续运转过程中允许的最高压力称为额定压力。

3）最高允许压力。在超过额定压力的条件下，根据试验标准规定，允许液压泵短暂运行的最高压力值，称为最高允许压力。

（2）排量和流量

1）排量 V。液压泵每转一周，由其密封容积的变化决定的排出液体的体积称为排量。排量可调节的液压泵称为变量泵；排量为常数的液压泵则称为定量泵。

2）理论流量 Q_t。理论流量是指在不考虑液压泵的泄漏流量的情况下，在单位时间内所排出的液体体积的平均值。如果液压泵的排量为 V，主轴转速为 n，则该液压泵的理论流量 Q_t 为：

$$Q_t = nV$$

3）实际流量 Q_a。液压泵在某一具体工况下，单位时间内所排出的液体体积称为实际流量，等于理论流量 Q_t 减去泄漏流量 ΔQ，即：

$$Q_a = Q_t - \Delta Q$$

4）额定流量 Q_n。液压泵在正常工作条件下，按试验标准规定（在额定压力和额定转速下）必须保证的流量。

（3）功率

1）输入功率 P_i。液压泵的输入功率是指作用在液压泵主轴上的机械功率，当输入转矩为 T_i，角速度为 ω 时，其值为：

$$P_i = T_i \omega$$

2）输出功率 P_o。液压泵的输出功率等于液压泵在工作过程中实际吸、排油口间的压差 Δp 和实际流量 Q_a 的乘积，即：

$$P_o = \Delta p Q_a$$

式中　Δp——液压泵吸、压油口之间的压力差；

$\quad\quad Q_a$——液压泵的实际输出流量；

$\quad\quad P_o$——液压泵的输出功率。

在实际计算中，若油箱通大气，液压泵吸、排油的压力差往往用液压泵出口压力 p 代入。

（4）效率　液压泵的功率损失有容积损失和机械损失两部分。

容积效率 η_V

$$\eta_V = \frac{Q_a}{Q_t}$$

机械效率 η_m

$$\eta_m = \frac{T_a}{T_t}$$

液压泵的总效率是指液压泵的实际输出功率与其输入功率的比值，即：

$$\eta = \frac{P_o}{P_i} = \eta_V \eta_m$$

由上式可知，液压泵的总效率等于其容积效率与机械效率的乘积，所以液压泵的输入功率也可写成：

$$P_i = \frac{\Delta p Q_a}{\eta}$$

2. 齿轮泵

齿轮泵按啮合方式分为外啮合齿轮泵（图 2-2-7）和内啮合齿轮泵（图 2-2-8），内啮合齿轮泵又分为渐开线齿轮泵（图 2-2-8a）和摆线齿轮泵（又名转子泵）（图 2-2-8b）。齿轮泵一般用于低压系统（≤2.5MPa），用作定量泵。

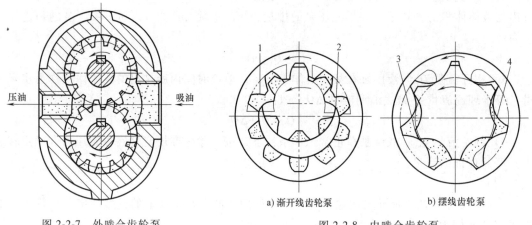

图 2-2-7　外啮合齿轮泵

a) 渐开线齿轮泵　　b) 摆线齿轮泵

图 2-2-8　内啮合齿轮泵

1、3—吸油腔　2、4—压油腔

3. 叶片泵

叶片泵广泛应用于专业机床、自动线等中、低压液压系统中。叶片泵分为单作用叶片泵（变量泵）（图 2-2-9）和双作用叶片泵（定量泵）（图 2-2-10）。

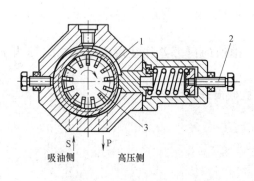

图 2-2-9　单作用叶片泵

1—可调环　2—压力调节螺栓　3—转子

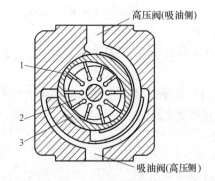

图 2-2-10　双作用叶片泵

1—叶片　2—转子　3—定子

4. 柱塞泵

柱塞泵按柱塞的排列和运动方向不同，可分为径向柱塞泵和轴向柱塞泵两大类。

（1）径向柱塞泵　柱塞沿缸体的径向布置（图 2-2-11、图 2-2-12）。根据配流方式的不同，径向柱塞泵可分为轴配流和阀配流两种形式。

（2）轴向柱塞泵　将多个柱塞轴向配置在同一个缸体的圆周上，并使柱塞中心线和缸体中心线平行。轴向柱塞泵有两种形式：

1）直轴式（斜盘式）。如图 2-2-13、图 2-2-14 所示，缸体每转一周，每个柱塞各完成吸、压油动作一次。改变斜盘倾角，就能改变柱塞的行程，即改变液压泵的排量；改变斜盘倾角方向，就能改变吸油和压油的方向，即成为双向变量泵，其变量机构有手动变量机构和伺服变量机构。

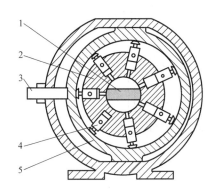

图 2-2-11　可调外部支承径向柱塞泵

1—固定的控制栓　2—转动的缸环　3—调节器

4—带有滑块的柱塞　5—行程环

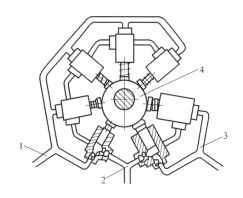

图 2-2-12　内部支承径向柱塞泵

1—高压管路　2—低压管路

3—吸油管路　4—偏心轴

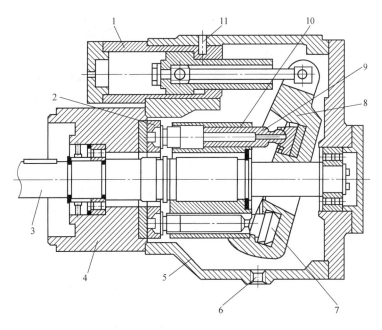

图 2-2-13　带有斜盘的轴向柱塞泵

1—调节装置　2—配流盘　3—驱动轴　4—固定法兰　5—壳体　6—壳体泄漏口

7—静液滑块轴承　8—斜盘　9—轴向活塞　10—套筒　11—泄漏油口

2）斜轴式（摆缸式）。如图 2-2-15 所示，缸体轴线相对传动轴轴线成一倾斜角 γ，传动轴端部用万向铰链和连杆与缸体中的每个柱塞相连接，当传动轴转动时，通过万向铰链和连杆带动柱塞和缸体一起转动，并迫使柱塞在缸体中做往复运动，借助配油盘进行吸油和压油。这类泵的优点是变量范围大，泵的强度较高，但和上述直轴式柱塞泵相比，其结构较复

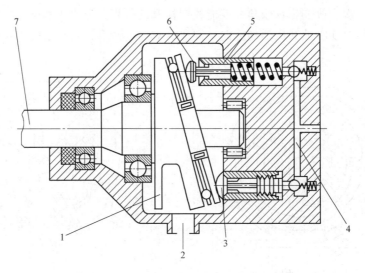

图 2-2-14　带有转动斜盘的轴向柱塞泵

1—斜盘　2—吸油管路　3—下死点　4—压力管路

5—带有吸油阀的活塞　6—上死点　7—驱动轴

杂，外形尺寸和质量均较大。

各类液压泵的应用见表 2-2-7。

5. 液压泵与电动机参数的选用

（1）液压泵的选择原则　首先，根据主机工况、功率大小和系统对工作性能的要求，确定液压泵的类型；再按系统所要求的压力、流量大小确定其规格型号。

1）液压泵的工作压力。液压泵的工作压力 p 应满足液压系统执行元件所需要的最大工作压力 p_{max}，即：

$$p \geqslant K p_{max}$$

式中　K——考虑管道压力损失所取的系数，一般取 $K = 1.1 \sim 1.5$。

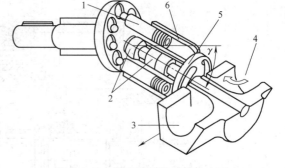

图 2-2-15　带有斜轴的轴向柱塞泵

1—柱塞　2—轴承　3—高压侧　4—吸油侧

5—固定控制盘　6—套筒

2）液压泵的流量。液压泵的流量 q_B 应满足液压系统中同时工作的执行元件所需要的最大流量之和 $\sum q_{max}$，即　　　　　　　　　$q_B \geqslant K \sum q_{max}$

式中　K——考虑系统泄漏所取的系数，一般取 $K = 1.1 \sim 1.3$。

（2）电动机参数的选用　电动机的主要参数有转速 n、功率 P 等。

1）转速。转速 n 应与液压泵相匹配。

2）功率。电动机输出功率的计算公式如下：

$$P = (P_B q_B)_{max} / \eta$$

式中　$(P_B q_B)_{max}$——液压泵同一时间压力与流量乘积的最大值；

η——液压泵的总效率。

在液压泵产品中，常附有配套电动机功率数值，这个数值是指液压泵在额定压力和流量条件下所需的功率,但是实际应用时可能达不到,因此,可按实际计算值选取合适的电动机。

表2-2-7 液压泵的应用

类 型		适用工况	应用实例
外啮合齿轮泵		一般用于中、低压的工况,在高压时要选用高压齿轮泵。自吸能力好,抗污染能力强,但噪声大,流量脉动大	用于机床、工程机械、农业机械、航空、船舶以及一般机械的润滑系统中。外啮合齿轮泵可用于矿山机械、起重运输机械等设备的液压系统中。内啮合齿轮泵可用于高压作用设备的液压系统中。摆线(转子)泵可用于大、中型车辆的液压转向系统、柴油机润滑系统中
内啮合齿轮泵	渐开线式	适用于中、低压工况,转速较高,流量脉动相对较小,抗污染能力强,噪声较小	
	摆线(转子)式	使用压力一般不超过6MPa,排量范围较小,流量脉动相对较小,抗污染能力强,噪声较小	
单作用叶片泵		使用压力一般不超过10MPa,可以实现变量,自吸能力一般,噪声较小,对油液污染较敏感,寿命较低	用于机床、注塑机、液压机、起重机、工程机械、飞机、船舶、压铸机、冶金机械等设备的液压系统
双作用叶片泵		一般适用于中、低压力,在中高压时要选用高压叶片泵。自吸能力一般,噪声较小,对油液污染较敏感	
轴向柱塞泵		轴向柱塞泵结构紧凑,容积效率高,压力高,流量调节方便,故常用在需要高压、大流量、大功率的系统中和流量需要调节的场合,适用于中、高压的工况。缺点是对油液污染敏感,噪声较大。直轴式径向尺寸小,惯性小,有多种变量形式,自吸能力差;斜轴式比直轴式外形尺寸大,变量范围大,其定量泵自吸能力好	多用于龙门刨床、拉床、液压机、农业机械、工程机械、船舶、矿山机械、冶金机械、飞机、火炮及空间技术,尤其适用于闭式回路或需要经常改变泵排量的系统中
径向(轴配流)柱塞泵		适用于超高压(32~100MPa)工况,效率高,抗污染能力差,自吸能力强,径向尺寸大	适用于锻压机械、工程机械、运输机械、矿山机械、轧钢机械等设备的液压系统

二、液压马达与液压缸

液压执行元件是将液压泵提供的液压能转变为机械能的能量转换装置,包括液压马达和液压缸。液压马达输出旋转运动,液压缸输出直线运动(包括输出摆动运动)。

1. 液压马达的分类及特点

液压马达输出转矩和转速,液压马达与液压泵在结构上是基本相同的,常用液压马达按结构可分为齿轮式、叶片式、柱塞式等。液压马达按其额定转速分为高速和低速两大类,额定转速高于500r/min的为高速液压马达,额定转速低于500r/min的为低速液压马达。

高速液压马达的主要特点是转速较高、转动惯量小、便于起动和制动、调速和换向的灵敏度高。通常,高速液压马达的输出转矩不大(几十N·m到几百N·m),所以又称之为高速小转矩液压马达。

低速液压马达的主要特点是排量大、体积大、转速低(有时可达每分钟几转甚至零点几转），因此可直接与工作机构连接，不需要减速装置，使传动机构大为简化。通常，低速液压马达输出转矩较大（几千 N·m 到几万 N·m），所以又称之为低速大转矩液压马达。

液压马达的主要性能参数如下：

（1）排量、流量和容积效率　习惯上将马达每转一周，按其几何尺寸计算出的进入的液体容积，称为马达的排量 V，有时称之为几何排量、理论排量，即不考虑泄漏损失时的排量。

根据液压动力元件的工作原理，马达转速、理论流量与排量之间具有下列关系：

$$Q_t = nV$$

式中　Q_t——理论流量（m³/s）；

n——转速（r/min）；

V——排量（m³/s）。

为了满足转速要求，马达实际输入流量 Q_a 大于理论输入流量，则有：

$$Q_a = Q_t + \Delta Q$$

式中　ΔQ——泄漏流量。

容积效率为理论流量与实际流量的比值：

$$\eta_v = Q_t / Q_a$$

（2）液压马达的理论输出转矩　液压马达进、出油口之间的压力差为 Δp，输入流量为 Q_a，液压马达的理论输出转矩为 T_t，角速度为 ω，如果不计损失，液压马达输入的液压功率应当全部转化为液压马达输出的机械功率，即：

$$\Delta p q = T_t \omega$$

又因为 $\omega = 2\pi n$，所以液压马达的理论转矩为：

$$T_t = \Delta p V / 2\pi$$

（3）液压马达的机械效率　由于液压马达内部不可避免地存在各种摩擦，实际输出的转矩 T 总要比理论转矩 T_t 小些，即：

$$T = T_t \eta_m$$

式中　η_m——液压马达的机械效率。

（4）液压马达的转速　液压马达的理论转速 n_t 取决于供液的流量和液压马达本身的排量 V，有如下关系：

$$n_t = Q_t / V$$

由于液压马达内部有泄漏，并不是所有进入马达的液体都会推动液压马达做功，一小部分因泄漏损失掉了，所以液压马达的实际转速 n 要比理论转速低一些：

$$n = n_t \cdot \eta_v$$

式中　η_v——液压马达的容积效率。

2. 液压缸的分类及特点

液压缸按结构特点不同可分为活塞缸、柱塞缸、摆动缸三类。活塞缸和柱塞缸可以实现直线运动，输出推力和速度；摆动缸可以实现小于 360° 的转动，输出转矩和角速度。液压缸按作用方式不同可分为单作用式和双作用式，单作用式液压缸中液压力只能使活塞向一个方向运动，反向运动需要靠外力实现，如重力或弹簧力等；双作用式液压缸中活塞两个方向的运动都是靠液压力实现的。

液压缸的分类、特点及图形符号见表 2-2-8。

表 2-2-8　液压缸的分类、特点及图形符号

分类	名称		图形符号	特点
单作用液压缸	活塞缸			活塞只单向受力而运动,反向运动依靠活塞自重或其他外力
	柱塞缸			柱塞只单向受力而运动,反向运动依靠柱塞自重或其他外力
	伸缩式套筒缸			有多个互相联动的活塞,可依次伸缩,行程较大,由外力使活塞返回
双作用液压缸	单活塞杆	普通缸		活塞双向受液压力而运动,在行程终了时不减速,双向受力及速度不同
		不可调缓冲缸		活塞在行程终了时减速制动,减速值不变
		可调缓冲缸		活塞在行程终了时减速制动,并且减速值可调
		差动缸		活塞两端面积差较大,使活塞往复运动的推力和速度相差较大(速度增加时,推力减小)
	双活塞杆	等行程等速缸		活塞左右移动速度、行程及推力大小均相等
		双向缸		利用对油口进、排油次序的控制,可使两个活塞做多种配合动作的运动
	伸缩式套筒缸			有多个互相联动的活塞,可依次伸出,获得较大行程
组合液压缸	弹簧复位缸			单向液压力驱动,由弹簧力复位
	增压缸			由增压缸大端进油驱动,小端输出高压油源

（续）

分类	名称	图形符号	特点
组合液压缸	串联缸		用于缸的直径受限制、长度不受限制处，能获得较大推力
	齿条传动缸		活塞的往复直线运动转换成齿轮的往复回转运动
	气-液转换器		气压力转换成大体相等的液压力

（1）液压缸的参数计算（表 2-2-9）

表 2-2-9 几种常用液压缸的参数计数

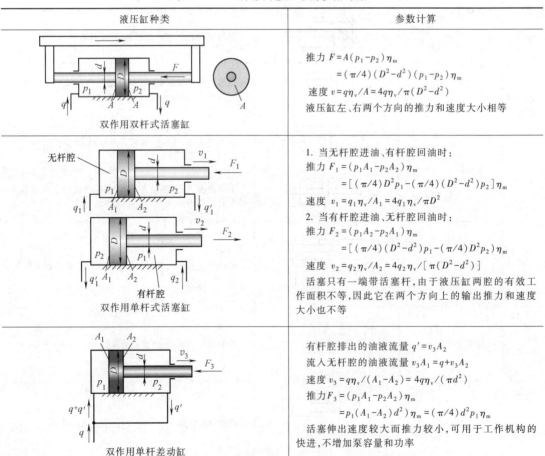

液压缸种类	参数计算
双作用双杆式活塞缸	推力 $F = A(p_1 - p_2)\eta_m$ $= (\pi/4)(D^2 - d^2)(p_1 - p_2)\eta_m$ 速度 $v = q\eta_v/A = 4q\eta_v/\pi(D^2 - d^2)$ 液压缸左、右两个方向的推力和速度大小相等
双作用单杆式活塞缸	1. 当无杆腔进油、有杆腔回油时： 推力 $F_1 = (p_1 A_1 - p_2 A_2)\eta_m$ $= [(\pi/4)D^2 p_1 - (\pi/4)(D^2 - d^2)p_2]\eta_m$ 速度 $v_1 = q_1\eta_v/A_1 = 4q_1\eta_v/\pi D^2$ 2. 当有杆腔进油、无杆腔回油时： 推力 $F_2 = (p_1 A_2 - p_2 A_1)\eta_m$ $= [(\pi/4)(D^2 - d^2)p_1 - (\pi/4)D^2 p_2]\eta_m$ 速度 $v_2 = q_2\eta_v/A_2 = 4q_2\eta_v/[\pi(D^2 - d^2)]$ 活塞只有一端带活塞杆，由于液压缸两腔的有效工作面积不等，因此它在两个方向上的输出推力和速度大小也不等
双作用单杆差动缸	有杆腔排出的油液流量 $q' = v_3 A_2$ 流入无杆腔的油液流量 $v_3 A_1 = q + v_3 A_2$ 速度 $v_3 = q\eta_v/(A_1 - A_2) = 4q\eta_v/(\pi d^2)$ 推力 $F_3 = (p_1 A_1 - p_2 A_2)\eta_m$ $= p_1(A_1 - A_2)d^2)\eta_m = (\pi/4)d^2 p_1\eta_m$ 活塞伸出速度较大而推力较小，可用于工作机构的快进，不增加泵容量和功率

（续）

液压缸种类	参数计算
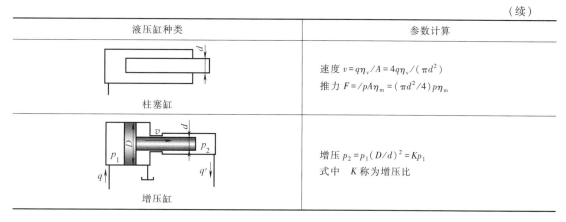 柱塞缸	速度 $v = q\eta_v/A = 4q\eta_v/(\pi d^2)$ 推力 $F = /pA\eta_m = (\pi d^2/4)p\eta_m$
增压缸	增压 $p_2 = p_1(D/d)^2 = Kp_1$ 式中 K 称为增压比

（2）液压缸的典型结构和组成

液压缸一般由缸筒、缸盖、活塞、活塞杆、密封装置、缓冲装置、排气装置组成，双作用单活塞杆液压缸的结构如图 2-2-16 所示。

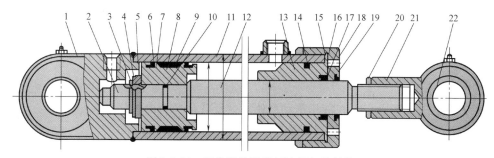

图 2-2-16 双作用单活塞杆液压缸的结构

1—缸底 2—缓冲柱塞 3—弹簧卡圈 4—挡环 5—卡环（由两个半圆组成） 6、10、14、16—密封圈 7、17—挡圈 8—活塞 9—支承环 11—缸筒 12—活塞杆 13—导向套 15—端盖 18—锁紧螺钉 19—防尘圈 20—锁紧螺母 21—耳环 22—耳环衬套圈

三、液压阀

液压阀是液压系统中液体流动方向、压力高低、流量大小的控制元件。按用途分为方向控制阀、压力控制阀、流量控制阀三大类。

1. 方向控制阀

（1）单向阀

1）普通单向阀。如图 2-2-17 所示，普通单向阀的作用是使油液只能沿一个方向流动，不许其反向倒流。

2）液控单向阀。如图 2-2-18 所示，当控制口 K 处无压力油通入时，该的工作机制和普通单向阀一样，压力油只能从通口 P_1 流向通口 P_2，不能反向倒流。当控制口 K 处有控制压力油通入时，因控制活塞右侧 a 腔通泄油口，活塞 1 右移，推动顶杆顶开阀芯，使通口 P_1 和 P_2 接通，油液可在两个方向上自由通流。

（2）换向阀 换向阀利用阀芯相对于阀体的相对运动，可使油路接通、断开，或变换液流方向，进而控制液压执行元件起动、停止，或变换运动方向。换向阀按阀芯运动方式可

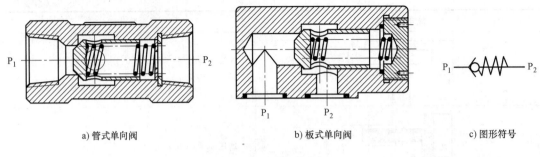

a) 管式单向阀 b) 板式单向阀 c) 图形符号

图 2-2-17 普通单向阀

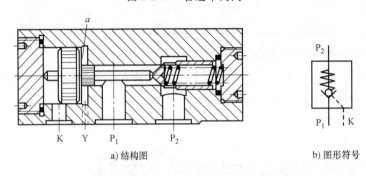

a) 结构图 b) 图形符号

图 2-2-18 液控单向阀

分为滑阀式和转阀式两大类,在液压传动系统中广泛使用的是滑阀式换向阀。

1)滑阀式换向阀的工作原理如图 2-2-19 所示。

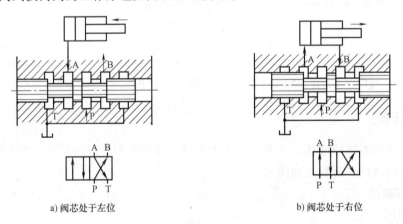

a) 阀芯处于左位 b) 阀芯处于右位

图 2-2-19 滑阀式换向阀的工作原理图

2)滑阀式换向阀的操纵方式如图 2-2-20 所示。

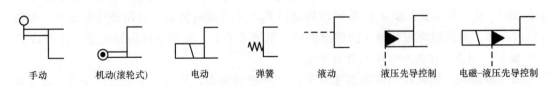

手动 机动(滚轮式) 电动 弹簧 液动 液压先导控制 电磁-液压先导控制

图 2-2-20 常见的滑阀式换向阀操纵方式

3）滑阀式换向阀的结构和图形符号。阀上各种接油管的进、出口中，进油口通常标为P，回油口标为 R 或 T，出油口以 A、B 来表示，用 L 表示泄油口。阀内阀芯可移动的位置数称为切换位置数，通常将接口称为"通"，将阀芯的位置称为"位"。常用滑阀式换向阀的结构和图形符号见表 2-2-10。

表 2-2-10　常用滑阀式换向阀的结构和图形符号

名称	结构原理	图形符号	使用场合	
二位二通	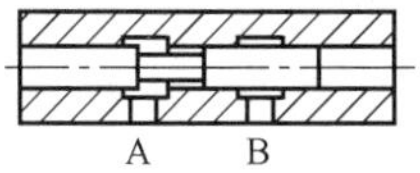	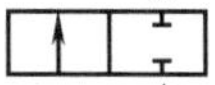	控制油路接通和断开,相当于一个液压开关	
二位三通	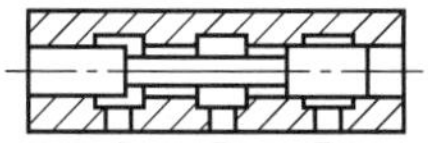	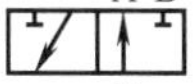	控制液流方向(从一个方向到另一个方向)	
二位四通	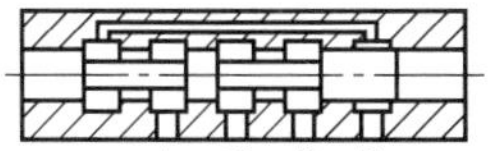	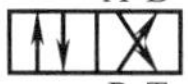	控制执行元件换向	执行元件不能在任意位置停留,同一个回油路
三位四通	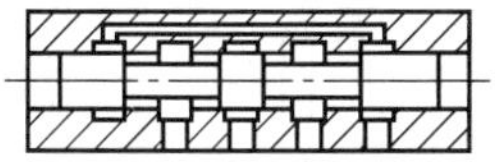	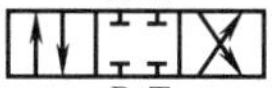		执行元件能在任意位置停留,同一个同油路
二位五通	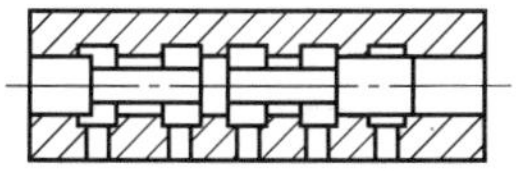		控制执行元件换向	执行元件不能在任意位置停留,不同回油路
三位五通	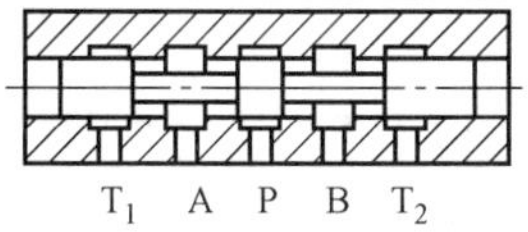	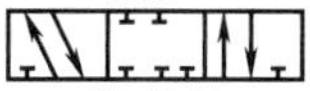		执行元件能在任意位置停留,不同回油路

表 2-2-10 中，图形符号中的方框表示阀的工作位置，换向阀有几个方框就表示换向阀有几"位"；方框外部连接的接口有几个，就表示几"通"。方框内的箭头表示油路处于接通状态，箭头方向不代表液流的实际方向；方框内的符号"⊥"或"⊤"表示该路不通。

换向阀都有两个或两个以上的工作位置，其中一个为常态位，即阀芯未受到操纵力作用时所处的位置。图形符号中的中位是三位阀的常态位。利用弹簧复位的二位阀则以靠近弹簧的方框内的通路状态为其常态位。绘制液压系统图时，油路一般应连接在换向阀的常态位上。

4）三位换向阀的中位机能。对于各种操作方式的三位四通和三位五通换向阀，阀芯在中间位置时各油口的连通情况称为换向阀的中位机能。不同的中位机能，可以满足液压系统的不同要求，表 2-2-11 列出了常见三位四通、三位五通换向阀的中位机能形式、滑阀状态和图形符号，可以看出不同的中位机能可通过改变阀芯的形状和尺寸得到。

5）方向控制回路

换向回路：各种类型的换向阀都可以组成换向回路，如图 2-2-21 所示。

锁紧回路：锁紧回路可使液压缸活塞在任一位置停止，并可防止其停止后因外界影响而

表 2-2-11　三位换向阀的中位机能

机能代号	结构原理图	中间位置图形符号		机能特点和作用
		三位四通	三位五通	
O	(结构原理图，标注 A、B、T、P)	A B / P T	A B / T₁ P T₂	各油口全部封闭，缸两腔闭锁，泵不卸荷，液压缸充满油，从静止到起动平稳；制动时运动惯性引起液压冲击较大；换向位置精度高
H	(结构原理图，标注 A、B、T、P)	A B / P T	A B / T₁ P T₂	各油口全部连通，泵卸荷，卸成浮动状态，缸两腔接通油箱，从静止到起动有冲击；制动时油口互通，换向平稳；但换向位置变动大
Y	(结构原理图，标注 A、B、T、P)	A B / P T	A B / T₁ P T₂	泵不卸荷，缸两腔通回油箱，缸成浮动状态，从静止到起动有冲击；制动性能介于 O 型与 H 型之间
P	(结构原理图，标注 A、B、T、P)	A B / P T	A B / T₁ P T₂	压力油口 P 与缸两腔连通，可实现差动回路，从静止到起动较平稳；制动时缸两腔均通压力油，故制动平稳；换向位置变动比 H 型小
M	(结构原理图，标注 A、B、T、P)	A B / P T	A B / T₁ P T₂	泵卸荷，缸两腔封闭，从静止到起动较平稳；换向时与 O 型相同，可用于泵卸荷液压缸锁紧的液压回路

发生漂移或窜动。使用换向阀中位机能 O 型或 M 型实现的锁紧回路，由于滑阀式结构存在泄漏，锁紧功能较差，只适用于锁紧时间短且要求不高的回路。图 2-2-22 所示为采用液控单向阀的锁紧回路，为保证中位锁紧可靠，三位阀应采用 H 型或 Y 型中位机能。由于液控单向阀的密封性能好，能使执行元件长时间锁紧，这种回路主要用于汽车起重机的支腿油路和矿山机械中液压支架的油路中。

2. 压力控制阀

压力控制阀用来控制液压系统油液的压力，或利用油液压力控制其他元件动作。这类阀的共同点是利用作用在阀芯上的液压力和弹簧力相平衡的原理来控制阀口开度。按功能分溢流阀、减压阀、顺序阀、压力继电器等。

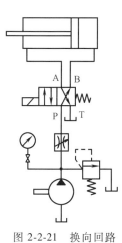

图 2-2-21 换向回路

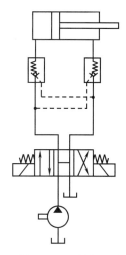

图 2-2-22 锁紧回路

（1）溢流阀 溢流阀的作用是通过阀口的溢流，使系统溢去多余的液压油，同时使泵的供油压力得到调整并保持基本稳定，实现调压、稳压和限压的功能，防止系统压力过载。溢流阀按其工作原理分为直动式和先导式两种。

1）直动式溢流阀。图 2-2-23 所示是一种低压直动式溢流阀，当进油压力较小时，阀芯在弹簧的作用下处于右端位置，将 P 和 T 两油口隔开。当进油压力升高，在阀芯右端所产生的作用力超过弹簧的压紧力时，阀口被打开，多余的油液排回油箱。调整调压手轮可以改变弹簧的压紧力，这样也就调整了溢流阀进口处的油液压力。

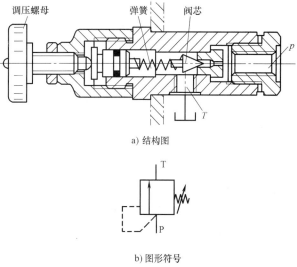

a) 结构图

b) 图形符号

图 2-2-23 直动式溢流阀

2）先导式溢流阀。如图 2-2-24 所示，压力油从 P 口进入，通过阻尼孔后作用在先导阀上，当进油口压力较低，先导阀上的液压作用力不足以克服先导阀左边的弹簧的作用力时，先导阀关闭。没有油液流过阻尼孔，所以主阀阀芯两端压力相等，在较软的主阀弹簧作用下，主阀阀芯处于最下端位置，溢流阀阀口 P 和 T 隔断，没有溢流。当进油口压力升高到作用在先导阀上的液压力大于弹簧作用力时，先导阀打开，压力油通过阻尼孔、经先导阀流回油箱。由于阻尼孔的作用，主阀阀芯上端的液压力 p_2 小于下端压力 p_1，当这个压力差作用在主阀阀芯上的力等于或超过主阀弹簧力、轴向稳态液动力、摩擦力和主阀阀芯自重之和时，主阀芯开启，油液从 P 口流入，经主阀阀口由 T 流回油箱，实现溢流，用螺钉调节先导阀弹簧的预紧力，即可调节溢流阀的溢流压力。

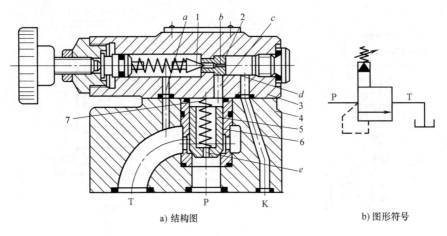

a) 结构图   b) 图形符号

图 2-2-24 先导式溢流阀

1—先导阀阀芯　2—先导阀阀座　3—先导阀阀体　4—主阀体
5—主阀芯　6—主阀套　7—主阀弹簧

3）溢流阀的应用及调压回路。如图 2-2-25a 所示，溢流阀和定量泵组合使用，起调压溢流作用。溢流阀和变量泵组合使用，起过载保护作用（作为安全阀）。如图 2-2-25b 所示，在正常工作时，安全阀关闭，不溢流，只有在系统发生故障，压力升至安全阀的调整值时，阀口才打开，使变量泵排出的油液经溢流阀流回油箱，以保证液压系统的安全。

先导式溢流阀有一个远程控制口 K，如果将 K 口用油管接到另一个远程调压阀，调节远程调压阀的弹簧力，即可调节溢流阀主阀芯上端的液压力，从而对溢流阀的溢流压力实现远程调控，如图 2-2-25d 所示。但是，远程调压阀所调节的最高压力不得超过先导式溢流阀的调整压力。当远程控制口 K 通过二位二通阀接通油箱时（图 2-2-25c），主阀芯上端的压力接近于零，由于主阀弹簧较软，主阀阀口开得很大；这时溢流阀 P 口处压力很低，系统的油液在低压下通过溢流阀流回油箱，可实现卸荷。

（2）减压阀　减压阀是使出口压力低于进口压力的一种压力控制阀。减压阀在各种液压设备的夹紧系统、润滑系统和控制系统中应用较多。根据减压阀所控制的压力不同，可分为定值输出减压阀、定差减压阀和定比减压阀。

图 2-2-26 所示是定值先导式减压阀的工作原理。P_1 口是进油口，P_2 口是出油口，主阀阀不工作时，主阀阀芯在弹簧作用下处于最下端位置，阀的进、出油口是相通的，即阀是常开的。若出口压力增大，作用在阀芯下端的压力大于弹簧力时，阀芯上移，关小阀口，这时阀处于工作状态。若忽略其他阻力，仅考虑作用在阀芯上的液压力和弹簧力相平衡的条件，则可以认为出口压力基本上维持在某一定值——调定值上。这时，如出口压力减小，阀芯就下移，开大阀口，阀口处阻力减小，压降减小，使出口压力回升到调定值；反之，若出口压力增大，则阀芯上移，关小阀口，阀口处阻力加大，压降增大，使出口压力下降到调定值。

减压阀的作用是降低液压系统中某一支路的油液压力。减压回路示例如图 2-2-27 所示，不管回路压力多高，A 缸压力不会超过 3MPa。此外，当油液压力不稳定时，在回路中串入

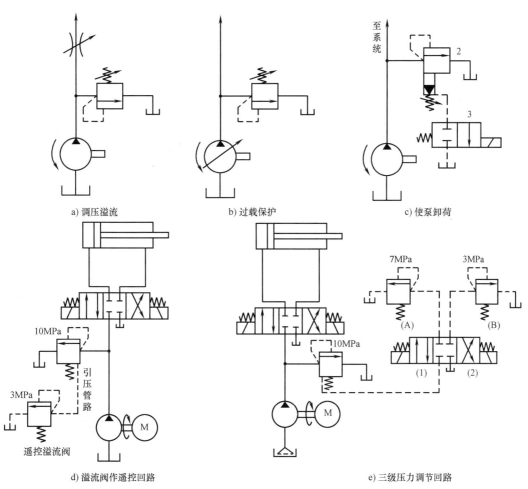

a) 调压溢流　　　　　　　　　　b) 过载保护　　　　　　　　　　c) 使泵卸荷

d) 溢流阀作遥控回路　　　　　　　　　　　　　　e) 三级压力调节回路

图 2-2-25　溢流阀的应用

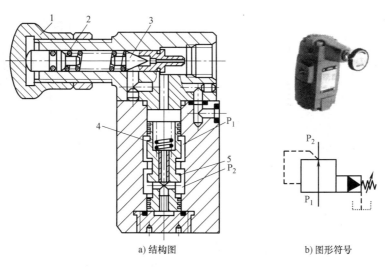

a) 结构图　　　　　　　　　　b) 图形符号

图 2-2-26　先导式减压阀

1—调节螺母　2—调压弹簧　3—先导阀阀芯　4—主阀弹簧　5—主阀阀芯

减压阀可得到一个稳定的较低的压力。

（3）顺序阀

1）顺序阀的结构及动作原理。顺序阀是一种利用压力控制阀口通断的压力阀，用于控制液压系统中各执行元件动作的先后顺序。按控制压力的不同，顺序阀又可分为内控式和外控式两种。前者用阀的进口压力控制阀芯的启闭，后者用外来的压力油控制阀芯的启闭（即液控顺序阀）。顺序阀也有直动式和先导式两种，前者一般用于低压系统，后者用于中高压系统。

如图 2-2-28a 所示，当进油口压力 p_1 较低时，阀芯在弹簧作用下处下端位置，进油口和出油口不相通。当作用在阀芯下端的油液压力大于弹簧的预紧力时，阀芯向上移动，阀口打开，油液经阀口从出油口流出，进而操纵另一执行元件或其他元件动作。

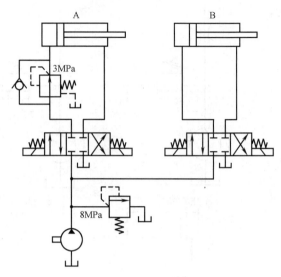

图 2-2-27　减压回路

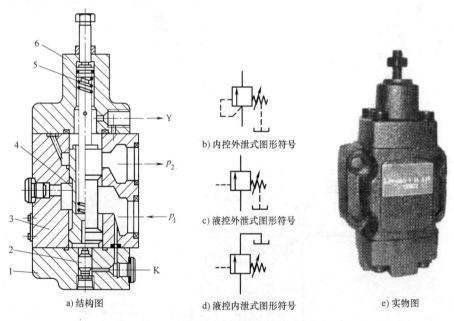

a) 结构图

b) 内控外泄式图形符号

c) 液控外泄式图形符号

d) 液控内泄式图形符号

e) 实物图

图 2-2-28　直动式顺序阀结构及图形符号

1—下盖　2—活塞　3—阀体　4—阀芯　5—弹簧　6—上盖

2）顺序阀的应用。顺序阀用于顺序动作回路：图 2-2-29 所示为顺序动作回路，其前进的动作顺序是先定位后夹紧，后退的动作是同时后退。

顺序阀用于平衡回路：如图 2-2-30 所示，在大型压床上，由于压柱及上模很重，为防止因自重而出现自走现象，必须加装平衡阀（顺序阀）。

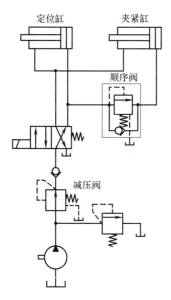

定位缸　　　　夹紧缸

顺序阀

减压阀

图 2-2-29　顺序动作回路

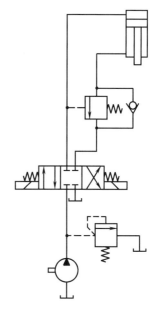

图 2-2-30　平衡回路

（4）压力继电器　压力继电器是一种将油液的压力信号转换成电信号的电液控制元件，当油液压力达到压力继电器的调定压力时，即发出电信号，以控制电磁铁、电磁离合器、继电器等元件动作，使油路卸压、换向，实现执行元件顺序动作，或关闭电动机，使系统停止工作，起安全保护作用等。

如图 2-2-31 所示，当从压力继电器下端进油口通入的油液压力达到调定压力值时，将推动柱塞上移，此位移通过杠杆放大后推动开关动作，改变弹簧的压缩量即可调节压力继电器的动作压力。

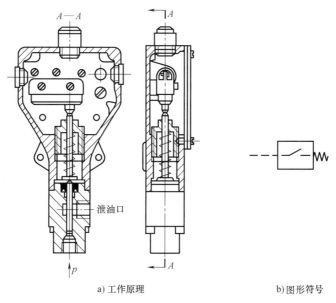

A—A

泄油口

a) 工作原理　　　　　　　b) 图形符号

图 2-2-31　压力继电器

3. 流量控制阀

流量控制阀依靠改变阀口通流面积的大小来调节通过阀口的流量大小。常用的流量控制阀有普通节流阀、压力补偿和温度补偿调速阀、溢流节流阀和分流集流阀等。

（1）普通节流阀　图 2-2-32 所示为普通节流阀的结构和图形符号。其节流口为轴向三角槽式，压力油从进油口 P_1 流入，经阀芯 1 左端的三角槽，再从出油口 P_2 流出。调节流量调节手轮 3，可通过推杆 2 使阀芯做轴向移动，以通过改变节流口的通流截面积来调节流量。

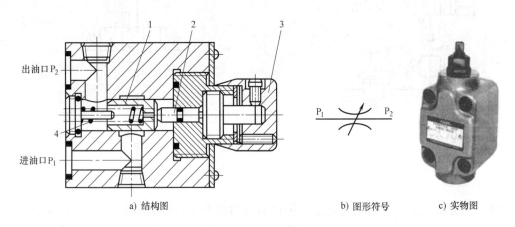

a) 结构图　　　　b) 图形符号　c) 实物图

图 2-2-32　普通节流阀
1—阀芯　2—推杆　3—调节手轮　4—弹簧

（2）调速阀　如图 2-2-33 所示，调速阀是在节流阀前串接一个定差减压阀组合而成的。定差减压阀是压力补偿元件，它保证了节流阀前后的压力差基本不变，能消除负载变化对流量稳定的影响。

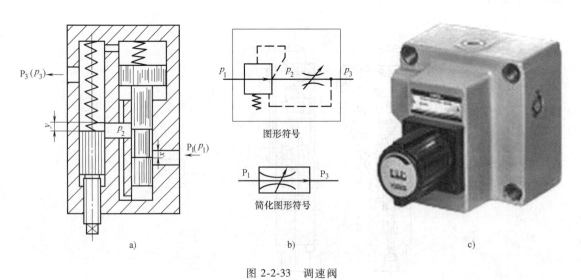

图 2-2-33　调速阀

（3）速度控制回路　速度控制回路是控制执行元件运动速度的回路，包括调速回路、快速运动回路和速度换接回路。

1）调速回路。调速是为了满足液压执行元件对工作速度的要求，在不考虑液压油的压缩性和泄漏的情况下，液压缸的运动速度为 $v=q/A$，液压马达的转速为 $n_m=q/V_m$，因此，采用流量阀或变量泵来改变输入液压缸的流量可以改变液压缸的运动速度，采用变量液压马达可以改变液压马达的排量。由上述方法实现的调速方式有三种：节流调速回路、容积调速回路、容积节流调速回路。

节流调速回路根据流量阀在回路中的位置不同，分为进油节流调速回路（图 2-2-34）、回油节流调速回路（图 2-2-35）和旁路节流调速回路（图 2-2-36）三种节流调速回路性能比较见表 2-2-12。

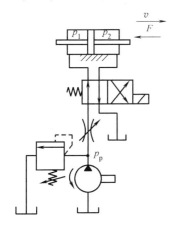 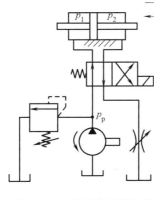 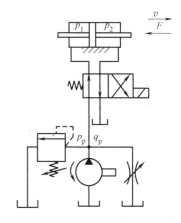

图 2-2-34　进油节流调速回路　　图 2-2-35　回油节流调速回路　　图 2-2-36　旁油路节流调速回路

表 2-2-12　三种节流调速回路性能比较

特　性	节流调速回路		
	进油节流调速回路	回油节流调速回路	旁路节流调速回路
运动平稳性	平稳性较差,不能在负值负载下工作	平稳性较好,可以在负值负载下工作	平稳性较差,不能在负值负载下工作
最大承载能力	最大负载由溢流阀的调定压力决定	同左	最大负载随节流阀开口增大而减小,低速承载能力差
调速范围	较大	同左	由于低速稳定性差,故调速范围小
功率损耗	低速、轻载时功率损耗较大,效率低,发热大	同左	功率损耗与负载成正比,效率较高,发热小
发热影响	油液通过节流阀后直接进入液压缸,影响较大	油液通过节流阀后直接流回油箱冷却,影响较小	同左
起动冲击	停车后起动冲击小	停车后起动有冲击	同左
压力控制	便于实现压力控制	实现压力控制不方便	便于实现压力控制

容积调速回路根据液压泵和液压马达（或液压缸）组合方式不同，分为以下三种形式：

第一种：变量泵和定量执行元件组成容积调速回路。图 2-2-37a 所示为变量泵和液压缸组成的容积调速回路，图 2-2-37b 所示为变量泵和定量马达组成的容积调速回路。这两种回路均通过改变变量泵 1 的输出流量来调速。工作时，溢流阀 2 作安全阀用，可限定液压泵的最高压力。这种调速回路为恒转矩（恒推力）调速，调速范围大。

第二种：定量泵和变量液压马达组成容积调速回路。如图 2-2-38 所示，定量泵 1 输出流量不变，调节变量液压马达 3 的排量 V_m，便可改变其转速。泵的压力由溢流阀 2 调定，若不计损失，则马达输出的最大功率是不变的。这种调速回路为恒功率调速，调速范围小。

第三种：变量泵和变量液压马达组成容积调速回路。如图 2-2-39a 所示，变量泵 1 正、反向供油，液压马达 2 即正、反转，单向阀 6、9 用于定量泵 4 的双向补油，单向阀 7、8 使安全阀 3 在两个方向都能起过载保护作用。这种调速回路是前两种调速回路的组合，其回路特性曲线如图 2-2-39b 所示。

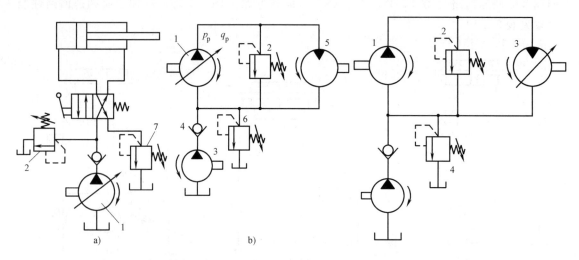

图 2-2-37　变量泵和定量执行元件组成的容积调速回路
1—变量泵　2—溢流阀　3—辅助油泵　4—单向阀
5—定量液压马达　6、7—背压阀

图 2-2-38　定量泵和变量液压马达组成的容积调速回路
1—定量泵　2、4—溢流阀
3—变量液压马达

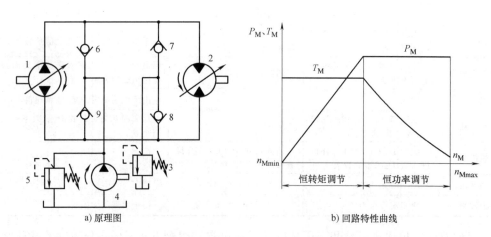

a) 原理图　　　　　　　　　　b) 回路特性曲线

图 2-2-39　变量泵和变量液压马达组成的容积调速回路
1—变量泵　2—变量液压马达　3—安全阀　4—定量泵　5—溢流阀　6、7、8、9—单向阀

容积节流调速回路由变量泵和调速阀组成，如图 2-2-40a 所示。回路的特点是效率高、发热小、速度稳定性比容积调速回路好，其特性曲线如图 2-2-40b 所示。

2）快速运动回路。典型结构如图 2-2-41～2-2-43 所示。

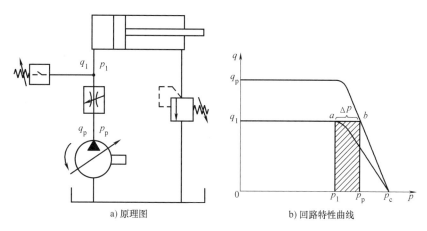

a) 原理图　　　　　　　　b) 回路特性曲线

图 2-2-40　限压式变量泵和调速阀容积节流调速回路

3）速度换接回路。图 2-2-44 所示为快慢速换接回路，图 2-2-45 所示为两种工进速度的换接回路。

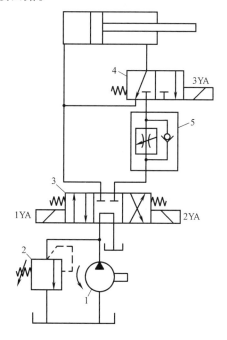

图 2-2-41　液压缸差动连接快速运动回路
1—定量泵　2—溢流阀
3、4—换向阀　5—单向调速阀

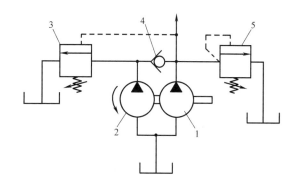

图 2-2-42　双泵供油快速运动回路
1—高压小流量泵　2—低压大流量泵
3—液控顺序阀　4—单向阀　5—溢流阀

四、液压辅助元件

1. 管路和管接头

（1）油管　液压系统中使用的油管种类很多，有钢管、铜管、尼龙管、塑料管、橡胶管等，需按照安装位置、工作环境和工作压力来正确选用。各类型油管的特点及其适用范围见表 2-2-13。

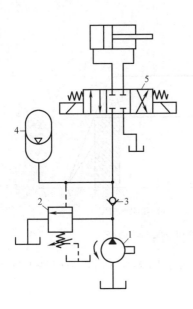

图 2-2-43　采用蓄能器的快速运动回路

1—定量泵　2—液控顺序阀　3—单向阀

4—蓄能器　5—换向阀

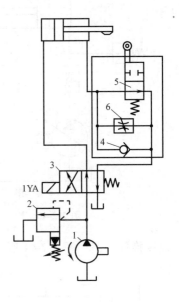

图 2-2-44　快慢速换接回路

1—定量泵　2—溢流阀　3—换向阀

4、5、6—单向行程调速阀

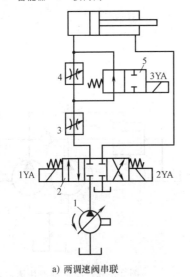

a) 两调速阀串联

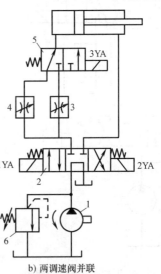

b) 两调速阀并联

图 2-2-45　采用调速阀的速度换接回路

1—定量泵　2、5—换向阀　3、4—调速阀　6—溢流阀

表 2-2-13　油管的种类及特点

种　类		特点和适用范围
硬管	钢管	能承受高压,价格低廉,耐油,抗腐蚀,刚性好,但装配时不能任意弯曲;常在装拆方便处用作压力管道,中、高压用无缝管,低压用焊接管等
	紫铜管	易弯曲成各种形状,但承压能力一般不超过 10MPa,抗振能力较弱,易使油液氧化;通常用在液压装置内配接不便之处

（续）

种　类		特点和适用范围
软管	尼龙管	乳白色半透明,加热后可以随意弯曲或扩口,冷却后又能定形不变,2.5~8MPa 范围内承压能力因材质而异
	塑料管	质轻耐油,价格便宜,装配方便,但承压能力低,长期使用会变质老化,只宜用作压力低于 0.5MPa 的回油管、泄油管等
	橡胶管	高压管由耐油橡胶夹几层钢丝编织网制成,钢丝网层数越多,耐压越高,价格越贵,用作中、高压系统中两个相对运动件之间的压力管道 低压管由耐油橡胶夹帆布制成,可用作回油管道

管道的内径 d 和壁厚 δ 可采用下列两式计算，计算结果需圆整为标准数值：

$$d = 2\sqrt{\frac{q}{\pi[v]}}$$

$$\delta = \frac{pdn}{2[\sigma_b]}$$

式中　　$[v]$——允许流速。推荐值：吸油管取 0.5~1.5m/s，回油管取 1.5~2m/s，压力油管取 2.5~5m/s，控油管取 2~3m/s，橡胶软管取值应小于 4m/s；

n——安全系数。对于钢管，$p<7$MPa 时，$n=8$；7MPa$\leqslant p<17.5$MPa 时，$n=6$；$p\geqslant 17.5$MPa 时，$n=4$；

$[\sigma_b]$——管道材料的抗拉强度，可由相关材料手册查出。

管道应尽量短，最好横平竖直布置，少拐弯，为避免管道皱折、减小压力损失，管道装配的弯曲半径要足够大，避免小于 90°，管道悬伸较长时要适当设置管夹。

管道尽量避免交叉，平行管距要大于 100mm，以防接触振动，并便于安装管接头。

软管直线安装时要有 30% 左右的余量，以适应油温变化、受拉和振动的需要。弯曲半径要大于 9 倍软管外径，弯曲处到管接头的距离至少等于 6 倍软管外径。

（2）接头　管接头是油管与油管、油管与液压元件之间的可拆连接件，它必须具有装拆方便、连接牢固、密封可靠、外形尺寸小、通流能力大、压降小、工艺性好等各项条件。图 2-2-46 所示为常用的管接头类型。

在需要经常装拆处，常使用快速接头。图 2-2-47 所示为油路接通时快速接头的工作位置，当需要断开油路时，可用力把外套 4 向左推。

液压系统中的泄漏问题大部分都出现在管系中的接头上，为此，对管材的选用、接头形式的确定（包括接头设计，垫圈、密封、箍套、防漏涂料的选用等）、管系的设计（包括弯管设计，管道支承点和支承形式的选取等）以及管道的安装（包括正确运输、储存、清洗、组装等）都要审慎从事，以免影响整个液压系统的使用质量。

2. 油箱

油箱的功能主要是储存油液，此外还起到散发油液中热量（在周围环境温度较低的情况下则是保持油液中热量）、释出混在油液中的气体、沉淀油液中污物等作用。按结构分整体式和分离式两种。

油箱的有效容积（油面高度为油箱高度 80% 时的油液体积）可按下述经验公式确定

$$V = mq_p$$

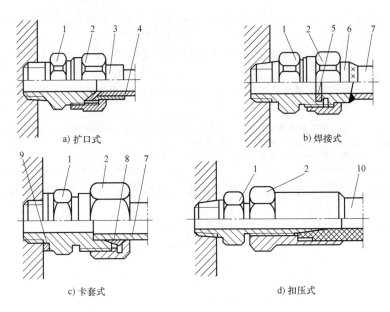

a) 扩口式   b) 焊接式

c) 卡套式   d) 扣压式

图 2-2-46　管接头

1—接头体　2—螺母　3—管套　4—扩口薄管　5—密封垫　6—接管

7—钢管　8—卡套　9—组合密封垫　10—橡胶软管

式中　V——油箱的有效容积；

q_p——液压泵的流量；

m——经验系数，低压系统：$m = 2 \sim 4$，中压系统：$m = 5 \sim 7$，中高压或高压系统：$m = 6 \sim 12$。

对功率较大且连续工作的液压系统，必要时还要进行热平衡计算，以此确定油箱容量。油箱正常工作温度应在 $15 \sim 66\,℃$ 之间，必要时应设置加热器和冷却器。

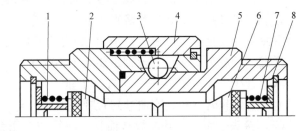

图 2-2-47　快速接头

1、7—弹簧　2、6—阀芯　3—钢球

4—外套　5—接头体　8—弹簧座

3. 滤油器

滤油器的功能是过滤混在液压油液中的杂质，降低进入系统中油液的污染度，保证系统正常地工作。

滤油器按其滤芯材料的过滤机制分表面型滤油器、深度型滤油器和中间型滤油器三种。

滤油器按其过滤精度（滤去杂质的颗粒大小）的不同，分粗过滤器、普通过滤器、精密过滤器和特精过滤器四种，它们分别能滤去大于 $100\mu m$、$10 \sim 100\mu m$、$5 \sim 10\mu m$ 和 $1 \sim 5\mu m$ 大小的杂质。

（1）选用滤油器时，要考虑下列几点：

1）过滤精度应满足预定要求。

2）能在较长时间内保持足够的通流能力。

3）滤芯具有足够的强度，不因液压的作用力而损坏。

4）滤芯抗腐蚀性能好，能在规定的温度下持久地工作。

5）滤芯清洗或更换简便。

因此，滤油器应根据液压系统的技术要求，按过滤精度、通流能力、工作压力、油液黏度、工作温度等条件选定其型号。

（2）滤油器在液压系统中的安装位置通常有以下几种：

1）安装在泵的吸油口处：泵的吸油路上一般都安装有表面型滤油器，目的是滤去较大的杂质微粒以保护液压泵，此外，滤油器的过滤能力应为泵流量的两倍以上，压力损失小于 0.02MPa。

2）安装在泵的出口油路上：此处安装滤油器的目的是用来滤除可能侵入阀类等元件的污染物。其过滤精度应为 $10 \sim 15 \mu m$，且能承受油路上的工作压力和冲击压力，压力损失应小于 0.35MPa。同时应安装安全阀以防滤油器堵塞。

3）安装在系统的回油路上：安装在此处起间接过滤作用。一般与过滤器并联安装一背压阀，当过滤器堵塞达到一定压力值时，背压阀打开。

4）安装在系统分支油路上。

5）单独过滤系统：大型液压系统可由液压泵和滤油器组成独立过滤回路。

液压系统中除了整个系统所需的滤油器外，还常常在一些重要元件（如伺服阀、精密节流阀等）的前面单独安装专用的精滤油器来确保它们的正常工作。

4. 密封装置

密封装置的功能是防止液压系统中液压油的泄漏，保证建立起必要的工作压力。密封是解决液压系统泄漏问题最重要、最有效的手段。液压系统如果密封不良，可能出现不允许的外泄漏，外漏的油液将会污染环境；还可能使空气进入吸油腔，影响液压泵的工作性能和液压执行元件运动的平稳性；泄漏严重时，系统容积效率将过低，甚至工作压力达不到要求值。但若密封过度，虽可防止泄漏，但会造成密封部分的剧烈磨损，缩短密封件的使用寿命，增大液压元件内的运动摩擦阻力，降低系统的机械效率。因此，合理地选用和设计密封装置在液压系统的设计中十分重要。

5. 蓄能器

蓄能器的功能主要是储存油液多余的压力能，并在需要时释放出来。主要有弹簧式和充气式两大类，其中充气式又包括气瓶式、活塞式和皮囊式三种。在液压系统中，蓄能器常用来作为辅助动力源、用于补油保压、作为应急能源、吸收压力脉动、缓和液压冲击。

蓄能器在液压回路中的安放位置随其功能而不同：吸收液压冲击或压力脉动时宜布置在冲击源或脉动源近旁；补油保压时宜布置在接近有关执行元件处。

使用蓄能器须注意以下几点：

1）充气式蓄能器中应使用惰性气体（一般为氮气），允许工作压力视蓄能器结构形式而定，例如，皮囊式工作压力为 $3.5 \sim 32MPa$。

2）不同的蓄能器各有其适用的工作范围，例如，皮囊式蓄能器的皮囊强度不高，不能承受很大的压力波动，且只能在 $-20 \sim 70℃$ 的温度范围内工作。

3）皮囊式蓄能器原则上应垂直安装（油口向下），只有在空间位置受限制时才允许倾斜或水平安装。

4）装在管路上的蓄能器须用支板或支架固定。

5）蓄能器与管路系统之间应安装截止阀，供充气、检修时使用。蓄能器与液压泵之间应安装单向阀，防止液压泵停车时蓄能器内储存的压力油液倒流。

第三节　液压系统的应用

一、液压机械手概述

机械手是模仿人的手部动作，按给定程序、轨迹和要求，实现自动抓取、搬运等操作的机械装置。上述动作需要机械手实现手臂回转、手臂上下、手臂伸缩、手腕回转、手指松夹等动作。机械手驱动系统一般可采用液压、气动、机械，或电-液联合等方式控制。下面介绍液压机械手的相关工作原理。

二、机械手液压系统工作原理

JS-1 型液压机械手简化外形结构如图 2-2-48 所示，手臂回转由安装在底部的齿条液压缸 20 驱动，手臂上下运动由液压缸 27 驱动，手臂伸缩运动由液压缸 28 驱动，手腕回转由齿条液压缸 19 带动，手指松夹动作由液压缸 18 驱动。

该系统的液压原理图如图 2-2-49 所示，系统的电磁铁在电气控制系统的控制下，按一定的程序通、断电，从而控制 5 个液压缸按一定程序动作。各电磁铁动作顺序见表 2-2-14。

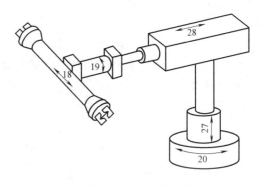

图 2-2-48　JS-1 型液压机械手

表 2-2-14　机械手液压系统电磁铁动作顺序表

	1YA	2YA	3YA	4YA	5YA	6YA	7YA	8YA	9YA	10YA	11YA
手臂快速顺转					+	−	+				
手臂快速逆转					+	+	−				
手臂快速上升			−	+	+						
手臂快速下降			+	−	+						
手臂伸出	−	+									
手臂缩回	+	−									
手腕顺转								+	−		
手腕逆转								−	+		
手指夹紧										−	−
手指松开										+	+

注："+"表示通电；"−"表示断电。

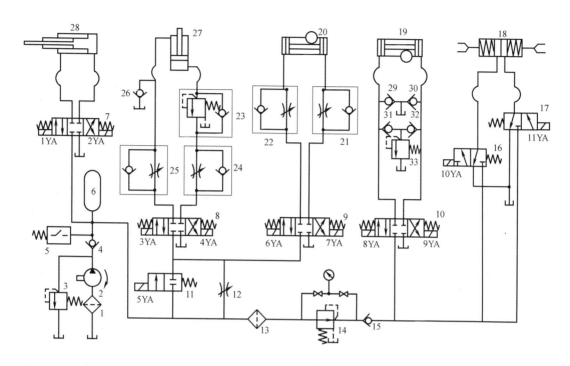

图 2-2-49　JS-1 型液压机械手液压系统图

对机械手各动作的具体分析如下：

1. 手臂回转

电磁铁 5YA 通电时，换向阀 11 左位接入系统，手臂在齿条液压缸 20 的驱动下可快速回转，电磁铁 6YA 和 7YA 的通、断电可控制手臂的回转方向。

1）若 5YA、7YA 通电，6YA 断电，换向阀 9 右位接入系统，手臂实现顺时针快速转动。其油路分述如下：

进油路：过滤器 1→液压泵 2→单向阀 4→换向阀 11→换向阀 9→阀 21 中的单向阀→液压缸 20 右腔。

回油路：液压缸 20 左腔→阀 22 中的节流阀→换向阀 9→油箱。

2）若 7YA 通电，5YA、6YA 断电，换向阀 11、9 右位接入系统，手臂实现顺时针慢速转动。其油路分述如下：

进油路：过滤器 1→液压泵 2→单向阀 4→节流阀 12→换向阀 9→阀 21 中的单向阀→液压缸 20 右腔。

回油路：液压缸 20 左腔→阀 22 中的节流阀→换向阀 9→油箱。

3）若 5YA、6YA 通电，7YA 断电，手臂实现逆时针快速转动。

4）若 5YA、7YA 断电，6YA 通电，手臂实现逆时针慢速转动。

2. 手臂上下运动

电磁铁 5YA 通电时，换向阀 11 左位接入系统，手臂在液压缸 27 的驱动下可快速上下运动，电磁铁 3YA 和 4YA 的通、断电可控制手臂上下运动的方向。

1）若 5YA、3YA 通电，4YA 断电，手臂实现快速向下运动。其油路分述如下：

进油路：过滤器 1→液压泵 2→单向阀 4→换向阀 11→换向阀 8→阀 25 中的单向阀→液压缸 27 上腔。

回油路：液压缸 27 下腔→阀 23 中的顺序阀→阀 24 中的节流阀→换向阀 8→油箱。

2）若 5YA、4YA 通电，3YA 断电，手臂实现快速向上运动。

3）若 5YA、4YA 断电，3YA 通电，手臂实现慢速向下运动。其油路分述如下：

进油路：过滤器 1→液压泵 2→单向阀 4→节流阀 12→换向阀 8→阀 25 中的单向阀→液压缸 27 上腔。

回油路：液压缸 27 下腔→阀 23 中的顺序阀→阀 24 中的节流阀→换向阀 8→油箱。

4）若 5YA、3YA 断电，4YA 通电，手臂实现慢速向上运动。

手臂快速运动速度由单向节流阀 24 和 25 调节，慢速运动速度由节流阀 12 调节。单向顺序阀 23 使液压缸下腔保持一定的背压，以便与重力负载相平衡，避免手臂在下行中因自重而超速下滑；单向阀 26 在手臂快速向下运动时，起到补充油液的作用。

3. 手臂伸缩运动

1）伸出：2YA 通电，1YA 断电，换向阀 7 右位接入系统，手臂在液压缸 28 驱动下可快速伸出。其油路分述如下：

进油路：过滤器 1→液压泵 2→单向阀 4→换向阀 7→液压缸 28 右腔。

回油路：液压缸 28 左腔→换向阀 7→油箱。

2）缩回：1YA 通电，2YA 断电，换向阀 7 左位接入系统，手臂在液压缸 28 驱动下可快速缩回。

4. 手腕回转运动

电磁铁 8YA 通电，9YA 断电，换向阀 10 左位接入系统，手腕在齿条液压缸 19 驱动下可顺时针快速回转。其油路分述如下：

进油路：过滤器 1→液压泵 2→单向阀 4→精过滤器 13→减压阀 14→单向阀 15→换向阀 10→液压缸 19 左腔。

回油路：液压缸 19 右腔→换向阀 10→油箱。

9YA 通电，8YA 断电，换向阀 10 右位接入系统，手腕在齿条液压缸 19 驱动下可逆时针快速回转。

单向阀 29 和 30 在手腕快速回转时，可起到补充油液的作用；溢流阀 33 对手腕回转油路起安全保护作用。

5. 手指夹紧与松开动作

电磁铁 10YA 和 11YA 断电时，手指在弹簧力作用下处于夹紧工作状态。若 10YA 通电，换向阀 16 左位接入系统，左手指松开。其进油路如下：

进油路：过滤器 1→液压泵 2→单向阀 4→精过滤器 13→减压阀 14→单向阀 15→换向阀 16→液压缸 18 左腔。

11YA 通电时，换向阀 17 右位接入系统，右手指松开。

三、JS-1 型机械手液压系统的主要特点

蓄能器 6 与液压泵 2 共同向液压缸供油可起到增速作用，同时，蓄能器还能缓冲吸振，使系统工作稳定可靠；减压阀 14 保证了手腕、手指油路有较低的稳定压力，使手腕、手指

的动作灵活可靠；单向阀 15 可保证手腕、手指的运动不会因手臂快速运动而失控。

第四节 液压系统的使用与维护

对液压设备进行主动保养与预防性维护，有计划地进行检修，可以防止机件过早磨损和遭受不应有的损坏，从而减少故障发生，使液压设备处于良好的技术状态，并能有效地延长使用寿命。

一、液压系统的使用与维护要求

使用液压设备时应符合下列要求：

1）按设计规定和工作要求，合理调节液压系统的工作压力和工作速度。压力阀、调速阀调节到所要求的数值时，应将调节螺钉紧固牢靠，防止松动。没有锁紧件的元件，调节后应把调节手柄锁住。

2）液压系统生产运行过程中，要注意油质的变化状况，定期进行取样化验，若发现油质不符合使用要求，要进行净化处理或更换新油液。

3）液压系统油液的工作温度不得过高，机床类液压系统，油液的工作温度不应超过 60℃，一般控制在 35～55℃ 范围内。其他行业的液压系统，油液温度按使用说明书要求的范围进行控制，超过允许的温度使用范围，应检查原因并采取相应对策。

4）为保证电磁阀工作正常，应保持电压稳定，其波动范围为额定电压的 ±(5%～15%)。

5）不准使用有缺陷的压力表，不允许在无压力表的情况下工作或调压。

6）电气柜、电气盒、操作台和指令控制箱等部件应有盖子或门，不得敞开使用，以免积污。

7）当液压系统某部位出现异常时（例如压力不稳定、压力太低、振动等），要及时分析原因并进行处理，不要勉强运转，以免造成大事故。

8）定期检查冷却器和加热器工作性能。

9）经常观察蓄能器工作性能，若发现气压不足或油气混合，应及时充气和修理。

10）经常检查管件接头、法兰盘等的固定状况，发现松动及时紧固。

11）高压软管、密封件的使用期限，应根据具体的液压设备而定。大型重要流水线液压设备要定期更换，一般为两年左右。对于工程机械类单机作业的液压设备，一般不漏油、不损坏就不必更换。

12）主要液压元件定期进行性能测定，并实行定期更换维修制。

13）定期检查润滑管路是否完好、润滑元件是否可靠、润滑油质量是否达到规定标准要求、油量是否充足，若有异常应及时排除。

二、保养操作规程

液压设备的操作保养，除应满足一般机械设备的保养要求外，还有其特殊要求，主要内容如下：

1）操作者必须熟悉本设备所用的主要液压元件的作用，熟悉液压系统工作原理，掌握系统动作程序。

2）操作者要经常监视液压系统工作状况，特别是工作压力和执行机构的运行速度，确保液压系统工作稳定可靠。

3）液压系统起动前，应检查电磁阀和所有运动机构是否处于原始状态，油液位是否正常。若有异常，不准起动，应找维修人员进行处理。

4）冬季，当油箱内油温未达到25℃时，各执行机构不准开始按顺序工作，而只能起动液压泵电动机，使液压泵空载运转，或起动电加热设备，使系统油液温度升高，达到允许运转条件才能进行正常运行。夏季工作过程中，当油箱内油温高于60℃时，要注意检查温度控制状况，发现异常要通知维修人员进行处理，使油温降到允许的范围。

5）液压设备停机4小时以上，在重新开始工作前应先起动液压泵电动机5~10min，使泵进行空载运转，然后才能带压力正常工作。

6）操作者不准损坏电气系统的互锁装置，不准用手推动电控阀，不准损坏或随便移动各操纵挡块的位置。

7）未经主管部门同意，操作者不准对各液压元件私自调节或更换。

8）当液压系统出现故障时，操作者不准私自乱动，应立即报告维修部门。维修部门有关人员应速到现场，对故障原因进行分析，并尽快予以排除。

9）液压设备应保持清洁，防止各种污染物进入油箱。

10）操作者要按设备点检卡上规定的部位和项目，认真进行点检。

三、点检

液压系统点检内容如下：

1）所有液压阀、液压缸、管件是否有渗漏。

2）液压泵或液压马达运转时，是否有异常噪声。

3）液压缸运动全行程中是否正常平稳。

4）液压系统中各测压点压力是否在规定的范围内，压力是否稳定。

5）液压系统中油液温度是否在允许范围内。

6）液压系统各部位有无高频振动。

7）油箱内油量是否在标准范围内。

8）电气控制或撞块（凸轮）控制的换向阀工作是否灵敏可靠。

9）行程开关或限位挡块的位置是否有变动，固定螺钉是否松动。

10）液压系统手动或自动循环时是否有异常现象。

11）定期对油箱内的油液进行取样化验，检查油液的污染状况。

12）定期检查蓄能器工作性能。

13）定期检查冷却器和加热器工作状况。

14）定期检查和紧固重要部位的螺钉、螺母、接头和法兰螺钉。

第三篇

电工电子基础知识

电工电子技术

【知识目标】

电工技术部分：直、交流电路的基本理论和分析方法，电功率的概念和功率因数，简单电路分析。

电子技术部分：信号的表达、放大、产生电路，数字逻辑电路的原理及应用，简单电子电路图的识读。

【知识结构】

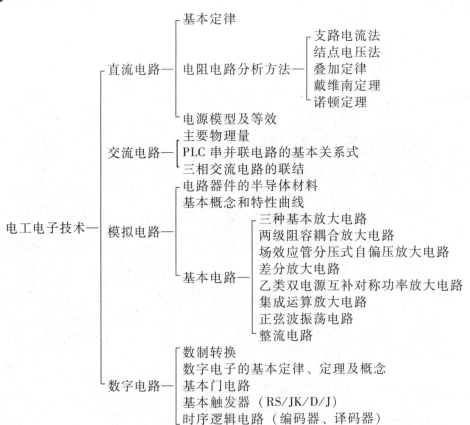

电工电子技术
- 直流电路
  - 基本定律
  - 电阻电路分析方法
    - 支路电流法
    - 结点电压法
    - 叠加定律
    - 戴维南定理
    - 诺顿定理
  - 电源模型及等效
- 交流电路
  - 主要物理量
  - PLC 串并联电路的基本关系式
  - 三相交流电路的联结
- 模拟电路
  - 电路器件的半导体材料
  - 基本概念和特性曲线
  - 基本电路
    - 三种基本放大电路
    - 两级阻容耦合放大电路
    - 场效应管分压式自偏压放大电路
    - 差分放大电路
    - 乙类双电源互补对称功率放大电路
    - 集成运算放大电路
    - 正弦波振荡电路
    - 整流电路
- 数字电路
  - 数制转换
  - 数字电子的基本定律、定理及概念
  - 基本门电路
  - 基本触发器（RS/JK/D/J）
  - 时序逻辑电路（编码器、译码器）

第一节　直流电路

直流电路是指不发生电流方向变化的电路。电路中基本物理量主要有：

1）电流：电荷有规则地定向运动形成电流。计量电流大小的物理量是电流强度，简称电流，记为 $i(t)$ 或 i。

2）电压：单位正电荷从电路某点从电路某移至参考点时电场力所做功的大小。其中参考点可以是电路中的任意一点，规定其电位为零，在电路图中用接地符号"⊥"表示。由此可见，某点的电位实际上就是该点和参考点之间的电压，如 u_a 和 u_b 分别为 a、b 两点的电位。

3）功率：单位时间所做的功，称为功率，用符号 $p(t)$ 表示

4）电动势：在电场中，将单位正电荷由低电位移向高电位时外力所做的功，称为电动势，用符号 E 表示。

简单的直流电路示意图如图 3-1-1 所示。

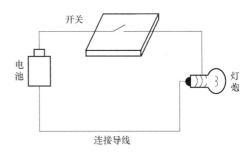

图 3-1-1　直流电路示意图

一、直流电路分析的基本定律

1. 欧姆定律

设电阻元件上电压和电流为关联参考方向，根据线性电阻的伏安特性，若电阻值为 R，则电阻器两端的电压 U 与电流 I 之间的关系式为 $I=U/R$。

2. 基尔霍夫定律

（1）基尔霍夫电流定律（KCL）　根据电流的连续性，任一时刻，流出（或流入）任一结点的所有支路电流的代数和恒为零，即 $\sum I = 0$。

（2）基尔霍夫电压定律（KVL）　对于集中参数电路中的任一回路，在任一时刻，沿该回路的所有电压的代数和恒为零，即 $\sum U = 0$。

二、电阻电路分析方法

1. 支路电流法

支路电流法，是以支路电流为未知量的电路分析方法，其分析步骤如下。

1）标出电路中各支路电流的参考方向。

2）按 KCL，列出 $(n-1)$ 个电流方程。

3）以支路电流为未知量，列出各网孔的 KVL 方程。

4）解联立方程组，求出 n 个未知支路电流。

2. 结点电压法

结点电压法，是以结点电压为未知量的电路分析法，其分析步骤如下：

1）指定参考点，一般选汇集支路数较多的结点为参考点，标出各结点有关电流、电压的参考方向。

2）列出（n-1）个结点电压方程。列方程时应特别注意电压源元件以及与电流源相串联的电阻元件的正确处理。如果对纯电压源支路引入辅助变量，则应在结点方程基础上增加相应的辅助方程。

3）联立求解方程组，求 n 个未知结点电压。

4）根据欧姆定律，由结点电压计算出其他待求量。

3. 回路电流法

回路电流法，是以回路电流作为电路的变量，利用基尔霍夫电压定律列出回路电压方程，进行回路电流的求解。其分析步骤如下。

1）假设各回路电流的参考方向。回路电流是一个假想沿着各自回路内循环流动的电流。

2）列写各回路电流方程。在列方程过程中，等效电压源是理想电压源的代数和。

3）联立求解方程，求出回路电流。

4）由回路电流计算出其他待求量。

4. 叠加定理

叠加定理的内容是：在线性电路中，当有几个电源共同作用时，各支路的电流或电压等于各个电源分别单独作用时在该支路产生的电流或电压的代数和。其分析步骤如下。

1）画出各独立源单独作用时的电路模型。电压源不作用时，视为短路；电流源不作用时，视为开路（保留其内阻）。

2）求出各独立源单独作用时的响应分量。

3）由叠加定理求得各独立源共同作用时的电压或电流。注意支路的电流或电压参考方向。

5. 戴维南定理

含有独立电源的线性有源二端网络，均可等效为一个电压源与电阻相串联的电路。等效电压源数值等于有源二端网络的端口开路电压。串联电阻等于内部所有独立源置零时网络两端子间的等效电阻。其解题步骤如下。

1）把电路划分为待求支路和有源二端网络两部分。

2）断开待求支路，形成有源二端网络，求出有源二端网络的开路电压。

3）将有源二端网络内的电源置零，保留其内阻，求网络的入端等效电阻。

4）画出有源二端网络的等效电压源，其电压源电压等于有源二端网络的开路电压，内阻等于网络的入端等效电阻。

5）将待求支路接到等效电压源上，利用欧姆定律求出电流。

6. 诺顿定理

对于给定的线性有源二端网络，其戴维南电路与诺顿电路是互为等效的。诺顿定理指出：含有独立电源的线性有源二端网络，均可等效为一个电流源与电阻相并联的电路。等效电路中的电流源等于有源二端网络的端口短路电流，并联电阻等于有源二端网络内部所有独立源置零时网络两端子间的等效电阻。其分析步骤如下。

1）假设短路电流的参考方向，将待求支路短路，求短路电流。

2）断开待求支路，断开电流源，求其开路等效电阻。

3）将待求支路接到等效电流源上，与电流源内阻并联，利用欧姆定律求出电流。

三、电源模型及等效

电源是电能输出装置，可以分为独立电源和受控电源，其中独立电源端电压与输出电流的关系可以用电压源模型和电流源模型来表示，而受控电源自身受电路内部支路的电流或电压所控制。

1. 理想电压源

能独立向外电路提供恒定电压的二端元件，其电压恒定，电流由电源和外电路共同决定，其伏安特性是一条平行于电流轴的直线。

2. 理想电流源

能独立向外电路提供恒定电流的二端元件，其电流恒定，电源两端的电压由它和外电路共同确定，其伏安特性是一条平行于电压轴的直线。

3. 实际电源

实际电源电路的模型由于存在电源功率损耗（或内阻变化），因此与理想电源模型有所差别。

第二节　交　流　电　路

电路中按正弦规律变化的交流电动势、交流电压和交流电流统称为正弦交流电。其主要物理量有：

1）瞬时值：正弦信号的大小与方向都是随时间作周期性变化的，信号在任一时刻的值，称为瞬时值。

2）最大值（幅值）：正弦信号在整个变化过程中可能达到的最大幅值，称为幅值或最大值。

3）周期：正弦交流电是按周期性变化的，完成一次周期性变化所用的时间称为一个周期，用 T 表示。周期的单位是 s（秒）。

4）频率：正弦交流电在单位时间内完成周期性变化的次数，称为频率，用 f 表示，单位是 Hz（赫兹），对于比较高的频率用 kHz（千赫兹）或 MHz（兆赫兹）表示。

5）角频率：角频率是交流电每秒所变化的电角度，$\omega = \mathrm{d}(\omega t + \theta)/\mathrm{d}t$ 称为角速度或角频率，单位是 rad/s（弧度/秒），它表示正弦信号变化的快慢程度。

6）相位：$(\omega t + \theta)$ 是正弦信号的相位，$t = 0$ 时的相位 θ 称为初相位，简称初相，单位是 rad（弧度）或（°）。

如图 3-1-2 所示，在指定的参考方向下，正弦电流（或电压）的瞬时值可表示为

$$i(t) = I_m \sin(\omega t + \theta)$$

RLC 电路是一种由电阻 R、电感 L、电容 C 组成的电路结构。

一、RLC 串并联电路的基本关系式

1. 名词

1）电容元件：电容元件是电能存储器件的理想

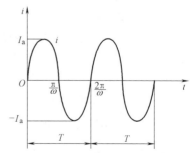

图 3-1-2　正弦交流电

化模型，其作用是通交流隔直流。

2）电感元件：能产生电感作用的元件统称为电感元件。电感元件是存储磁场能器件的理想化模型，其作用为阻交流通直流。

2. RLC 电路的超前与滞后

电感上的电流与电压相差 90°，其电流滞后电压的相位为 90°。电容上的电流与电压也相差 90°，其电流超前电压的相位为 90°。

3. RLC 电路的谐振

在 RLC 串联电路中，如果改变电路元件的参数值或调节电源的频率，可使电路的总电压与电流同相位，使电路的阻抗呈现电阻的性质，这种状态下的电路称为谐振。发生谐振的条件是 $X_L = X_C$，即电感元件的感抗值等于电容元件的容抗值。谐振是正弦电路中可能发生的一种特殊现象，电路在谐振状态下呈现某些特征：

1）阻抗最小，且为纯电阻。

2）电路中的电流最大且与电压同相位。

3）电感与电容两端电压相等，其大小为总电压的 Q 倍，Q 称为谐振电路的品质因数。

4. RLC 电路的功率

（1）有功功率　在 RLC 电路中，电阻元件上消耗的功率为有功功率，用 P 表示。

（2）无功功率　在 RLC 电路中，电感和电容上的无功功率之差为电路的无功功率。电感和电容两端的电压在任何时刻都是反相的，二者的瞬时功率符号也相反。当电感吸收能量时，电容放出能量；当电容吸收能量时，电感放出能量。

（3）视在功率　在 RLC 电路中，电压与电流有效值的乘积，称为视在功率，用 S 表示。视在功率不代表电路中消耗的功率，它常用于表示电源设备的容量。

5. RLC 串联电路功率因数的提高

日常生活中很多负载为感性的，当电路总电压和消耗的有功功率一定时，功率因数越高，电流越大，供电线路功耗越大，所以希望将功率因数提高。提高功率因数的原则：必须保证原负载的工作状态不变，即加在负载上的电压和负载的有功功率不变。对感性负载可采取并联电容的方式提高功率因数。

二、三相交流电路的联结

由三个幅值相等、频率相同、相位互差 120° 的正弦电压所组成的电路称为三相交流电路。

1. 三相电源的联结

（1）星形联结　把发电机三相绕组的末端 X、Y、Z 接成一点，而把始端 A、B、C 作为与外电路相连接的端点，称为电源的星形联结。图 3-1-3 所示为三相四线制星形联结电路。我国供电系统的线电压为 380V，相电压为 220V。

三相电源星形联结电路的特点：

1）线电压的有效值是相电压有效值的 $\sqrt{3}$ 倍。

2）线电压的相位超前相电压相位 30°。

（2）三角形联结　发电机三相绕组依次首尾相连，引出三条线，称为三角形联结，如图 3-1-4 所示。

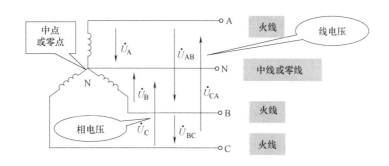

图 3-1-3　三相四线制星形联结电路

三相电源三角形联结电路的特点:

1）线电压的有效值和相电压的有效值相等。

2）如果三相电源电动势对称，则三相电压的相量和为零。

2. 三相负载的联结

需要接在三相电源上才能正常工作的负载叫作三相负载。如果每相负载的阻抗值和阻抗角完全相等，则为对称负载，如三相电动机。

（1）三相负载的星形联结　三相负载的星形联结如图 3-1-5 所示。

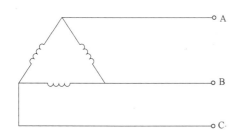

图 3-1-4　三角形联结电路

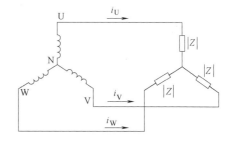

图 3-1-5　三相负载的星形联结

如果三相负载对称，中线中无电流，所以可将中线除去，成为三相三线制系统。如果三相负载不对称，中线上就会有电流通过，此时中线是不能去除的，否则会造成负载上三相电压不对称，使用电设备不能正常工作。

中线在三相电路中，既能为用户提供两种不同的电压（线电压和相电压），又能为星形联结的不对称负载提供对称的 220V 相电压。

（2）三相负载的三角形联结　三相负载的三角形联结如图 3-1-6 所示。其电路特点如下：

1）负载的线电压与相电压相等。

2）每相负载的线电流有效值是相电流的

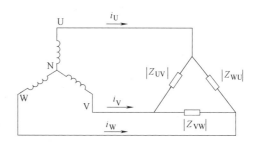

图 3-1-6　三相负载的三角形联结

$\sqrt{3}$ 倍；相位上，线电流滞后相应的相电流 30°。

三相电动机绕组可以联结成星形，也可以联结成三角形。在进行电路联结时，应使每相负载上的电压等于其额定电压，与电源的联结方式无关。当负载额定电压等于电源线电压时采用三角形联结；当负载额定电压等于电源相电压时采用星形联结。

第三节　模　拟　电　路

模拟电路就是由电阻、电容、电感等元件和二极管、晶体管（三极管）、集成运算放大器等器件组合而成的电路。它可以用于放大小信号，产生周期性波形，改变输入信号的波形并传送出去。模拟电路通常由以下基本环节组成。

1）信号源：其任务是将其他形式的能量转换成电能，它是一个能量转换器。

2）放大电路：由若干级组成，包括输入级、中间级和输出级，其任务是把微弱的信号放大。

3）输出级：驱动执行机构，以输出功率为主。这一级不但要提供大的输出电压，还要有大的输出电流，因而为功率放大器。

一、电路器件的半导体材料

1）导体：其电阻率 $\rho < 10^{-4}\Omega \cdot cm$，金属一般都是导体。

2）绝缘体：电阻率 $\rho > 10\Omega \cdot cm$，如橡胶、塑料等。

3）半导体：电阻率介于导体和半导体之间的材料称为半导体。目前常用的制造半导体器件的材料是硅、锗等。

4）本征半导体：纯净的具有晶体结构的半导体。

5）杂质半导体：通过扩散工艺，在本征半导体中掺入少量合适的杂质元素，便可得到杂质半导体。

6）空穴：晶体中的共价键具有很强的结合力，因此，在常温下，仅有极少数的价电子由于热运动（热激发）获得足够的能量，从而挣脱共价键的束缚变成为自由电子。与此同时，在共价键中留下一个空位置，称为空穴。

7）PN 结：采用不同的掺杂工艺，将 P 型半导体与 N 型半导体制作在同一块硅片上，在它们的交界面就形成了 PN 结。

二、模拟电路的几个基本概念

1）死区电压：使得二极管开始导通的临界电压。一般硅二极管的死区电压约为 0.5V，锗二极管的死区电压约为 0.1V。

2）失真：在实际放大器中，由于种种原因，输出信号不可能与输入信号的波形完全相同，这种现象叫作失真。

3）静态工作点：晶体管放大电路中，晶体管静态工作点就是交流输入信号为零时，电路处于直流工作状态，其电流、电压的数值可用晶体管特性曲线上一个确定的点表示，该点称为静态工作点。

4）电压放大倍数：输出电压与输入电压之比。

5）耦合：组成多级放大电路的每一个基本电路称为一级，级与级之间的连接称为级间耦合。

6）反馈：在电子电路中，将输出量（输出电压或输出电流）的一部分或者全部通过一定的电路形式作用到输入回路，用来影响其输入量（放大电路的输入电压或输入电流）的措施称为反馈。

7）差模信号：放大电路是一个双口网络，每个端口有两个端子，两个输入端子的两信号的差值称为差模信号。

8）共模信号：放大电路是一个双口网络，每个端口有两个端子，两个输入端子的两信号的算术平均值称为共模信号。

9）滤波电路：将脉动的直流电压变成平滑的直流电压的电路。

10）理想运算放大器：就是将集成运算放大器的各项技术指标理想化。

11）整流电路：将交流电压转换为直流电压的电路。

三、基本特性曲线

（1）二极管的伏安特性　伏安特性是指加在二极管两端的电压与流过二极管的电流之间的关系。

（2）晶体管的输入特性和输出特性曲线　晶体管有三个工作区域，即饱和区、放大区、截止区。在发射结、集电结正偏时，工作在饱和区；在发射结、集电结都反偏时，工作在截止区；在发射结正偏、集电结反偏时，工作在放大区。

四、基本电路

（1）三种基本放大电路　共基极放大电路，共集电极放大电路，共发射极放大电路。

（2）两级阻容耦合放大电路　将放大电路的前级输出端通过电容接到后级输入端，称为阻容耦合方式。两级阻容耦合放大电路，第一级为共发射极放大电路，第二级为共集电极放大电路。

（3）场效应管分压式自偏压电路　图3-1-7所示为 N 沟道增强型 MOS 管构成的共源放大电路，它靠 R_{g1} 与 R_{g2} 对电源 V_{DD} 分压来设置偏压，故称为分压式偏置电路。

（4）差分放大电路　由两个结构完全对称的共发射极电路组成，通过发射极公共电阻 R_{ee} 耦合构成。

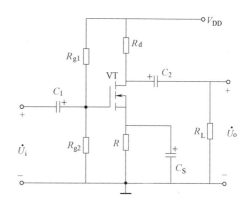

图 3-1-7　基本电路

（5）乙类双电源互补对称功率放大电路的特点：

1）由 NPN 型、PNP 型晶体管构成两个对称的射极输出器对接而成。

2）双电源供电。

3）输入输出端不加隔直电容。

（6）集成运算放大电路　集成电路是一种将"管"和"路"紧密结合的器件，它以半导体单晶硅为芯片，采用专门的制造工艺，把晶体管、场效应管、二极管、电阻和电容等元件及它们之间的连线所组成的完整电路制作在一起，使之具有特定的功能。集成放大电路最初多用于各种模拟信号的运算（如比例、求和、求差、积分、微分……）上，故被称之为集成运算放大器，简称集成运放。

（7）正弦波振荡电路　正弦波振荡电路是在没有外加输入信号的情况下，依靠电路自激振荡而产生正弦波输出电压的电路。

（8）整流电路　将交流电压转换为直流电压的电路。

第四节　数　字　电　路

数字电路是用数字信号完成对数字量进行算术运算和逻辑运算的电路。现代的数字电路由半导体工艺制成的若干数字集成器件构造而成。逻辑门是数字逻辑电路的基本单元；存储器是用来存储数据的数字电路。

（1）二进制　二进制数由 1 和 0 两个数字组成，它也可以用来表示两种状态，即开和关。

（2）二进制编码　是用预先规定的方法将文字、数字或其他对象编成二进制的数码，或将信息、数据转换成规定的二进制电脉冲信号。

（3）卡诺图　将逻辑上相邻的最小项，在几何上也相邻地排列起来，称为卡诺图。

（4）编码　信息从一种形式或格式转换为另一种形式的过程称为编码。实现编码功能的电路称为编码器。

（5）译码　译码是编码的逆过程，是将具有特定意义的信息译成相应二进制代码的过程。实线译码功能的电路称为译码器。

（6）时序逻辑电路　若逻辑电路在任何时刻产生的稳定信号，不仅与电路该时刻的输入信号有关，还与电路过去的输入信号有关，则称为时序逻辑电路。

（7）同步/异步时序逻辑电路　同步时序电路是指各触发器的时钟端全部连接在一起，并接系统时钟端；只有当时钟脉冲到来时，电路的状态才能改变；改变后的状态将一直保持到下一个时钟脉冲的到来，此时无论外部输入有无变化，状态表中的每个状态都是稳定的。异步时序电路是指电路中除使用带时钟的触发器外，还可以使用不带时钟的触发器和延迟元件作为存储元件；电路中没有统一的时钟，电路状态的改变由外部输入的变化直接引起。

（8）计数器　在数字系统中，计数器主要是对脉冲的个数进行计数，以实现测量、计数和控制的功能，同时兼有分频功能。

（9）寄存器　寄存器是有限存储容量的部件，用以存放数码、运算结果或者指令。

（10）A-D 转换器　即模-数转换器，简称 ADC，通常是指一个将模拟信号转变为数字信号的电子线路。

（11）D-A 转换器　即数-模转换器，是将数字量转换为模拟量的电子线路。

一、数制转换

二进制、十进制、十六进制之间的转换见表 3-1-1。

表 3-1-1　几种进制的对应关系

十进制数	二进制数	十六进制数
0	0000	0
1	0001	1
2	0010	2
3	0011	3
4	0100	4
5	0101	5
6	0110	6
7	0111	7
8	1000	8
9	1001	9
10	1010	A
11	1011	B
12	1100	C
13	1101	D
14	1110	E
15	1111	F

二、数字电子的基本定律、定理及概念

1. 基本逻辑运算

实现基本逻辑运算的数学工具称为布尔代数，又称逻辑代数。布尔代数的基本关系见表 3-1-2。

表 3-1-2　布尔代数的基本关系

名称	"与"运算（逻辑乘）			"或"运算（逻辑加）			"非"运算	
逻辑电路								
真值表	A	B	L	A	B	L	A	L
	0	0	0	0	0	0	0	1
	0	1	0	0	1	1	1	0
	1	0	0	1	0	1		
	1	1	1	1	1	1		

（续）

名称	"与"运算（逻辑乘）	"或"运算（逻辑加）	"非"运算
逻辑 表达式	$L=A \cdot B$	$L=A+B$	$L=\overline{A}$
逻辑常量	$0 \cdot 0=0$ $1 \cdot 0=0$ $0 \cdot 1=0$ $1 \cdot 1=1$	$0+0=0$ $1+0=1$ $0+1=1$ $1+1=1$	$\overline{1}=0$ $\overline{0}=1$

2. 布尔代数（逻辑代数）的基本定律

布尔代数的基本定律见表 3-1-3。

表 3-1-3　布尔代数的基本定律

名称	公式 1	公式 2
0-1 律	$A \cdot 1=A$ $A \cdot 0=0$	$A+1=1$ $A+0=A$
互补律	$A\overline{A}=0$	$A+\overline{A}=1$
重叠律	$AA=A$	$A+A=A$
交换律	$AB=BA$	$A+B=B+A$
结合律	$A(BC)=(AB)C$	$A+(B+C)=(A+B)+C$
分配律	$A(B+C)=AB+AC$	$A+BC=(A+B)(A+C)$
反演律	$\overline{AB}=\overline{A}+\overline{B}$	$\overline{A+B}=\overline{A}\,\overline{B}$
吸收律	$A(A+B)=A$ $A(\overline{A}+B)=AB$	$A+AB=A$ $A+\overline{A}B=A+B$
还原律		$\overline{\overline{A}}=A$

三、基本门电路

基本分立门电路见表 3-1-4。

表 3-1-4　基本分立门电路

门电路	分立门电路	关系式	基本符号	逻辑关系
与门		$F=AB$		有 0 得 0，全 1 得 1
或门		$F=A+B$		有 1 得 1，全 0 得 0

（续）

门电路	分立门电路	关系式	基本符号	逻辑关系
非门	$+V_{CC}(+5V)$　R_c　F　R_b　A　VT	$F=\overline{A}$	A — [1] — F	$\overline{1}=0;\overline{0}=1$

四、基本触发器

1. RS 触发器

（1）基本 RS 触发器　基本 RS 触发器见表 3-1-5。

表 3-1-5　基本 RS 触发器

	基本 RS 触发器	同步 RS 触发器
电路结构	Q　$\overline{Q}$　[&] [&]　R　S	S [&][&] Q　CP　R [&][&] $\overline{Q}$
符号图	$\overline{Q}$　Q　R　S	R $\overline{Q}$　$CP \triangleright C$　S Q
真值表	R S $Q^{(n+1)}$ 功能说明 0 0 1* 不确定 0 1 1 置1 1 0 0 置0 1 1 Q 不变	R S $Q^{(n+1)}$ 功能说明 0 0 Q 不变 0 1 1 置1 1 0 0 置0 1 1 d 不定
特征方程	$Q^{n+1}=S+\overline{R}Q^n$ $S\cdot R=0$（约束条件）	$Q^{n+1}=S+\overline{R}Q^n$ $S\cdot R=0$（约束条件）
逻辑功能	基本 RS 触发器是构成各种触发器的基本组成单元，可由交叉耦合的两个"与非"门组成。基本 RS 触发器有两个输入端 R、S 和两个输出端 Q、$\overline{Q}$，S 叫作置位端（或称置 1 端），R 叫作复位端（或称置 0 端）。通常，两个输出端的状态总是互补的，即 $Q=0$ 时，$\overline{Q}=1$；而 $Q=1$ 时，$\overline{Q}=0$。我们规定以触发器 Q 端的值作为触发器的状态，当 Q 为 1 时，称触发器处于 1 状态（或称置位状态）；当 Q 为 0 时，称触发器处于 0 状态（或称复位状态）。在同一时刻，触发器只能处于其中一种状态	基本 RS 触发器的翻转是直接由 R、S 端变化引起的，在实际应用中，往往要求触发器的翻转按一定时间节拍进行，也就是说，触发器只能在时钟信号到来时才能发生状态转换，而在其他时间，无论输入信号怎样变化，触发器都保持状态不变

（2）主从 RS 触发器　主从 RS 触发器是由两级时钟控制 RS 触发器串联而成，两级触发器的时钟信号相位相反。主触发器用来接收输入信号，从触发器用来接收主触发器的输出 Q_M 和 $\overline{Q}_M$。从触发器的输入就是主触发器的输出 Q 和 $\overline{Q}$。主触发器接收输入信号时，从触发器被封锁；从触发器接收主触发器信号时，主触发器被封锁，不能接收输入信号。这样，就保证了触发器在一个时钟周期内只能完成一次翻转过程。

主从 RS 触发器尽管有时钟脉冲的作用，但时钟脉冲仅仅是控制主触发器和从触发器的工作次序，而触发器状态的变化还是由输入电平变化引起的，因此，也属于电平方式的触发器。

2. JK 触发器

JK 触发器见表 3-1-6。

表 3-1-6　JK 触发器

	JK 触发器	主从 JK 触发器
电路结构		
符号图		
真值表	J　K　$Q^{(n+1)}$　功能说明 0　0　Q　不变 0　1　0　置0 1　0　1　置1 1　1　$\overline{Q}$　翻转	J　K　$Q^{(n+1)}$　功能说明 0　0　Q　不变 0　1　0　置0 1　0　1　置1 1　1　$\overline{Q}$　翻转
特征方程	$Q^{(n+1)} = J\overline{Q} + \overline{K}Q$	$Q^{(n+1)} = J\overline{Q} + \overline{K}Q$
逻辑功能	当时钟信号未到来时，无论触发器的 J、K 输入怎样变化，触发器的状态将保持不变。当时钟信号到来时，如果 $J=0$，$K=0$，则触发器保持原来状态不变；如果 $J=0$，$K=1$，无论触发器的现态如何，其次态总为 0；如果 $J=1$，$K=0$，无论触发器的现态如何，它的次态总是 1；如果 $J=1$，$K=1$，触发器必将发生状态转换	为了防止"空翻"，实际使用的 JK 触发器是主从集成 JK 触发器。主从 JK 触发器由上、下两个时钟控制 RS 触发器组成，分别称为从触发器和主触发器。主触发器的输出是从触发器的输入，而从触发器的输出又反馈到主触发器输入。主从两个触发器的时钟信号是反相的，当时钟信号到来时，主触发器接收输入信号，而从触发器被封锁，保持原状态不变；当时钟信号结束时，主触发器被封锁，不接收输入信号，而从触发器状态由主触发器状态确定。因此，克服了"空翻"现象

3．D 触发器、T 触发器

D 触发器、T 触发器见表 3-1-7。

表 3-1-7　D 触发器、T 触发器

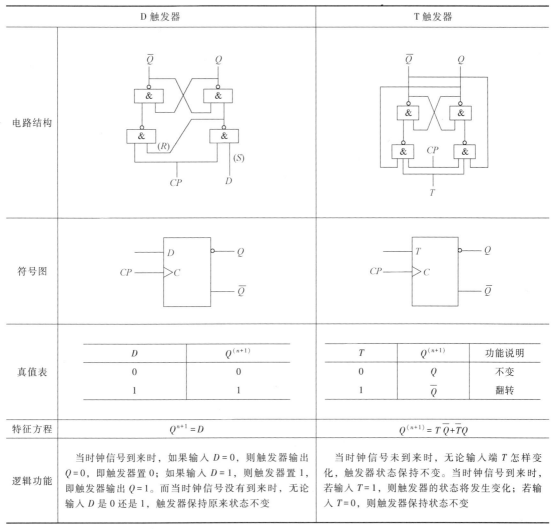

	D 触发器		T 触发器		
电路结构					
符号图					
真值表	D / $Q^{(n+1)}$ 0 / 0 1 / 1		T / $Q^{(n+1)}$ / 功能说明 0 / Q / 不变 1 / $\overline{Q}$ / 翻转		
特征方程	$Q^{n+1} = D$		$Q^{(n+1)} = T\overline{Q} + \overline{T}Q$		
逻辑功能	当时钟信号到来时，如果输入 $D=0$，则触发器输出 $Q=0$，即触发器置 0；如果输入 $D=1$，则触发器置 1，即触发器输出 $Q=1$。而当时钟信号没有到来时，无论输入 D 是 0 还是 1，触发器保持原来状态不变		当时钟信号未到来时，无论输入端 T 怎样变化，触发器状态保持不变。当时钟信号到来时，若输入 $T=1$，则触发器的状态将发生变化；若输入 $T=0$，则触发器保持状态不变		

五、时序逻辑电路

时序逻辑电路在逻辑功能上的特点是：任意时刻的输出不仅取决于当时的输入信号，而且还取决于电路原来的状态，或者说，还与以前的输入有关。

1．编码器

将二进制码按一定的规律编排，使每组代号具有特定含义的过程称为编码。编码器有若干个输入，在某一时刻只有一个输入信号转换成二进制码。下面介绍二进制优先编码器。

二进制优先编码器如图 3-1-8 所示。该电路有 8 条数据输入线 0~7 和 3 条输出线 A_0~A_2（其中 A_2 为最高位，A_0 为最低位）。优先编码的特点是：如有 2 条或 2 条以上的输入线为"0"时，它就"优先"按输入编号最大的"0"输入信号进行编码。例如，若编码器的 6 输入线和 2 输入线的输入均为"0"，其余输入线均为"1"，那么由于此时 6 输入线的编号大于2输入线的编号，故电路就优先按6输入进行编码。这里要指出的是：编码器的输出 A_0、A_1、A_2 是以反码形式而不是以原码形式进行编码的。例如，当按6输入线进行编码时，电路的输出 $A_0A_1A_2$ 是100，而不是011。此外，电路还设有"使能"输入 $\overline{E}_1$，当 $\overline{E}$ = "0" 时，允许电路编码；当 $\overline{E}_1$ = "1" 时，禁止电路编码。电路还设有"使能"输出 E_0 和优先编码输出端 G_S，只有当数据输入出现"0"时，E_0 为"1"，G_S 为"0"，表明编码器对输入数据在进行优先编码。

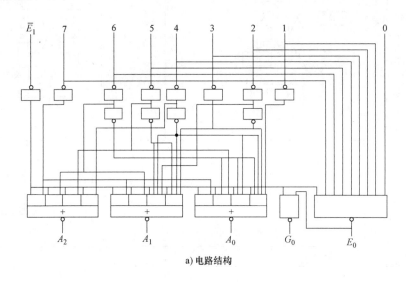

a）电路结构

输入									输出				
$\overline{E}_1$	0	1	2	3	4	5	6	7	A_0	A_1	A_2	G_S	E_0
1	×	×	×	×	×	×	×	×	1	1	1	1	1
0	1	1	1	1	1	1	1	1	1	1	1	1	0
0	×	×	×	×	×	×	×	0	0	0	0	0	1
0	×	×	×	×	×	×	0	1	1	0	0	0	1
0	×	×	×	×	×	0	1	1	0	1	0	0	1
0	×	×	×	×	0	1	1	1	1	1	0	0	1
0	×	×	×	0	1	1	1	1	0	0	1	0	1
0	×	×	0	1	1	1	1	1	1	0	1	0	1
0	×	0	1	1	1	1	1	1	0	1	1	0	1
0	0	1	1	1	1	1	1	1	1	1	1	0	1

b）真值表

图 3-1-8　二进制优先编码器

2. 译码器

译码是编码的逆过程，译码器的功能是对具有特定含义的输入代码进行"翻译"，将其转换成相应的输出信号。译码器的种类很多，常见的有二进制译码器、二-十进制译码器和数码显示译码器。

（1）二进制译码器　二进制译码器能将 n 个输入变量变换成 2^n 个输出函数，且输出函数与输入变量构成的最小项具有对应关系。

二进制译码器用以表示输入变量的状态，如2-4译码器、3-8译码器和4-16译码器。若

用 n 个输入变量，则有 2^n 个不同的组合状态，就应有 2^n 个输出端供其使用，每一个输出所代表的函数对应于 n 个输入变量的最小项。

下面以 3-8 译码器 74LS138 为例进行分析，图 3-1-9 所示为其逻辑图及引脚排列。

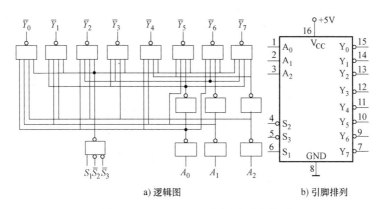

a) 逻辑图　　　　b) 引脚排列

图 3-1-9　74LS138 逻辑图及引脚排列

A_2、A_1、A_0 为地址输入信号，$\overline{Y}_0 \sim \overline{Y}_7$ 为译码输出信号，S_1、S_2、S_3 为使能信号。

当 $S_1 = $ "1"，$\overline{S}_2 + \overline{S}_3 = $ "0" 时，器件处于正常译码状态，地址码所指定的输出端有信号（为 "0"）输出，其他所有输出端均无信号（为 "1"）输出。当 $S_1 = $ "0"，$\overline{S}_2 + \overline{S}_3 = $ X 时，或 $S_1 = $ X，$\overline{S}_2 + \overline{S}_3 = $ "1" 时，译码器被禁止，所有输出同时为 "1"。表 3-1-8 为 74LS138 的功能表。

表 3-1-8　74LS138 的功能表

输　入					输　出							
S_1	$\overline{S}_2 + \overline{S}_3$	A_2	A_1	A_0	$\overline{Y}_0$	$\overline{Y}_1$	$\overline{Y}_2$	$\overline{Y}_3$	$\overline{Y}_4$	$\overline{Y}_5$	$\overline{Y}_6$	$\overline{Y}_7$
1	0	0	0	0	0	1	1	1	1	1	1	1
1	0	0	0	1	1	0	1	1	1	1	1	1
1	0	0	1	0	1	1	0	1	1	1	1	1
1	0	0	1	1	1	1	1	0	1	1	1	1
1	0	1	0	0	1	1	1	1	0	1	1	1
1	0	1	0	1	1	1	1	1	1	0	1	1
1	0	1	1	0	1	1	1	1	1	1	0	1
1	0	1	1	1	1	1	1	1	1	1	1	0
0	×	×	×	×	1	1	1	1	1	1	1	1
×	1	×	×	×	1	1	1	1	1	1	1	1

（2）数码显示译码器

1）七段发光二极管（LED）数码管。LED 数码管是目前最常用的数码显示器，图 3-1-10a、b 所示为共阴极数码管和共阳极数码管的电路，图 3-1-10c 所示为两种不同出线形式的引脚功能图。

一个 LED 数码管可用来显示一位 0~9 的十进制数和一个小数点。小型数码管（0.5in 和 0.36in）每段发光二极管的正向压降，随显示光（通常为红、绿、黄、橙色）的颜色不

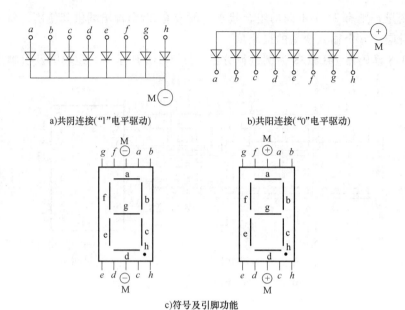

a)共阴连接("1"电平驱动)　　　　　　b)共阳连接("0"电平驱动)

c)符号及引脚功能

图 3-1-10　LED 数码管

同略有差别，通常约为 2~2.5V；每个发光二极管的点亮电流在 5~10mA。LED 数码管要显示 BCD 码所表示的十进制数字就需要有一个专门的译码器，该译码器不但要完成译码功能，还要有相当的驱动能力。

2）BCD 码七段译码驱动器。此类译码器型号有 74LS47（共阳）、74LS48（共阴）、CC4511（共阴）等。图 3-1-11 所示为 CC4511 的引脚排列。

引脚 A、B、C、D 为 BCD 码输入端。

引脚 a、b、c、d、e、f、g 为译码输出端，输出信号为"1"时有效，用来驱动共阴极 LED 数码管。

引脚 $\overline{\text{LT}}$ 为测试输入端，该引脚处信号 $\overline{\text{LT}}$ = "0" 时，译码输出全为"1"。

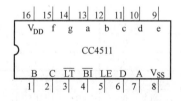

图 3-1-11　CC4511 引脚排列

引脚 $\overline{\text{BI}}$ 为消隐输入端，该引脚处信号 $\overline{\text{BI}}$ = "0" 时，译码输出全为"0"。

引脚 LE 为锁定端，该引脚处信号 LE = "1" 时译码器处于锁定（保持）状态，译码输出保持在 LE = "0" 时的数值；LE = "0" 时为正常译码。

表 3-1-9 为 CC4511 功能表。CC4511 内接有上拉电阻，故只需在输出端与数码管笔段之间串入限流电阻即可工作。译码器还有拒伪码功能，当输入码超过 1001 时，输入全为"0"，数码管熄灭。

表 3-1-9　CC4511 功能表

输　　入							输　　出							
LE	$\overline{\text{BI}}$	$\overline{\text{LT}}$	D	C	B	A	a	b	c	d	e	f	g	显示字形
×	×	0	×	×	×	×	1	1	1	1	1	1	1	8
×	0	1	×	×	×	×	0	0	0	0	0	0	0	消隐

（续）

输　入							输　出							显示字形
LE	$\overline{BI}$	$\overline{LT}$	D	C	B	A	a	b	c	d	e	f	g	
0	1	1	0	0	0	0	1	1	1	1	1	1	0	0
0	1	1	0	0	0	1	0	1	1	0	0	0	0	1
0	1	1	0	0	1	0	1	1	0	1	1	0	1	2
0	1	1	0	0	1	1	1	1	1	1	0	0	1	3
0	1	1	0	1	0	0	0	1	1	0	0	1	1	4
0	1	1	0	1	0	1	1	0	1	1	0	1	1	5
0	1	1	0	1	1	0	0	0	1	1	1	1	1	6
0	1	1	0	1	1	1	1	1	1	0	0	0	0	7
0	1	1	1	0	0	0	1	1	1	1	1	1	1	8
0	1	1	1	0	0	1	1	1	1	0	0	1	1	9
0	1	1	1	0	1	0	0	0	0	0	0	0	0	消隐
0	1	1	1	0	1	1	0	0	0	0	0	0	0	消隐
0	1	1	1	1	0	0	0	0	0	0	0	0	0	消隐
0	1	1	1	1	0	1	0	0	0	0	0	0	0	消隐
0	1	1	1	1	1	0	0	0	0	0	0	0	0	消隐
0	1	1	1	1	1	1	0	0	0	0	0	0	0	消隐
1	1	1	×	×	×	×	锁存							锁存

第二章

电动机与电器

【知识目标】

了解电动机及常用低压电器的基础知识，掌握常用电动机的起动及调速方法，能根据应用需要选择、使用常用低压电器。

【知识结构】

电动机与电器
- 电动机
  - 三相异步电动机（结构、工作原理、起动、调速、制动）
  - 单相异步电动机（原理、种类、运行）
- 低压电器
  - 分类
    - 按动作方式分
      - 手动电器：如刀开关、按钮开关等
      - 自动电器：如接触器、继电器等
    - 按用途分
      - 低压控制电器：如刀开关、低压断路器等
      - 低压保护电器：如熔断器、热继电器等
  - 作用
    - 控制作用
    - 调节作用
    - 保护作用
    - 指示作用
  - 结构
    - 电磁结构
    - 触头系统
    - 灭弧装置
    - 短路环
- 常用低压电器

第一节 电 动 机

电动机的功能是把电能转变为机械能，带动机械负载运动。电动机按电源的种类不同可分为交流电动机和直流电动机，交流电动机又分为异步电动机和同步电动机，异步电动机又分为单相异步电动机和三相异步电动机。

交流异步电动机广泛应用于工厂动力设备。下面分别以三相异步电动机和单相异步电动

机为例进行说明。

一、三相异步电动机

1. 三相异步电动机的结构

如图 3-2-1 所示，三相异步电动机主要由定子和转子两大部分组成。固定不动的部分称为定子，旋转部分称为转子。转子装在定子腔内，在定子和转子之间有一空气间隙，称为气隙。

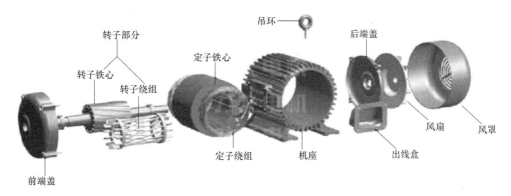

图 3-2-1　三相异步电动机的结构图

三相定子绕组根据需要可以采用星形（用丫表示）或三角形（用△表示）联结方式，如图 3-3-2 所示。

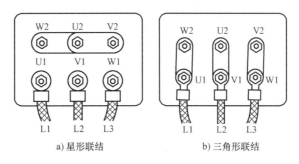

图 3-2-2　三相异步电动机定子绕组的联结

转子绕组有笼型和绕线型两种，因此也分为笼型异步电动机和绕线转子型异步电动机。笼型和绕线转子型结构的优缺点见表 3-2-1。

表 3-2-1　笼型和绕线转子型结构的优缺点

转子绕组区分	绕组结构	优缺点
笼型	铝条或铜条与短路环焊接（铸造）组成闭合回路	结构简单,起动电流大,起动转矩较低
绕线转子型	铜线线圈通过滑环引出至控制端	结构复杂,起动电流小,起动转矩较大,并且可以串接电阻改善电动机的起动和调速性能

2. 三相异步电动机的工作原理（以笼型为例）

异步电动机的工作原理是：当电动机的三相定子绕组通入三相对称交流电（各相差

120°电角度）后，将产生一个旋转磁场，该旋转磁场切割转子绕组，从而在转子绕组中产生感应电流，载流的转子导体在定子旋转磁场的作用下将产生电磁力，从而在转轴上形成电磁转矩，驱动电动机旋转。电动机的旋转方向与旋转磁场的旋转方向相同，故异步电动机又称感应电动机。

（1）旋转磁场　定子的三相对称绕组通入三相对称交流电时而产生的随时间变化的合成磁场。

（2）同步转速

$$n_1 = \frac{f_1}{p}（单位为 \ r/s）= \frac{60f_1}{p}（单位为 \ r/min）$$

其中，f_1 是电源频率；p 是旋转磁场的磁极对数。旋转磁场的方向由供电电源的相序决定，当电源的任意两相相序对调时，可以改变旋转磁场的转向。

（3）异步的概念　电动机的转速 n 与旋转磁场的转速 n_1 不相等，就称为异步。异步电动机的转速 n 恒小于旋转磁场的转速 n_1，这是异步电动机旋转的必要条件。

（4）转差率　旋转磁场与电动机的转速差（n_1-n）与旋转磁场转速 n_1 的比称为转差率，用 s 表示为

$$s = \frac{n_1-n}{n_1} \times 100\%$$

为了提高普通三相异步电动机的额定运行效率，其额定转差率 s_N 通常设计为 1.5%~5%。

（5）额定功率与额定转矩　三相异步电动机额定功率为

$$P_N = \sqrt{3} \ U_N I_N \cos\varphi_N \eta_N$$

其中，U_N、I_N、$\cos\varphi_N$、η_N 分别为额定状态下定子线电压、线电流、功率因数和效率因子。

三相异步电动机的额定转矩为 $T_N = 9.55 P_N/n_N$

其中 P_N、n_N 分别是额定功率和额定转速，P_N 的单位为 W，n_N 的单位为 r/min。

3. 三相异步电动机的铭牌参数

三相异步电动机的铭牌参数见表 3-2-2。

表 3-2-2　三相异步电动机的铭牌参数

铭牌参数	特征符号	含　义
型号		为了便于各部门业务联系和简化技术文件，对产品种类、规格、用途的叙述等而引用的一种代号，由汉语拼音字母、国际通用符号和阿拉伯数字 3 部分组成。如 Y-112M-2 中 Y 是产品代号，表示 Y 系列的三相异步电动机；112M-2 是规格代号，112 表示电动机中心高度是 112mm，M 表示中机座（短机座用 S 表示，长机座用 L 表示），2 表示 2 极
额定功率	P_N	电动机在额定状态下运行时，其轴上所能输出的机械功率。额定功率与其他额定数据之间有如下关系：$$P_N = \sqrt{3} \ U_N I_N \cos\varphi_N \eta_N$$
额定速度	n_N	在额定状态下运行时电动机的转速
额定频率	f_N	电动机在额定运行状态下，定子绕组所接电源的频率。我国规定的额定频率为 50Hz
额定电压	U_N	额定电压是电动机在额定运行状态下，电动机定子绕组上应加的线电压值。Y 系列电动机的额定电压都是 380V。凡功率小于 3kW 的电动机，其定子绕组均为星形联结，4kW 以上都是三角形联结

（续）

铭牌参数	特征符号	含 义
额定电流	I_N	电动机加以额定电压，在其轴上输出额定功率时，定子从电源取用的线电流值
防护等级	IP	IP 防护等级由两个数字所组成，第 1 个数字表示电动机防尘、防止外物侵入的等级，第 2 个数字表示电动机防湿气、防水侵入的密闭程度。数字越大表示其防护等级越高
绝缘等级		是指电动机所用绝缘材料的耐热等级，分 A、E、B、F、H 级等，其耐热温度分别为 105℃、120℃、130℃、155℃、180℃等。不同的绝缘材料，其允许的最高工作温度不同，如 B 级绝缘说明的是该电动机采用的绝缘耐热最高温度为 130℃
工作制		指电动机的运行方式。一般分为"连续"（代号为 S1）、"短时"（代号为 S2）、"断续"（代号为 S3）
接法	Ｙ或△	表示电动机在额定电压下，定子绕组的联结方式（星形联结和三角形联结）。当电压不变时，如将星形联结接为三角形联结，线圈的电压为原线圈的 $\sqrt{3}$，这样电动机线圈的电流过大而发热。如果把三角形联结的电动机改为星形联结，电动机线圈的电压为原线圈的 $1/\sqrt{3}$，电动机的输出功率就会降低

关于三相异步电动机的工作特性、机械特性等方面的知识请另行参阅相关资料。

4. 三相异步电动机的起动

三相异步电动的起动方法见表 3-2-3。

表 3-2-3　三相异步电动机的起动方法

起动方式	说 明
直接起动	又称全压起动，起动时电流数倍于额定运行电流，仅适用于小容量电动机
减压起动	一般有定子绕组串接电阻或电感，自耦变压器减压和星-三角降压起动 3 种降低定子绕组端电压和限制起动电流的方式 ※星-三角起动仅适用于定子绕组为三角形联结的电动机
软起动	在电源和电动机之间接入晶闸管控制回路实现定子绕组端电压可调节的起动方式
变频器起动	软起动的高级模式，具有更丰富的调压、调速和各种保护功能

5. 三相异步电动机的调速

三相异步电动机的调速方法见表 3-2-4。

表 3-2-4　三相异步电动机的调速方法

调速方法	说 明
变频调速	通过改变电动机定子电源的频率，从而改变其同步转速的调速方法。提供变频电源的设备是变频器。本方法适用于要求精度高、调速性能较好的场合
变极调速	通过改变定子绕组的接线方式来改变定子的磁极对数达到调速的目的。本方法适用于不需要无级调速、且速度等级不多的生产机械，如金属切削机床、升降机、风机等
定子调压调速	改变电动机的定子电压时，可以得到一组不同的机械特性曲线，从而获得不同转速。由于电动机的转矩与电压平方成正比，因此最大转矩下降很多，其调速范围较小。调压调速的主要装置是一个能提供电压变化的电源，目前常用的调压方式有串联饱和电抗器、自耦变压器以及晶闸管调压等几种。晶闸管调压方式为最佳。调压调速一般适用于 100kW 以下的生产机械
电磁调速电动机（滑差电动机）调速	电磁调速电动机由笼型电动机、电磁转差离合器和直流励磁电源（控制器）3 部分组成。本方法的优点是调速范围宽、无级调速、起动转矩大、控制功率小、有速度反馈等，因此广泛应用于印刷机、骑马订书机、无线装订等；其缺点是空载或轻载时，由于反馈不足而容易造成失控现象，效率也比较低
液力耦合器调速	液力耦合器是一种液力传动装置，一般由泵轮和涡轮组成，放在密封壳体中，壳中充入一定量的工作液体，当泵轮在原动机带动下旋转时，处于其中的液体受叶片推动而旋转，使其带动生产机械运转。液力耦合器的动力转输能力与壳内相对充液量的大小有关。在工作过程中，改变相对充液量就可以改变耦合器的涡轮转速，做到无级调速。本方法适用于风机，水泵的调速

6. 三相异步电动机的制动

三相异步电动机的制动方法见表3-2-5。

表3-2-5 三相异步电动机的制动方法

制动方法	说　明
机械制动	由弹簧产生制动力,只要励磁线圈通电制动立即释放(断电制动型),适用于金属切削机床和起重机。缺点是闸皮容易磨损,维护工作量大,而且浪费电能
反接制动	制动时,将定子绕组的任意两相对调连接,就会产生相反方向的旋转磁场,从而产生一个制动力。需要注意的是在转速接近零时要及时切断电源,否则电动机反向起动旋转。适用于铣、镗等中型机床的主轴制动中。制动迅速,但冲击强烈易损害传动零件,不宜经常制动
能耗制动（直流制动）	制动时,将直流低压电源接入定子绕组,使定子中产生一个固定的磁场,转子靠惯性转动时切割此磁场而产生一感应电流,从而产生制动转矩,适用于金属切削机床和升降机。此法能量损耗小,低速时制动效果差
回馈制动（再生发电制动）	变频器供电的异步电动机当给定频率降低时或位能负载下放倒拉时,异步电动机的转速超过旋转磁场的转速,因此转子中的感应电势反向,电流反向,电磁转矩反向起制动作用,使电动机减速。此时的异步电动机相当于一台异步发电机,将旋转系统存储的动能或重物下放的位能转换成电能,因此必须处理好这部分电能

二、单相异步电动机

单相异步电动机一般是指用单相交流电源（AC220V）供电的小功率电动机。它的功率设计的都是比较小,一般均不会大于2kW。这种电动机通常在定子上有两相绕组,转子是普通笼型的。两相绕组在定子上的分布以及供电情况的不同,可以产生不同的起动特性和运行特性。

1. 单相异步电动机的结构及工作原理

典型的单相电动机结构如图3-2-3所示。一般单相异步电动机的转子都采用笼型转子,定子都有一套工作绕组,称为主绕组（也称工作绕组）,它在电动机的气隙中只能产生正、负交变的脉振磁场,不能产生旋转磁场,因此,也就不能产生起动转矩。为了使电动机气隙中能产生旋转磁场,还需要有辅助绕组,称为副绕组（也称起动绕组）。主绕组与副绕组在空间上相差90°,副绕组要串接一个合适的电容。这样当两个绕组通入两个在时间上相差90°的电流（分相电流）时就会在电动机气隙中产生旋转磁场,单相电动机就可以产生起动转矩（原理同三相异步电动机）。

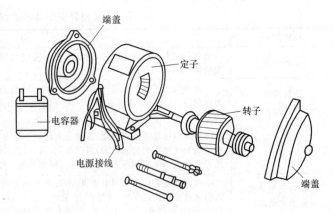

图3-2-3 单相异步电动机的结构

产生分相电流的方法有：电容分相法、电阻分相法以及罩极法。

2. 单相异步电动机的种类

根据电动机起动和运行方式的不同,通常将单相异步电动机分为5种,各自特点见

表3-2-6。

表 3-2-6　各种单相异步电动机对照表

名称	代号	说　明	原　理　图
电阻起动单相异步电动机	YU	起动绕组串联外加电阻，经过离心开关与主绕组并联，并一起接至电源。这样主绕组电阻小、电抗大，起动绕组电阻大、电抗小，达到分相目的。在电动机起动达到同步转速的75%~80%时，离心开关打开，起动绕组被切除，成为一台单相电动机	
电容起动单相异步电动机	YC	起动绕组串联外接电容，经离心开关与主绕组并联，并一起接至电源。同样在电动机转速达到同步转速的75%~80%时，由离心开关切除起动绕组。这种电动机的功率为120~750W	
电容运转单相异步电动机	YY	有较好的运转性能，但是起动性能比较差，即起动转矩较低，而且电动机的容量越大，起动转矩与额定转矩的比值越小。电动机功率一般都小于180W	
双值电容单相异步电动机	YL	在起动绕组中接入两个电容，其中一个电容通过离心开关，在起动结束之后就切断电源；另一个则始终参与起动绕组的工作。这两个电容器中，起动电容器的容量大，而运转电容的容量小。具有比较好的起动性能和运转性能，对相同的机座号，功率可以提高1~2个容量等级，功率可以达到1.5~2.2kW	
罩极式单相异步电动机	YJ	一般采用凸极定子，主绕组是一个集中绕组，而副相绕组是一个单匝的短路环，称为罩级线圈。这种电动机的性能较差，优点是结构牢固、价格便宜，输出功率一般不超过20W	

3. 单相异步电动机的运行

（1）单相异步电动机的换向　通常带正、反转开关的电动机的起动绕组与主绕组的电阻值是一样的，就是说电动机的起动绕组与主绕组是线径与线圈数完全一致的。一般洗衣机上用这种电动机。这种正反转控制方法简单，不用复杂的转换开关。

（2）单相异步电动机的调速

1）串电抗器调速：如图 3-2-4a 所示，将电抗器与电动机定子绕组串联，利用电抗器上产生的压降使加到电动机定子绕组上的电压低于电源电压，从而达到降低电动机转速的目的。此种调速方法只能是由电动机的额定转速往低调，多用在吊扇及台扇上。

2）电动机绕组内部抽头调速：如图 3-2-4b 所示，通过调速开关改变中间绕组与起动绕组及工作绕组的接线方法，从而达到改变电动机内部气隙磁场的大小，达到调节电动机转速的目的。有 L 型和 T 型两种接法。

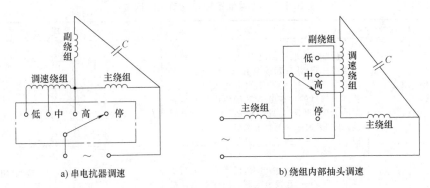

a) 串电抗器调速　　　　　　　b) 绕组内部抽头调速

图 3-2-4　单相异步电动机的调速原理图

3）交流晶闸管调速：实际上就是定子绕组的调压调速，利用改变晶闸管的导通角，来实现调节加在单相电动机上的交流电压的大小，从而达到调速的目的。此方法可以实现无级调速，缺点是有一些电磁干扰。常用于电风扇的调速上。

4）变频器调速：调速原理同三相异步电动机。

第二节　低压电器

一、低压电器基础知识

用于交流 1000V、直流 1500V 及以下电路中的电器元件或装置，称为低压电器。机电设备控制线路中使用的电器多数属于低压电器。

1. 低压电器的分类

低压电器种类繁多，按其结构、用途及所控制对象的不同，可以有不同的分类方式。

（1）按动作方式分类

手动电器：依靠外力直接操作来进行切换的电器，如刀开关、按钮开关等。

自动电器：依靠指令或物理量变化而自动动作的电器，如接触器、继电器等。

（2）按用途分类

低压控制电器：主要在低压配电系统及动力设备中起控制作用，如刀开关、低压断路器等。

低压保护电器：主要在低压配电系统及动力设备中起保护作用，如熔断器、热继电器等。

常用低压电器有：刀开关、刀形转换开关、熔断器、低压断路器、接触器、继电器、主令电器和自动开关等。

2. 低压电器的作用

低压电器能够依据操作信号或外界现场信号的要求，自动或手动地改变电路的状态、参数，实现对电路或被控对象的控制、保护、测量、指示、调节。

控制作用：如电梯的上下移动、快慢速自动切换与自动停层等。

调节作用：低压电器可对一些电量和非电量进行调整，以满足用户的要求，如柴油机油门的调整、房间温湿度的调节、照度的自动调节等。

保护作用：能根据设备的特点，对设备、环境、以及人身实行自动保护，如电动机的过热保护、电网的短路保护、漏电保护等。

指示作用：利用低压电器的控制、保护等功能，检测出设备运行状况与电气电路工作情况，如绝缘监测等。

3. 低压电器的结构

电磁式低压电器由两部分组成，即电磁机构和触头系统。

（1）电磁机构 电磁机构是电器的感测部分，主要作用是将电磁能量转换成机械能量，带动触头动作，从而完成接通或分断电路的功能。

电磁机构由吸引线圈、铁心和衔铁 3 个基本部分组成。常用的电磁机构如图 3-2-5 所示，可分为 3 种形式。

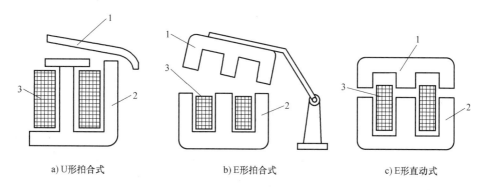

a)U形拍合式　　　　　b)E形拍合式　　　　　c)E形直动式

图 3-2-5　常用电磁机构

1—衔铁　2—铁心　3—吸引线圈

（2）触头系统 触头系统是电器的执行部分，起接通和分断电路的作用。

触头主要有 3 种结构形式：点接触式触头、面接触式触头和指形触头，如图 3-2-6 所示。

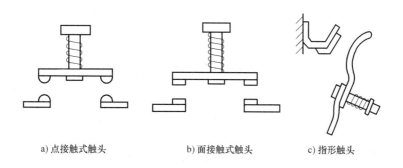

a) 点接触式触头　　　　b) 面接触式触头　　　　c) 指形触头

图 3-2-6　触头的结构形式

（3）灭弧装置 一般分断电流大于 40A 的低压电器，包括接触器、空气开关、刀开关等，都有灭弧装置；中间继电器的工作电流小于 5A，没有造成弧光短路的可能性，所以这种小电流电器没有灭弧装置。

低压电器的灭弧方式主要有机械灭弧、磁吹灭弧、窄缝灭弧和栅片灭弧。

（4）短路环　短路环是交流接触器的特有结构，其作用是减小衔铁吸合时产生的振动和噪声。

二、常用低压电器

常用低压电器及其说明见表3-2-7（也可参见附录C）。

表 3-2-7　常用低压电器及其说明

类别	图形符号	结构及工作原理	主要用途	主要技术指标
接触器 KM	KM	电磁机构、触头系统、灭弧系统。线圈加额定电压，衔铁吸合，常闭触头断开、常开触头闭合；电压消失，触头回复常态。主触头通断电流较大的主电路，辅助触头通断电流较小的控制电路	远距离频繁地接通和分断交、直流主回路和大容量控制电路。主要控制对象是电动机，并具有欠压保护作用	额定电压、额定电流、吸引线圈额定电压、额定通断能力、额定操作频率等
中间继电器 KA	KA	结构和工作原理与接触器大致相同，一般没有灭弧装置，可在电量和非电量的作用下动作，有调节装置，没有主触头，辅助触头数目多	用于继电保护与自动控制系统中，起增加触点数量和中间放大作用	动作电压、返回电压、动作时间、返回时间及触点容量等
热继电器 FR	FR	常用双金属片式，双金属片（热元件）接入电动机主电路，若长时间过载，双金属片受热弯曲去推动杠杆使触头动作	电动机的过载保护，通常与熔断器配合使用	热继电器额定电流、热元件额定电流、热继电器整定电流及其调节范围等
时间继电器 KT	通电延时 KT / 断电延时 KT	有电磁式、电动式、空气阻尼式、晶体管式和数字式等。结构和工作原理各不相同，但触头系统的动作原理是一样的。通电延时时间继电器是线圈得电时触头系统延时翻转，断电时瞬时复位；断电延时时间继电器是线圈得电时瞬时触头系统瞬时翻转，断电时延时复位	从输入信号开始，延迟一定时间输出信号。广泛应用于自动控制系统，可以精确地把握时间的分寸。有通电延时型和断电延时型	额定工作电压、额定发热电流、吸引线圈电压、延时范围等
速度继电器 KS	n-KS n-KS	定子、转子和触头。工作原理与异步电动机类似	根据速度的大小通断电路。主要应用于三相异步电动机的反接制动电路中	动作速度、复位速度
低压断路器（空气开关）QF	QF / QF	塑料外壳、操作机构、触头系统、灭弧装置、脱扣机构及传动机构等。工作时其主触头串接于主电路中，当系统出现短路、过载、欠压或失压时，相应的脱扣器动作，带动脱扣机构脱扣，主触头断开电路，起到保护作用	不频繁通断电路，并能在电路短路、过载和失压时自动分断电路，起到保护作用。有的低压断路器同时有漏电保护功能，这种断路器又称漏电保护开关，图形符号会稍有区别	额定电压、额定电流及额定短路分断能力等

（续）

类别	图形符号	结构及工作原理	主要用途	主要技术指标
熔断器 （FU）	FU	又称保险丝,主要由熔芯和熔管（座）构成,熔芯内有熔体和填料。工作时,熔体串接于被保护电路中,当电路的电流超过规定值,由熔体自身产生的热量熔断熔体,断开电路,起到保护作用	以金属导体作为熔体而分断电路的电器,主要起到短路保护作用	额定电压、额定电流、保护特性曲线、极限分断能力和限流系数等
按钮开关 （SB）	E-SB E- E-SB	常闭触头（动断触头）、常开触头（动合触头）。施加外力时触头系统翻转;外力去除后,触头系统复位	手动接通或断开辅助电路	额定电压、额定电流、结构形式及触头对数等
位置开关 （行程开关） SQ	SQ SQ	又称行程开关,主要由摆杆、触头系统和外壳等构成。其原理就是运动部件撞击产生动作,实现触头系统的翻转	自动往复控制或限位保护等	额定电压、额定电流、结构形式及触头对数、工作行程、超行程等

第三章

3

工厂供电

【知识目标】

了解电力的生产和输送过程，电力系统的中性点运行方式，掌握低压配电系统的三种接地形式和电压等级的划分。

【知识结构】

$$
\text{工厂供电}
\begin{cases}
\text{工厂供电基础}
\begin{cases}
\text{电力的生产和输送过程} \\
\text{电力系统的中性点运行方式} \\
\text{低压配电系统的三种接地形式} \\
\text{电压等级}
\end{cases} \\
\text{主要电气设备}
\begin{cases}
\text{变压器和互感器} \\
\text{开关电器} \\
\text{熔断器和避雷器}
\end{cases}
\end{cases}
$$

第一节　工厂供电基础

电能是一种清洁的二次能源。由于电能不仅便于输送和分配，易于转换为其他的能源，而且便于控制、管理和调度，易于实现自动化，因此电能已广泛应用于国民经济、社会生产和人民生活的各个方面。绝大多数电能都由电力系统中发电厂提供，电力工业已成为我国实现现代化的基础。

一、电力的生产和输送过程

图 3-3-1 是电能的产生与传输过程的示意图，由发电厂、变电所、电力线路和电能用户组成。

由发电厂、变电所、电力线路和电能用户组成的一个整体叫作电力系统。

发电厂是将自然界蕴藏的各类天然能源（一次能源）转化为电能（二次能源）的工厂。根据一次能源的不同，有火力发电厂、水力发电厂和核能发电厂，此外，还有风力发电厂、地热发电厂和潮汐发电厂等。

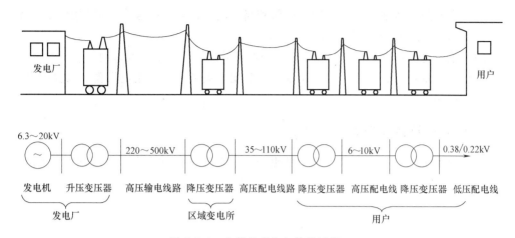

图 3-3-1 电能的产生与传输过程

变电所的功能是接收电能、变换电压和分配电能。

电力线路将发电厂、变电所和电能用户连接起来，完成输送电能和分配电能的任务。

所有消耗电能的用电设备或用电单位称为电能用户。

图 3-3-2 是电力系统示意图。各发电厂发出的电能输送给国家电网，由国家电网统一调配，电能用户用电时需要向国家电网申请。

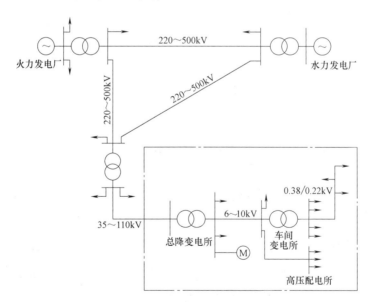

图 3-3-2 电力系统示意图

总降变电所是企业电能供应的枢纽。它将 35～110kV 的外部供电电源电压降为 6～10kV 高压配电电压，供给高压配电所、车间变电所和高压用电设备。

高压配电所集中接受 6～10kV 电压，再分配到附近各车间变电所和高压用电设备。一般负荷分散、厂区大的大型企业设置高压配电所。

配电线路分为 6~10kV 厂内高压配电线路和 380/220V 厂内低压配电线路。高压配电线路将总降变电所与高压配电所、车间变电所和高压用电设备连接起来。低压配电线路将车间变电所的 380/220V 电压送各低压用电设备。

车间变电所将 6~10kV 电压降为 380/220V 电压，供低压用电设备用。

用电设备按用途可分为动力用电设备、工艺用电设备、电热用电设备、试验用电设备和照明用电设备等。

二、电力系统的中性点运行方式

我国电力系统中电源（包括发电机和电力变压器）的中性点有下列三种运行方式：

1）中性点不接地的运行方式，如图 3-3-3 所示。

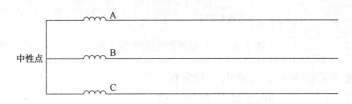

图 3-3-3　中性点不接地

2）中性点经阻抗（通常是经消弧线圈）接地的运行方式，如图 3-3-4 所示。

3）中性点直接接地或经低电阻接地的运行方式，如图 3-3-5 所示。

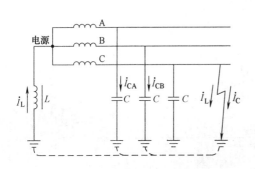

图 3-3-4　中性点经消弧线圈接地

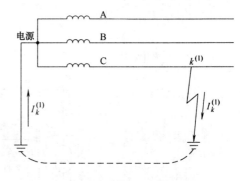

图 3-3-5　中性点直接接地

三、低压供电方式

按保护接地形式，低压系统常用的供电方式有 TN 系统、TT 系统和 IT 系统，我国应用较多的低压供电方式是采用 TN 系统，它分 TN-C，TN-S，TN-C-S 3 种，如图 3-3-6 所示。

1. TN 系统

TN 系统的电源中性点直接接地，并引出有中性线（N 线）、保护线（PE 线）或保护中性线（PEN 线），属于三相四线制系统。

如果系统中的 N 线与 PE 线全部合为 PEN 线，则此系统称为 TN-C 系统，如图 3-3-6a 所示。

如果系统中的 N 线与 PE 线全部分开，则此系统称为 TN-S 系统，如图 3-3-6b 所示。

如果系统中前一部分 N 线与 PE 线合为 PEN 线，而后一部分 N 线与 PE 线全部或部分地分开，则此系统称为 TN-C-S 系统，如图 3-3-6c 所示。

TN 系统中，设备外露可导电部分经低压配电系统中公共的 PE 线（在 TN-S 系统中）或 PEN 线（在 TN-C 系统中）接地，这种接地形式我国习惯称为"保护接零"。

TN 系统中的设备发生单相碰壳漏电故障时，就形成单相短路回路，因该回路内不包含任何接地电阻，整个回路的阻抗就很小，故障电流很大，足以保证在最短的时间内使熔丝熔断、保护装置或自动开关跳闸，从而切除故障设备的电源，保障了人身安全。

2．TT 系统

TT 系统的电源中性点直接接地，并引出有 N 线，属三相四线制系统。设备的外露可导电部分均经与系统接地点无关的各自的接地装置单独接地，如图 3-3-7a 所示。

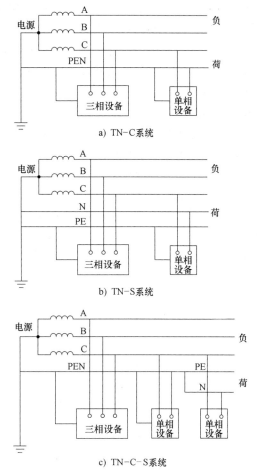

a) TN-C 系统

b) TN-S 系统

c) TN-C-S 系统

图 3-3-6　低压供电方式

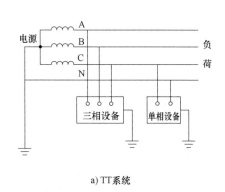

a) TT 系统

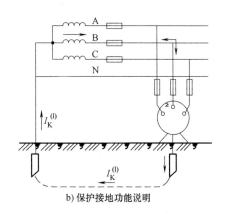

b) 保护接地功能说明

图 3-3-7　TT 系统及保护接地功能说明

当设备发生一相接地故障时，就通过保护接地装置形成单相短路电流（图 3-3-7b），由于电源相电压为 220V，如按电源中性点工作接地电阻为 4Ω、保护接地电阻为 4Ω 计算，则故障回路将产生 27.5A 的电流。这么大的故障电流，对于容量较小的电气设备所选用的熔丝会熔断或使自动开关跳闸，从而切断电源，可以保障人身安全。但是，对于容量较大的电气设备，因所选用的熔丝或自动开关的额定电流较大，所以不能保证切断电源，也就无法保障人身安全了，这是保护接地方式的局限性，但可通过加装漏电保护开关来弥补，以完善保护接地的功能。

3. IT 系统

IT 系统的电源中性点不接地或经 1kΩ 阻抗接地，通常不引出 N 线，属于三相三线制系统，设备的外露可导电部分均经各自的接地装置单独接地，如图 3-3-8a 所示。

当设备发生一相接地故障时，就通过接地装置、大地、两非故障相对地电容以及电源中性点接地装置（如采取中性点经阻抗接地时）形成单相接地故障电流（图 3-3-8b），这时人体若触及漏电设备外壳，因人体电阻 R_{man} 与接地电阻 R_E 并联，且 R_{man} 远大于 R_E（人体电阻比接地电阻大 200 倍以上），由于分流作用，通过人体的故障电流将远小于流经 R_E 的故障电流，极大地减小了触电的危害程度。

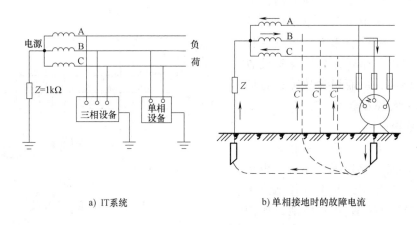

a) IT系统   b) 单相接地时的故障电流

图 3-3-8　IT 系统及单相接地时故障电流

必须指出，在同一低压配电系统中，保护接地与保护接零不能混用。否则当采取保护接地的设备发生单相接地故障时，危险电压将通过大地串至零线以及采用保护接零的设备外壳上。

四、电压等级

线路的额定电压是由国家规定的，交流 1000V 以上是高压，交流 1000V 以下是低压，50V 以下是安全电压。

国家标准规定的三相交流电网和电力设备的额定电压见表 3-3-1。

表 3-3-1　国家标准规定的三相交流电网和电力设备的额定电压

分类	电网和用电设备额定电压/kV	发电机额定电压/kV	电力变压器额定电压/kV	
			一次绕组	二次绕组
低压	0.38	0.40	0.38	0.40
	0.66	0.69	0.66	0.69

（续）

分类	电网和用电设备 额定电压/kV	发电机额定电压/kV	电力变压器额定电压/kV	
			一次绕组	二次绕组
高压	3	3.15	3,3.15	3.15,3.3
	6	6.3	6,6.3	6.3,6.6
	10	10.5	10,10.5	10.5,11
	—	13.85,15.75,18, 20,22,24,26	13.85,1.75,18, 20,22,24,26	—
	—			—
	35	—	35	38.5
	66	—	66	72.5
	110	—	110	121
	220	—	220	242
	330	—	330	362
	500	—	500	550
	750	—	750	825（800）

第二节　主要电气设备

一次电路：供配电系统中担负输送和分配电力任务的电路，也称主电路。

二次电路：供配电系统中用来控制、指示监测和保护一次电路及其中设备运行的电路，通称二次电路。

一次设备：一次电路中的所有电气设备称为一次设备。

二次设备：二次电路中的所有电气设备称为二次设备。

一次设备分类：

1）变换设备：指按系统工作要求来改变电压或电流的设备。

2）控制设备：指按系统工作要求来控制一次电路通断的设备。

3）保护设备：指对系统进行过电压或过电流保护的设备。

4）无功补偿设备：补偿系统中无功功率，提高功率因素的设备。

5）成套配电装置：按线路方案要求，将有关一、二次设备组合在一体的电气装置。

一、变压器和互感器

1. 变压器

电力变压器是变电站中最关键的一次设备，其主要功能是将电力系统的电压升高或降低，以利于电能的合理输送、分配和使用。常用变压器的分类见表3-3-2。

表3-3-2　常用变压器的分类

分类方式	类　型
按相数	单相变压器和三相变压器
按调压方式	无载调压和有载调压
按绕组材料	铜和铝
按绕组形式	双绕组、三绕组和自耦变压器
按绕组绝缘和冷却方式	油浸式（包括油浸自冷式、油浸风冷式和强迫油循环冷却式）、干式和充气式
按用途	普通电力变压器、全封闭变压器和防雷变压器等

变压器在运行过程中，本身会有损耗。变压器的损耗包括空载损耗和负载损耗。

1）空载损耗：指变压器空载时的铁心损耗。它是变压器磁路中磁滞损耗与涡流损耗之和，在额定电压下与负载变化无关。

2）负载损耗：指变压器带上负载后其电流与绕组电阻所产生的损耗。它随负载的增加而加大。

一般来说，在变压器通电以后，空载损耗是一个稳定的数值，而负载损耗则与变压器所带的负载有关，且与负载容量成正比关系。

目前，国家已经将 S8 型（设计序列号）以前的变压器列入了淘汰目录，因其能耗太高。在电力设计过程中，要考虑变压器本身的能耗，尽量采用高效能的变压器。

2. 电流互感器

（1）电流互感器的功用

1）用来使仪表、继电器等二次设备与主电路绝缘。这既可防止主电路的高电压直接引入仪表、继电器等二次设备，又可防止仪表、继电器等二次设备的故障影响主电路，从而提高整个一、二次电路运行的安全性和可靠性，并有利于保障人身安全。

2）用来扩大仪表、继电器等二次设备应用的电流范围。例如用一只 5A 的电流表，通过不同变比的电流互感器就可测量任意大的电流。

（2）电流互感器使用注意事项

1）电流互感器工作时二次侧不得开路。

2）电流互感器的二次侧必须有一端接地。

3）电流互感器连接时必须注意其端子极性。

3. 电压互感器

（1）电压互感器的功用

1）用来使仪表、继电器等二次设备与主电路绝缘。

2）用来扩大仪表、继电器等二次设备应用的电压范围。例如用一只 100V 的电压表，通过不同变比的电压互感器就可测量任意高的电压，这也有利于电压表、继电器等二次设备的规格统一和批量生产。

（2）电压互感器使用注意事项

1）电压互感器工作时二次侧不得短路。

2）电压互感器的二次侧必须有一端接地。

3）电压互感器在连接时也必须注意其极性。

二、开关电器

（1）高压隔离开关

功能：隔离高压电源，以保证其他设备和线路的电气检修。

结构特点：

1）断开后有明显可见的断开间隙。

2）没有灭弧装置，不允许带负荷操作。

3）分户内型和户外型。

（2）高压负荷开关

功能：能通断一定的负荷电流和过负荷电流，但不能断开短路电流。

结构特点：

1）断开后有明显可见的断开间隙。

2）有简单的灭弧装置。

3）必须和高压熔断器串联使用。

4）分户内、户外型。

5）有压气式灭弧室。

（3）高压断路器

功能：能通断负荷电流和短路电流，并能与保护装置配合，切除短路故障。

结构特点：

1）有相当完善的灭弧结构。

2）没有明显的断开间隙。

3）可配用电磁操纵机构和弹簧储能操纵机构。

三、熔断器和避雷器

1. 熔断器

熔断器是一种应用极广的过电流保护电器，主要对电路及电路设备进行短路保护，有的也有过负荷保护功能。

应用于高压电路中的熔断器叫作高压熔断器；应用于低压电路中的熔断器叫作低压熔断器。熔断器有非限流熔断器和限流熔断器之分：能躲过短路冲击电流的熔断器，叫作限流熔断器；不能躲过短路冲击电流的熔断器，叫作非限流熔断器。

2. 避雷器

避雷器是用于保护电力系统中电气设备的绝缘免受沿线路传来的雷电过电压或由操作引起的内部过电压的损害的设备，是电力系统中重要的保护设备之一。

避雷器的类型有保护间隙避雷器、管型避雷器、阀型避雷器（有普通阀型避雷器 FS、FZ 型和磁吹阀型避雷器）、氧化锌避雷器。

第四章

安 全 用 电

〖知识目标〗

　　了解安全电压和安全电流的概念，了解电流大小对人体伤害程度的规律，熟悉工作中应该采用的电气安全措施，掌握触电事故发生后的处理办法及心肺复苏法。

〖知识结构〗

安全用电 {
　安全电压、安全电流 {
　　电流对人体的伤害
　　安全措施（安全电压、安全电流）
　　电气火灾事故原因
　}
　触电急救 {
　　触电紧急处理及心肺复苏法
　　常见事故案例
　}
}

第一节　安全电压、安全电流

一、电流对人体的伤害

　　电流对人体的伤害有 3 种：电击、电伤和电磁场伤害。

　　电击是指电流通过人体，破坏人体心脏、肺及神经系统的正常功能。

　　电伤是指电流的热效应、化学效用和机械效应对人体的伤害，主要是指电弧烧伤、熔化金属溅出烫伤等。

　　电磁场生理伤害是指在高频磁场的作用下，人会出现头晕、乏力、记忆力减退、失眠、多梦等神经系统的症状。

　　一般认为：电流通过人体的心脏、肺部和中枢神经系统的危险性比较大，特别是电流通过心脏时，危险性最大。所以从手到脚的电流途径最为危险。

　　触电还容易因剧烈痉挛而摔倒，导致电流通过全身并造成摔伤、坠落等二次事故。

二、安全措施

　　绝缘、屏护和间距是最为常见的安全措施，其他措施还有：接地和接零、装设漏电保护装置、采用安全电压、双重绝缘等。

国家规定，50V 以下是安全电压。常用的安全电压有以下电压等级：6V，12V，24V，36V，42V。

一般来说，如果通电时间为 1s，电流在 30mA 以下时不会对人身机体有任何损伤；电流在 50mA 时对人有致命危险；电流在 100mA 时会致人死亡。所以我国采用 30mA·s（50Hz）为安全电流。

工频电流对人体的影响见表 3-4-1。

表 3-4-1 工频电流对人体的影响

电流/mA	通 过 时 间	生 理 反 应
0~0.5	连续通电	没有感觉
0.5~5	连续通电	有感觉、痛感，可摆脱
5~30	数分钟内	痉挛不能摆脱，呼吸困难血压上升，极限
30~50	数秒至数分钟	心跳不规则，昏迷，强烈痉挛，心室颤动
50 至数百	短于心率	强烈冲击但无心室颤动
	长于心率	昏迷，心室颤动，有痕迹
超过数百	短于心率	心室颤动，昏迷，有痕迹
	长于心率	心脏停止跳动，昏迷，可能致命

三、电气火灾事故的原因

（1）散热不良 电气设备或线路过热，通风量不够，热量积累，造成表面过热，直达引燃温度。

（2）接触不良 线路连接处接触不良，局部电阻增大，导致该部分局部过热；有时在接触处产生火花，造成火灾。

（3）漏电 漏电主要集中在线路故障处，并通过接地点流入大地，流回变压器接地中性点。线路一旦形成非正常漏电，线路过流保护电器又无法检测动作时，往往造成火灾。

（4）过负荷或缺相运行 由于电流增大，导致设备或线路绝缘过热、碳化而致燃烧。

（5）短路 由于短路电流很大，往往形成高温、火花和电弧，最容易引起火灾。

（6）机械故障 机械部分发生堵转、振动、摩擦、碰撞，导致设备内绝缘损坏或过热，以致造成火灾。

（7）雷击 雷云电位可达 1 万~10 万 kV，雷电的高电位将绝缘击穿，产生电弧，容易引起火灾。

（8）静电放电 静电积累到一定电位时，向周围物体放电，形成火花，此火花能使飞花麻絮、粉尘、可燃蒸气及易燃液体燃烧起火，甚至引起爆炸。

第二节 触电急救

一、触电急救的步骤

触电急救必须分秒必争，必须尽快使触电者脱离电源，根据伤情立即就地采用心肺复苏法（人工呼吸法和胸外按压心脏法）进行抢救，同时及早与医疗部门联系，争取医务人员接替治疗。

（1）脱离电源　这是触电急救的关键，因为触电时间越长，危险性越大。

（2）伤情判断　触电者解脱电源后，如果无太大的生理伤害，只需休息观察，否则应就地进行紧急救护。

（3）心肺复苏　当伤者呼吸或心跳停止，可按心肺复苏法支持生命的三项基本措施，进行就地抢救：通畅气管、人工呼吸、胸外按压。

（4）及时治疗　必要时应及时与医疗部门联系或转医院治疗。

二、心肺复苏法

一般情况下，心脏停搏超过 4~6min，易造成脑细胞永久性损伤，甚至导致死亡。因此急救必须及时和迅速。心跳、呼吸骤停的急救，简称心肺复苏，通常采用人工胸外挤压和口对口人工呼吸方法。具体救护步骤如下：

（1）判断意识　先在伤者耳边大声呼唤"喂！您怎么啦？"再轻轻拍伤者的肩部，如伤者对呼唤和轻拍没反应，可判断伤者无意识。

（2）立即呼救　当判断伤者无意识时，应该求助他人帮忙，并拨打急救电话。

（3）救护体位　对于意识不清者，让伤者仰卧位（脸朝上），放在坚硬的平面上（如水泥地面等）。

（4）畅通气道　开放气道以保持呼吸道通畅，是进行人工呼吸的首要步骤。将伤者仰卧，松解衣领及裤带，挖出口中污物、义牙及呕吐物等，然后按以下手法开放气道：

1）仰面抬颈法。使伤者平卧，救护者一手抬起伤者颈部，另一手以小鱼际侧下按伤者前额，使其头后仰，颈部抬起。

2）仰面举颏法。伤者平卧，救护者一手置于伤者前额，手掌用力向后压以使其头后仰，另一手的手指放在靠近颏部的下颌骨的下方，将颏部向前抬起，使伤者牙齿几乎闭合。

3）托下颌法。伤者平卧，救护者用两手同时将左右下颌角托起，一面使其头后仰，一面将下颌骨前移。

注意：对疑有头、颈部外伤者，不应抬颈，以避免进一步损伤脊髓。

4）口咽部异物清除。救护者将一手拇指及其他手指抓住伤者的舌和下颌，拉向前，可部分解除阻塞，然后用另一手的食指（示指）伸入伤者口腔深处直至舌根部，掏出异物。本法仅限于伤者意识丧失的场合使用。

（5）人工呼吸　先检查伤者呼吸，用耳听伤者口鼻的呼吸声，用眼看胸部或上腹部呼吸起伏等，如果胸廓没有起伏，也没有气体呼出，即判断伤者不存在呼吸，应立即给予人工呼吸。

1）口对口人工呼吸。方法如下：

①伤者仰卧，松开衣领、裤带。

②救护者用仰面抬颈手法保持伤者气道通畅，同时用压前额的那只手的拇指、食指捏紧伤者的鼻孔，防止吹气时气体从鼻孔逸出。

③救护者深吸一口气后，双唇紧贴伤者口部，然后用力吹气，使伤者胸廓扩张。

④吹气毕，救护者头稍抬起并侧转换气，同时松开捏鼻孔的手，让伤者的胸廓及肺依靠其弹性自动回缩，排出肺内的二氧化碳。

⑤按以上步骤反复进行。吹气频率：成人 14~16 次/min，儿童 18~20 次/min，婴幼儿

30~40 次/min。

2）口对鼻人工呼吸。适用于口周外伤或张口困难等伤者。吹气时应用手将伤者颏部上推，使上下唇合拢，呼气时放开。其他要点同口对口人工呼吸。

（6）建立有效循环

1）心前区捶击。

① 方法：右手握空心拳，小鱼际肌侧朝向伤者胸壁，以距离胸壁 20~25cm 高度，垂直向下捶击心前区，即胸骨下段。捶击一、两次，每次 1~2s，力量中等。观察心电图变化，若无变化，应立即行胸外心脏按压和人工呼吸。

② 注意事项：

a. 捶击不宜反复进行，最多不超过两次。

b. 捶击时用力不宜过猛。

c. 婴幼儿禁用。

2）胸外心脏按压。

① 方法：使伤者仰卧于硬板床或地上，头后仰 10° 左右，解开上衣。救护者靠近伤者足侧的手的食指和中指沿伤者肋弓下缘上移至胸骨下切迹，将另一手的食指紧靠在胸骨下切迹处，中指紧靠食指，靠近伤者足侧的手的掌根（与伤者胸骨长轴一致）紧靠另一手的中指放在伤者胸骨上，该处为胸骨中、下 1/3 交界处，即正确的按压部位。操作时将伤者足侧的手平行重叠在已置于伤者胸骨按压处的另一只手之背上，手指并拢或互相握持，只以掌根部位接触伤者胸骨，救护者两臂位于伤者胸骨正上方，双肘关节伸直，利用上身重量垂直下压。对中等体重的成人下压深度约 3.5~4cm，而后迅即放松，解除压力，让胸廓自行复位。如此有节奏反复进行，按压与放松时间大致相等，频率为 80~100 次/min。

② 注意事项：

a. 按压部位要准确。

b. 按压力要均匀适度。

c. 按压姿势要正确。

第三节 事 故 案 例

本节收集整理了几起电力安全事故案例。通过分析，我们可以发现，安全意识淡薄、严重违反操作规程、安全生产责任心不强、麻痹大意造成习惯性违章、安全措施采取不当等是造成事故的主要原因。希望广大电力从业人员从事故案例中吸取教训，总结经验，端正工作态度，改进工作方法，避免事故的发生。

案例 1：屋顶防水层遭破坏，雨水落入配电盘内导致电气短路爆盘

1. 事故类型：电气短路爆盘

2. 事故经过：

2008 年 8 月 4 日，某单位工作人员下雨巡检经过变频室时，发现室内往外冒黑烟，同时听到有"嘶嘶"的声音，立即给电工班打电话，并及时通知车间主管领导。将变频室东门打开后，因浓烟太大，看不清现场情况，经窗户发现变频器柜的低压电气柜着火。通过消防队灭火后，检查发现低压柜的上方日光灯有一边脱落，楼顶有一道 500mm 左右的白色痕迹，并有水滴下，怀疑屋顶漏水；经上屋顶检查，发现屋顶搭有脚手架，该脚手架是生产服务部门在处理保温时搭建的，脚手架的钢管将防雨层压了三个窟窿，使雨水流到防雨层下，再通过屋顶预制板间的缝隙渗到低压柜上，导致低压柜内电路短路放炮、电气线路着火。

3. 事故原因

1）事故的直接原因是生产服务部门在屋顶搭建的脚手架破坏了屋顶的防雨层，未能及时采取有效处理措施，雨水渗入后落到室内电气盘内，导致电气短路爆盘事故。

2）车间对外来单位施工监督的力度不够，考虑不周全，未能考虑临时措施带来的影响，以及隐患排除不及时。

3）非电气施工不经过电气主管人员的审批，施工过程缺少电气人员的监管，非电气施工对电气设备的破坏时有发生。

案例 2：低压配电盘爆盘

1. 事故类型：电气火灾

2. 事故经过：

2006 年 5 月 27 日，某公司一名施工人员到车间办公楼询问施工电焊机停电原因，车间值班人员随同到配电室外电焊机处查看，发现变压器室向外冒烟，意识到发生了电气事故。

值班电工到达后首先查看变压器，发现烟气是从配电室冒出的，打开配电室西门，发现冒烟较严重，无法进入配电室内。

经联系消防队，消防车到达现场后，因烟雾较浓，且配电室内情况不明，因此需迅速断电。

值班电工随即进行高压操作，首先停 2#变压器（1230），当时 1230 高压柜已无电流指示，但高压开关在合上状态，电工手动分间，之后摇出高压开关。在停 1#变压器（1203）时，当时 1203 柜有电流指示，电工手动分闸，之后摇出高压开关。

高压电停下以后，值班电工配合消防人员进行灭火。灭火之后，经初步检查发现，13AA 低压盘损坏较严重，其左右相邻的 12AA 和 14AA 盘也受到了较重的损伤，同时进线开关和 II 段主母线都有不同程度的损坏。

3. 事故原因

经过对事故现场、实物及所带电气负荷容量等进行认真分析，发现因外接电焊机电力负荷较大引起线路发热损坏导致电气短路事故的可能性较小。

对接电焊机提供电源的配电抽屉接插头进行仔细检查，发现抽屉的一次（进线）插头烧毁变形最为严重，有明显的发热迹象，基本可以认定其为首先的发热点。该插头的动静触头，虽然抽屉推到位但接触不良，接触电阻大而引起发热，引燃了固定它的绝缘件和塑料防护罩，导致小母线短路，从而造成了事故。

因此，事故起因主要是由于低压盘插接头质量不好，日常未能认真进行检查和发现存在的发热隐患。

经过认真了解，在该公司其他车间同样厂家的配电柜也由于同样的触头接触不良原因出现过类似的电气接地短路放炮事故，可以明确断定该公司的此类低压柜的一次插接件存在严重的质量问题。

案例 3：未挂警示牌触电死亡事故

1. 事故类型：触电

2. 事故经过：

2001 年 7 月 9 日，某公司综合大队电工班副班长带领电工甲、电工乙执行某钻井队某宿舍电路外线整改任务，3 人上午 10 时到现场，因下雨没有进行整改。14 时雨停后，安排电工甲将发电房供宿舍总开关（600A 空气开关）拉下，并用测电笔验电，经确认断电后开始作业。15 时 10 分左右，电工甲在整改过程中发现一根电线破皮，导线外露，于是将该线从电杆上放下，准备用绝缘胶布包扎该处时，左手食指第三节与外露导体接触造成触电。副班长急速跑到发电房（距现场约 50m）发现电路闸刀已经关上，急忙用脚将开关蹬下。电工甲经现场医务人员抢救无效死亡。

经调查发现，外雇现场打水作业的施工人员因急于进行施工，擅自将给宿舍供电的开关合上，引起外线突然带电。

3. 事故原因

1）外来施工人员因急于进行施工，在既没有通知钻井队电工和整改电路的电工，也没有观察有无人员施工的情况下，擅自操作，违反"外来施工人员无权操作电气设备，有关电气方面的操作必须由持有电工操作证的当值电工执行"的规定，是导致本次事故的主要原因。

2）电工拉闸后，没有按规定挂上"禁止合闸，有人工作"的警示牌，是导致本次事故的重要原因。

3）在电器设备上工作时，没有做好保证安全的组织措施和技术措施，在施工地点与电源间没有明显的断开点。

第四篇

机电维修基本技能

第一章

维修用具

【知识目标】

了解常用维修工具，熟悉各种工具的使用方法。

【知识结构】

维修工具
- 测量工具的使用
  - 钢直尺、游标卡尺、游标高度卡尺、带表卡尺、
  - 数显卡尺、外径千分尺、三爪内径千分尺、
  - 数显千分尺、万能角度尺、刀口形直尺、直角尺、
  - 塞尺、塞规、卡规、半径样板、百分表、杠杆百分表、
  - 量块、正弦规、水平仪、工业显微镜
- 仪器仪表的使用
  - 信号发生器
  - 示波器
  - 直流稳压电源
- 其他工具的使用
  - 常见工具的使用（内六角扳手、呆扳手、活扳手、扭力扳手、套筒扳手、一字槽螺钉旋具、十字槽螺钉旋具、钢丝钳、斜嘴钳、尖嘴钳）
  - 常见配线工具的使用（剥线钳、压线钳、电烙铁）

第一节　测量工具的使用

一、量具

1. 钢直尺

钢直尺是一种简单的长度量具。如图 4-1-1 所示，它正反两面有米制和英制刻度值，米制刻度值每格为 1 毫米（mm）。钢直尺一般用于普通测量、划规截取尺寸及作为划线导向工具。

2. 游标卡尺

1）游标卡尺分三用游标卡尺和双面（量爪）游标卡尺。如图 4-1-2 所示，分度值为

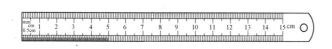
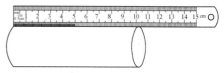

图 4-1-1　钢直尺

0.02mm 的三用游标卡尺，用于测量长度、内径和孔深等尺寸。常用游标卡尺的规格有 0~125mm、0~150mm、0~200mm 等。

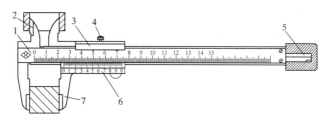

图 4-1-2　游标卡尺的结构

1—尺身　2—内量爪　3—尺框　4—紧固螺钉　5—深度尺　6—游标　7—外量爪

2）游标卡尺的使用与读数方法。

① 使用前，擦净游标卡尺，检查零位准确性。

② 测量时，移动游标略大于被测零件尺寸，将尺身量爪贴合零件基准面。推合游标测量。推拉游标要缓慢、有柔性，用力不宜大，如图 4-1-3 所示。

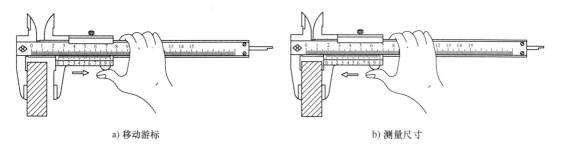

a) 移动游标　　　　　　　　　　　　　b) 测量尺寸

图 4-1-3　测量方法

③ 读取测量数值如图 4-1-4 所示。首先读取游标尺左边尺身上整毫米数，然后在游标上找出与尺身对齐的一条刻线，此刻线为不到 1mm 的小数值，最后将整数和小数相加为测量值。

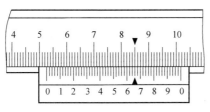
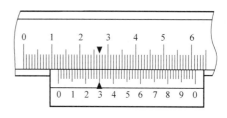

a) 52.66mm　　　　　　　　　　　　　b) 12.30mm

图 4-1-4　读数方法

3. 高度游标卡尺

1）高度游标卡尺（高度划线尺）如图 4-1-5a 所示。分度值为 0.02mm 的高度游标卡尺是较为精密的划线工具和高度尺寸测量工具。

2）高度游标卡尺的划线方法。拧松锁紧螺钉，移动和调整游标至所需尺寸，拧紧锁紧螺钉，用爪尖划线，爪尖与工件成 30°~45°，如图 4-1-5b 所示。高度尺寸的测量方法是移动游标，用量爪基准面直接量取零件的高度尺寸。

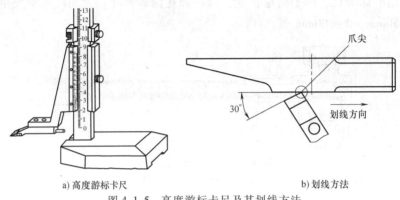

a) 高度游标卡尺   b) 划线方法

图 4-1-5 高度游标卡尺及其划线方法

4. 带表卡尺

1）带表卡尺的分度值有 0.01mm 和 0.02mm 两种。图 4-1-6 所示为分度值 0.01mm 的带表卡尺，表盘内刻度分 100 格，每格读数值为 0.01mm。

2）带表卡尺的读数方法：首选读出表盘左边尺身上的整毫米数，然后读出表盘内指针所对准的小数值，两数相加为测量值。

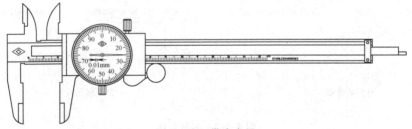

图 4-1-6 带表卡尺

5. 数显卡尺

（1）数显卡尺的结构　数显卡尺的结构如图 4-1-7 所示，主体部分与游标卡尺基本相同，区别的是识读部分。

（2）数显卡尺的使用与读数方法

1）零位设定。数显卡尺使用前应擦拭干净，移动量爪与基准量爪贴合，按电源 ON/OFF 按钮接通电源，再按 ORIGIN 按钮一次进行原点（零位）设定。

2）数显卡尺测量时推力要有柔性不宜大。拇指滚轮为微量装置，不是恒力装置。若用拇指滚轮进行测量，有测量力偏大的倾向，因此，应注意使用适当且均匀的测量力。测量值直接从 LED 显示屏内读出数值。

3）in/mm 是米制和英制的切换按钮。每按一次，英制显示 in 或米制显示 mm。

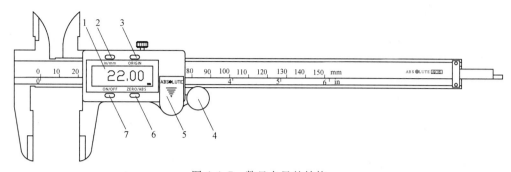

图 4-1-7　数显卡尺的结构

1—LED 显示屏　2—in/mm 切换按钮　3—ORIGIN 按钮

4—拇指滚轮　5—电池盒　6—ZERO/ABS 按钮　7—电源 ON/OFF 按钮

4）相对测量（INC）与绝对测量（ABS）。

进行相对测量（INC）的方法：打开卡尺到置零的位置，短按 ZERO/ABS 按钮。进行显示的零点设置，会显示"INC"，此后可以此为零点开始测量。

进行绝对测量（ABS）的方法：打开电源时，卡尺总是处于绝对测量状态，显示绝对数值。如果未显示（INC），可以按原有的状态进行绝对测量。如果显示屏左上部显示（INC），则按 ZERO/ABS 开关 2s 以上，待"INC"显示消失后可以从绝对原点进行测量。

（3）错误显示与解决方法

1）最小位数出现"E"，为尺面太脏，在仪器计数等情况下会产生此错误。此时应将尺盖表面擦拭干净。

2）"B"显示，表示电池电压不足，应立即更换电池。

3）显示的 5 位数字全部相同且 H 闪烁时，应取出电池后重新装入。

6. 外径千分尺

（1）外径千分尺的规格　外径千分尺是测量零件长度和轴径尺寸的量具。常用外径千分尺的测量范围以 25mm 为一档，如 0~25mm、25~50mm、50~75mm、75~100mm 等。图 4-1-8 所示为 0~25mm 的外径千分尺。

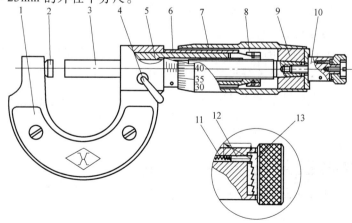

图 4-1-8　外径千分尺的结构

1—尺身　2—砧座　3—测微螺杆　4—锁紧手柄　5—螺纹套　6—固定套管　7—微分筒

8—调整螺母　9—接头　10—测力装置　11—弹簧　12—棘轮爪　13—棘轮

（2）外径千分尺的使用与读数方法

1）固定套管 6 上的轴向线为基准线，基准线上下相邻两刻线每格为 0.5mm，微分筒 7 圆周上刻线等分 50 格，旋转一圈测微螺杆 3 移动 0.5mm，因此，微分筒 7 对应基准线转一格时，测微螺杆 3 移动 0.5/50＝0.01mm。又因微分筒 7 刻线分格中每一格的距离较宽，测量时可目测估算 10 个等分，所以叫千分尺。

2）使用前，擦净千分尺，转动棘轮 13 旋钮，使测量面贴合时，查看零位线和基准线的准确性。

3）读数方法如图 4-1-9 所示，首先读取固定套管 6 上基准线上下方的整毫米数和半毫米数，然后读取微分筒 7 上对齐固定套管 6 基准线的一条刻线数（0.××mm）。最后将两个读数值相加为测得实际尺寸。

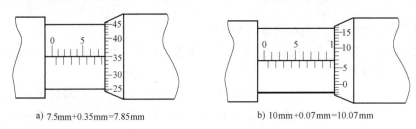

a) 7.5mm+0.35mm=7.85mm   b) 10mm+0.07mm=10.07mm

图 4-1-9　千分尺读数方法

7. 三爪内径千分尺

（1）三爪内径千分尺的规格　三爪内径千分尺如图 4-1-10 所示，是利用三个活动量爪直接测量内径尺寸的量具。测量范围有 6～8mm、8～10mm、10～12mm、12～14mm、14～17mm、17～20mm 等多种。分度值有 0.004mm 和 0.005mm 两种。

（2）三爪内径千分尺的使用与读数方法

1）微分筒 12 的圆周刻线等分 100 格，当微分筒转一圈时，三个量爪 3 在圆周测量直径上增长 0.5mm，因此当微分筒转 1 格时，测量直径增长了 0.5/100＝0.005mm，此为三爪内径千分尺的分度值。

2）使用前用光面校对环规校对零位准确性，若示值不对，应松开内套管 9 上螺钉 11，调整内套管至正确后拧紧螺钉 11。

3）在未加接长杆 19 时，测量孔深最大值为 70mm，需要测量深孔直径时，应装上接长杆 19 和接长管套 18。三爪内径千分尺的读数方法与外径千分尺的读数方法基本相同。

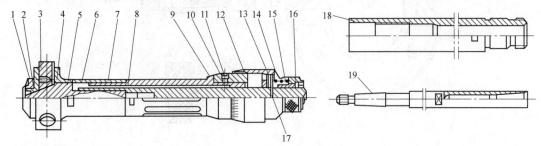

图 4-1-10　三爪内径千分尺的结构

1—扭簧　2—端盖　3—量爪　4—圆柱销　5—量杆　6—量头　7—手柄　8—连接杆　9—内套管　10—开口圈
11—螺钉　12—微分筒　13—摩擦片　14—尾套　15—压簧　16—螺母　17—销　18—接长管套　19—接长杆

8. 数显千分尺

（1）数显千分尺的结构 数显千分尺如图 4-1-11 所示，主体部分与千分尺基本相同，区别的是尺身上增加了数显识读部分。

（2）数显千分尺的使用与读数方法

1）零位设定。使用前擦净数显千分尺，转动旋转手柄使测微杆与基准量爪贴合，按 ORIGIN 按钮。数显屏内有"P"在闪烁和显示 0.000 后，再按一次 ORIGIN 按钮，闪烁"P"消失，即零位设定完成。

2）测量方法。数显千分尺的测量方法与千分尺相同。如果在测量过程中误按了 ORIGIN 按钮，再按 ZERO/ABS 按钮，可以恢复到原来的状态，如果无法恢复原来状态时，需要重新进行零位设定。

（3）按钮功能

1）ZERO/ABS 按钮。短按时显示值归零，长按时返还到原点开始计数的尺寸。

2）ORIGIN 按钮。锁定显示值。

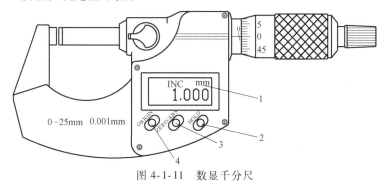

图 4-1-11 数显千分尺

1—LED 显示屏 2—HOLD 按钮 3—ZERO/ABS 按钮 4—ORIGIN 按钮

9. 万能角度尺

万能角度尺如图 4-1-12 所示，是测量零件内、外角度的游标量具。测量角度范围 0°～320°，分度值有 2′ 和 5′ 两种。

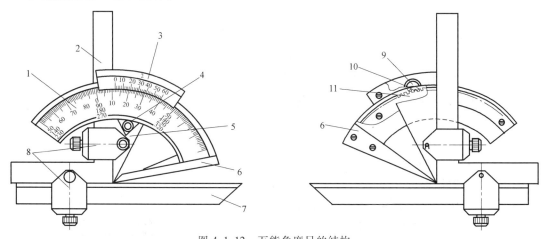

图 4-1-12 万能角度尺的结构

1—尺身 2—直角尺 3—游标 4—制动螺钉 5—扇形板 6—基尺

7—直尺 8—夹板 9—调节螺栓 10—小齿轮 11—扇形齿轮

（1）万能角度尺的刻线原理　万能角度尺尺身上刻有 120 格线，刻线每格为 1°（1° = 60′）。游标上刻 30 格线等分 29°，则游标上每格的度数为 29°/30 = 58′，尺身 1 格与游标 1 格之差为 1°−58′ = 2′，此为万能角度尺的分度值。

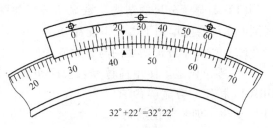

32° +22′ = 32°22′

图 4-1-13　万能角度尺的读数方法

（2）万能角度尺的读数方法　万能角度尺的读数方法如图 4-1-13 所示。首先读取游标尺零度线左边尺身上的整度数，然后在游标上找出与尺身刻线对齐的一条线，游标上零度线到对齐尺身线的距离为不足 1°的"′"数值，读作"分"。将尺身上的整度数和游标上的分数相加，就是所测角度的实际角度值。

（3）万能角度尺角度范围调整　万能角度尺 0°~320°的调整方法如图 4-1-14 所示。

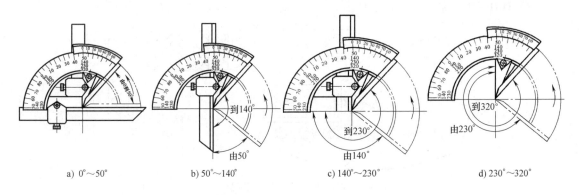

a) 0°~50°　　b) 50°~140°　　c) 140°~230°　　d) 230°~320°

图 4-1-14　万能角度尺调整角度范围

（4）万能角度尺的使用方法

1）检查零位。擦净万能角度尺，如图 4-1-12 所示，拧松制动螺钉 4，转动调节螺栓 9，使直尺 7 与基尺 6 平行贴合，拧紧制动螺钉 4，检查游标零位线与尺身上 90°刻线的准确性。

2）测量方法。

① 固定角度测量。是指调整好万能角度尺的测量角度，拧紧制动螺钉 4，将基尺 6 与被测角度基准面贴合，利用透光法观察角度面的透光情况。

② 调节角度测量法。是将万能角度尺的基尺 6 与被测角度基准面贴合，转动调节螺栓 9，使测量面与被测角度面接触后，读取角度值。

10. 刀口形直尺（简称刀口尺）

刀口形直尺如图 4-1-15 所示，是一种没有刻线的样板直线尺。刀口有圆弧棱边，用于测量直线度误差和平面度误差。

（1）直线度误差测量方法　直线度误差测量如图 4-1-16 所示。用刀口在被测表面上作纵向测量，以透过光线的强弱来判别直线度误差，或与塞尺结合测量，读取测量数值。

（2）平面度误差测量方法　平面度误差

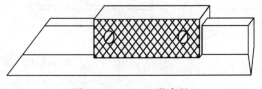

图 4-1-15　刀口形直尺

测量如图 4-1-17 所示。用刀口在被测表面上作纵向、横向和对角线方向的逐一测量。每次检测后要提起刀口尺再移动距离，做下一次检测，避免刀口因摩擦产生磨损。

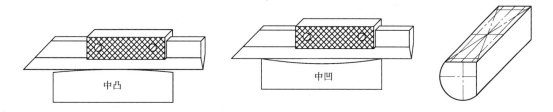

图 4-1-16 刀口形直尺直线度误差测量方法　　　图 4-1-17 平面度误差测量方法

11. 直角尺

（1）宽座直角尺　宽座直角尺如图 4-1-18 所示，用于内外角的垂直度误差测量，或作为划垂直线、平行线和引线的导向工具。

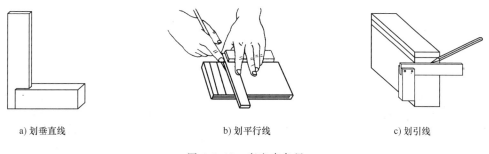

a) 划垂直线　　　　　　　b) 划平行线　　　　　　　c) 划引线

图 4-1-18 宽座直角尺

（2）刀口直角尺　刀口直角尺如图 4-1-19 所示。直角尺的宽面为基准面，刀口是检测面。主要用于测量内外角的垂直度，也可用于直线度误差、平面度误差的测量。

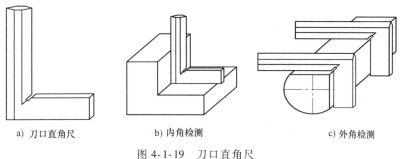

a) 刀口直角尺　　　　　　b) 内角检测　　　　　　　c) 外角检测

图 4-1-19 刀口直角尺

12. 塞尺

塞尺是测量零件配合面之间间隙大小的片状量规。塞尺如图 4-1-20 所示，由若干个不同厚度薄片组成，每片厚度刻有数值，不同薄片尺寸范围在 0.02~1mm 之间。

塞尺使用时，是根据测量间隙的大小，选择一片或几片重叠一起测量。测量时采用试塞法，如图 4-1-21 所示，逐步调整薄片厚度到不能塞入为止，所测间隙大小等于塞入薄片的数值相加。由于塞尺片很薄，使用时要有柔性，用后擦净上油装盒。

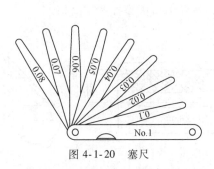

图 4-1-20 塞尺

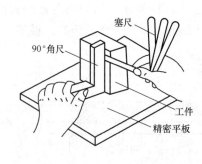

图 4-1-21 角尺与塞尺结合检测

13. 塞规

塞规如图 4-1-22 所示，是检测孔类尺寸是否合格的专用量具，其柄部标有公称尺寸和公差带代号。塞规有两个测量面，较长的一端为通规，按尺寸公差的下极限尺寸制作，较短的一端为止规，按尺寸公差的上极限尺寸制作。检测时若通规通过而止规通不过，此孔为合格，否则为不合格。

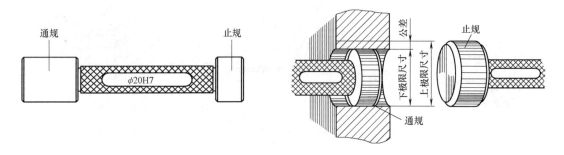

图 4-1-22 塞规

14. 卡规

卡规如图 4-1-23 所示，是检测轴类尺寸是否合格的专用量具。卡规与塞规一样，柄部标有公称尺寸和公差带代号，有通规和止规之分。检测时若通规通过而止规通不过，此轴径合格，否则为不合格。

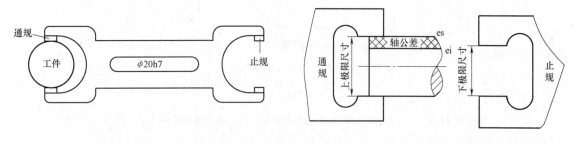

图 4-1-23 卡规

15. 半径样板（简称 R 规）

（1）半径样板 半径样板如图 4-1-24 所示，是测量内外圆弧尺寸的片状量具。半径样板的规格较多,每把半径样板由多片不同尺寸的内外圆弧片组成,柄部刻有规格范围,每片圆弧刻有数值。

(2)使用方法 依据所测圆弧的尺寸,选择相应大小的半径样板。测量方法如图4-1-25所示,以透光多少分析圆弧的质量情况。测量内圆弧时选择外圆弧样板,反之选择内圆弧样板。

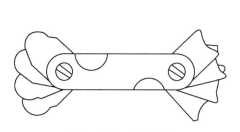

图 4-1-24 半径样板

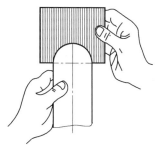

图 4-1-25 测量内圆弧

16. 百分表

百分表如图4-1-26所示,是一种指示式量仪。

(1)百分表的读数方法 如图4-1-26a、b所示,表盘5等分为100格,长指针7转一圈,量杆2移动1mm,短指针8相应转动1(mm)格。因此,长指针转动1格时的读数为1/100=0.01mm,此为百分表的分度值。

a) 百分表刻度   b) 百分表结构   c) 百分表与表架

图 4-1-26 百分表

1—触头 2—量杆 3—小齿轮 4、9—大齿轮 5—表盘

6—表圈 7—长指针 8—短指针 10—中间齿轮 11—拉簧

(2)百分表的使用方法 首先将百分表安装在专用表架上,如图4-1-26c所示,其次调整表架各连接件位置,使触头1与被测零件表面贴合,并压缩量杆0.3~0.5 mm,使测量时的量杆2有伸缩量。然后转动表圈6,使长指针对准表盘的零位后进行测量读取数值。

17. 杠杆百分表

(1)杠杆百分表的读数方法 杠杆百分表如图4-1-27所示。表盘等分为80格,当球面测杆 1 转动 0.8mm（弧长）时，指针 4 转动 1 圈。因此，当指针转动 1 格时的读数为 0.8/80＝0.01mm，此为杠杆百分表的分度值。

（2）杠杆百分表的使用方法　杠杆百分表安装在表架上，球面测杆 1 可以上下运动改变方向，当需要改变方向时，只要扳动表壳外的扳手 3，通过钢丝 2 使扇形齿轮 8 靠在左边或右边即可改变方向。测量时杠杆百分表的测杆轴线与被测零件表面的夹角应尽量小，可减少测量误差。

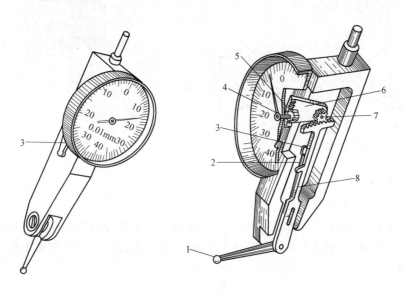

图 4-1-27　杠杆百分表

1—球面测杆　2—钢丝　3—扳手　4—指针　5—小齿轮
6—端面齿轮　7—圆柱齿轮　8—扇形齿轮

18. 量块

量块俗称块规，图 4-1-28 所示为套装量块。量块可对量具和量仪进行校准，也可用于精密机床调整。量块与其他量具结合可测量精度要求较高的零件。图 4-1-29 所示为量块与百分表结合的测量方法。

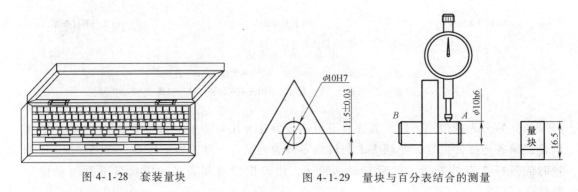

图 4-1-28　套装量块　　　　图 4-1-29　量块与百分表结合的测量

（1）量块的规格　量块的规格较多，一般做成套装，多块为一套。83 块套装量块的尺寸系列见表 4-1-1。

表 4-1-1 83 块套装量块

总块数	级别	尺寸系列	间隔/mm	块数
83	00,0,1,2,(3)	0.5	—	1
		1	—	1
		1.005	—	1
		1.01,1.02,1.03~1.49	0.01	49
		1.5,1.6,1.7~1.9	0.1	5
		2.0,2.5,3,3.5~9.5	0.5	16
		10,20,30~100	10	10

（2）量块的形状　量块为长方体，有两个平行工作平面，又称测量面。

（3）量块的选取方法

1）选取量块组合尺寸时，尽量采用最少的块数，可减少组合尺寸的积累误差。一般 83 块的套装量块，选取组合尺寸不超过 5 块。

2）选取第一块量块时应根据组合尺寸的最后一位数字选取，第二块以同样的方法选取，到最后一块取整数。

例如，从 83 块的套装量块中，选取量块组合尺寸 52.495mm 的方法见表 4-1-2。

表 4-1-2 83 块量块选取组合尺寸的方法　　　　　（单位：mm）

应用尺寸	从小数到整数选取量块的方法	量块的组成尺寸	
52.495	52.495-(1.005)=51.490	第一块	1.005
	51.490-(1.490)=50	第二块	1.490
	50-(50)=0	第三块	50

（4）量块的使用

1）量块有很高的黏合性，将量块擦净后在组合尺寸工作面之间逐块相互推合，即能黏合一起。

2）每一量块上都标注尺寸，使用后做好上油防护工作，装盒时注意盒中标注的位置尺寸。

3）一般不允许用量块直接测量零件。

19. 正弦规

正弦规如图 4-1-30 所示，是利用三角函数的正弦关系，与量块、百分表或杠杆百分表结合测量零件角度和锥度的量具。

正弦规的使用方法如下。

1）计算正弦规直角边的调整尺寸。

例如，检测 30°圆锥零件，选用中心距 L 为 200 mm 的正弦规，试求正弦规一端圆柱下垫量块尺寸 h 为多少，才能使零件上素线两端与平板平行。

由题意知：　　　$L=200$mm，$2\alpha=30°$。

根据正弦函数式：$h=L\sin2\alpha$

$h=200\times\sin30°=200\times0.5=100$mm

式中的 2α 是被测零件圆锥角。

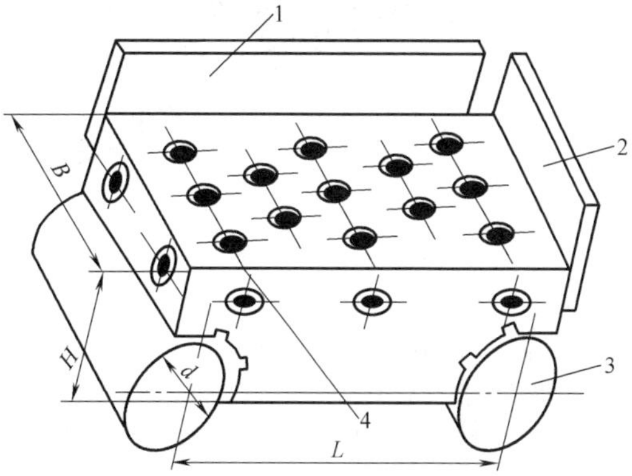

图 4-1-30 正弦规

1—后挡板　2—侧挡板　3—圆柱　4—工作台

2）在正弦规一端圆柱下垫上组合尺寸 100mm 的量块。

3）测量方法如图 4-1-31 所示。用百分表在零件上素线两端测量平行度，若测量数值相等，则锥度正确。图 4-1-32 所示为用中心距 100mm 的正弦规测量 60°角度和平行度误差。

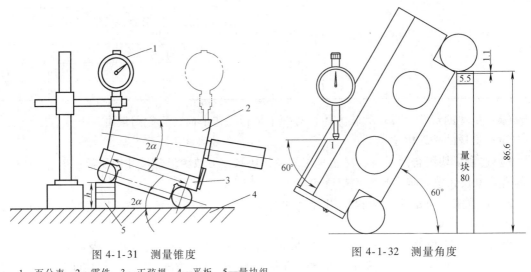

图 4-1-31　测量锥度　　　　　　　　图 4-1-32　测量角度

1—百分表　2—零件　3—正弦规　4—平板　5—量块组

20. 水平仪

水平仪是一种测量小角度的精密量仪。主要用来测量平面对水平面或垂直面的方向偏差，是机械设备安装、调试和检验的常用量仪。

（1）条式和框式水平仪的结构　条式和框式水平仪如图 4-1-33 所示。框架的测量面上有 V 形槽，便于圆柱面的测量。

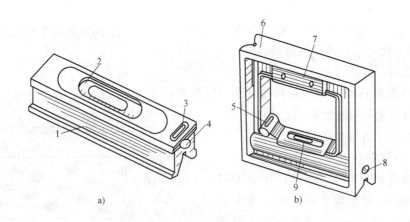

图 4-1-33　条式和框式水平仪

1、6—框架　2、9—主水准器　3、5—调整水准器（横水准器）　4、8—零位调整装置　7—隔热装置

（2）框式水平仪的精度与刻线原理　框式水平仪的精度是以气泡偏移一格时，被测平面在 1m 长度内的高度差表示的。若水平仪气泡偏移一格，平面在 1m 长度内的高度差为 0.02mm，则水平仪的精度是 0.02mm/1000mm。

水平仪的刻线原理如图 4-1-34 所示。假定平板处于水平位置，在平板上放一根长 1m 的平行平尺，平尺上水平仪的读数为零（为水平状态）。若将平尺一端垫高 0.02mm，相当于平尺与平板之间成 4″（秒）的夹角。若气泡移动的距离为一格，则水平仪的精度为 0.02mm/1000mm。

根据水平仪的刻线原理计算出被测平面两端的高度差，计算式为

$$\Delta h = nli$$

式中　Δh——被测平面两端高度差（mm）；

　　　n——水准器气泡偏移的格数；

　　　l——被测平面长度（mm）；

　　　i——水平仪的精度。

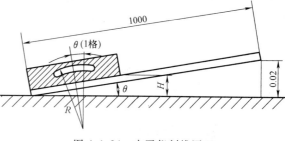

图 4-1-34　水平仪刻线原理

例如，将精度为 0.02mm/1000mm 的框式水平仪放置在 800mm 的平行平尺上，若水准器气泡偏移 3 格，则平尺两端的高度差是多少？

由题意知：$i = 0.02$mm/1000mm　$l = 800$mm　$n = 3$（格）

根据公式：$\Delta h = nli = 3 \times 800$mm $\times 0.02$mm/1000mm $= 0.048$mm

得平尺两端的高度差为 0.048mm。

（3）水平仪的读数方法

1）绝对读数法。水准器气泡在中间位置时读作 0。以零线作为基准，气泡向任意一端偏离零线的格数，就是实际偏离的格数。通常都把偏离起端向上的格数作为 "+"，把偏离起端向下的格数作为 "-"。在实测中，习惯上都是从左到右进行测量，把气泡向右移动作为 "+"，向左移动作为 "-"。如图 4-1-35a 所示为 +2 格。

2）平均值读数法。当水准器的气泡静止时，读出气泡两端各自的偏离零线的格数，然后将两边的格数相加除以 2，取其平均值作为读数。如图 4-1-35b 所示气泡右端偏离零线为 "+3" 格，左端偏离零线为 "+2" 格，其平均值为 $\dfrac{(+3)+(+2)}{2} = 2.5$ 格，平均值读数为 +2.5 格，即右端比左端高 2.5 格。平均值读数方法不受环境温度影响，读数值正确，精度高。

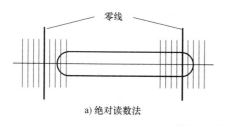

　　a) 绝对读数法　　　　　　　　　　　　b) 平均值读数法

图 4-1-35　水平仪的读数法

21. 工业显微镜

工业显微镜的结构如图 4-1-36 所示，主要由精密十字移动工作台和观测显微镜组成。通过坐标显示窗，能方便地观察 X、Y 轴坐标值。

（1）工业显微镜的特点　工业显微镜具有操作简单，检测精度高及测量范围广的特点。

1）检测精度。工业显微镜的分辨力可达 0.0001mm。

2）测量范围。主要用来测量平面尺寸，如长度、槽宽、孔径、孔距尺寸及角度等。若使用特制的目镜组，可检测螺纹、齿轮的轮廓形状等。

（2）工业显微镜的使用　工业显微镜的使用应结合测量仪，测量仪如图 4-1-37 所示。使用中显微镜负责寻找测量点，而测量仪的功能是点的拾取和尺寸计算。

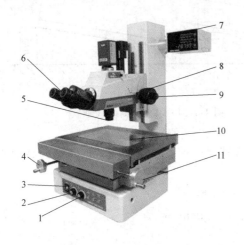

图 4-1-36　工业显微镜

1—背光亮度调节　2—正光亮度调节　3—电源开关

4—Y 轴丝杠调整　5—物镜　6—目镜

7—坐标显示　8—焦距粗调整　9—焦距精调整

10—载物台　11—X 轴丝杠调整

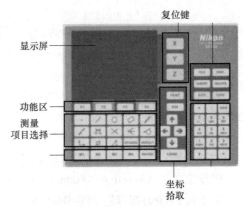

图 4-1-37　测量仪

（3）工业显微镜的操作

1）通电源或用反光镜的反射灯光、工作台下方透射灯光。

2）将工件擦拭干净，置于干净的平行载物台上，柔性转动测量台刻度盘，调节 X、Y 轴手轮至被测边缘线与目镜的分化线对齐。

3）在测量仪上拾取该点，此时显示屏显示该点的 X、Y 轴坐标。

4）通过对点、直线和圆的 3 种基本图形识别，对对象进行各种测量，并对多个测量点的坐标数据处理，可以识别基本图形。另外，还可以输入数据，通过多种方法计算出距离、中点、中线、交点和正切等数据。

如图 4-1-38a 所示，通过对 1 个点进行坐标测量得到点的数据，以 X、Y 轴坐标值的形式记录。

如图 4-1-38b 所示，通过对 2 个点进行坐标测量得到直线的数据，以直线与 X 轴的夹角角度形式记录。

如图 4-1-38c 所示，通过对 3 个点进行坐标测量得到圆的数据，以圆心的 X、Y 坐标值和半径（直径）的形式记录。

5）可以根据测量的需要，以任意的点为原点、任意的直线为 X 轴来设定坐标系。这种坐标系称为工件坐标系，如图 4-1-39 所示。利用工件坐标系的建立，产品只要放置在载物

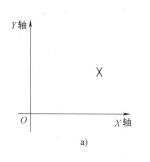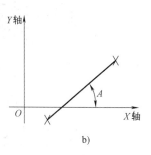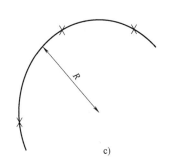

图 4-1-38　坐标

台上，可以一次性完成所有的平面范围内的尺寸测量。

6）完成测量操作，做好清洁维护工作，注意切断电源。

（4）工业显微镜的保养　做好日常维护保养，保持目镜、显示屏和载物台的整洁；每年对平台读数手轮、测量台刻度盘加油一次；需防止 X、Y 坐标轴手柄的冲撞及载物台面的硬物划伤。

二、量具的维护保养

量具维护保养的目的是保证量具的使用精度，延长量具的使用寿命。为达到正确合理地使用量具，应做到以下几个方面。

1）使用前应熟悉量具的规格、性能、使用方法和使用注意事项。

2）量具应用要轻拿轻放，防止汗渍、污渍等物质腐蚀量具。

3）测量使用前应擦拭干净，使用后应擦净、上油、装盒。

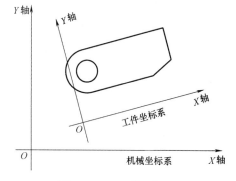

图 4-1-39　工件坐标系

4）使用过程中量具不能与刀具、工具混放在一起，以免损伤量具。

5）量具不能置于高温或磁性工作台上，以免热变形或磁化。

6）量具应定期鉴定与保养，使用中发现问题应及时送检修理。

第二节　仪器仪表的使用

一、信号发生器

信号发生器是产生所需参数的电测试信号的仪器。信号发生器可用来产生不同波形、不同频率的信号，常用作信号源。信号的波形、周期（频率）和幅值可以通过开关和旋钮加以调节。信号发生器如图 4-1-40 所示。

1. 使用方法

1）开启电源，开关指示灯显示。开机前将各旋钮调至最小，将电源接至 220V，50Hz

的交流电源上，注意电源插座的地线脚应与大地妥善连接好，避免干扰。

2）选择合适的信号输出形式。

3）频率调节：选择所需信号的频率范围，按下相应的档级开关，适当调节微调器，此时微调器所指示数据同档级数据倍乘为实际输出信号的频率。

4）幅度调节：调节信号的功率幅度，适当选择衰减档级开关，从而获得所需功率的信号。正弦波与脉冲波幅度分别由正弦波幅度和脉冲波幅度调节。

5）波形转换：根据需要波形种类，按下相应的波形键位，分别选择正弦波、矩形波、尖脉冲、TTL电平。

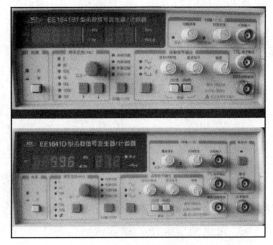

图 4-1-40 信号发生器

6）输出选择：从输出接线柱分清正负极，连接信号输出插线。

2. 注意事项

（1）用信号发生器输出信号

1）波形选择。选择"~"键，输出信号即为正弦波信号。

2）频率选择。选择"kHz"键，输出信号频率以 kHz 为单位。

3）信号发生器的测频电路的调节。按键和旋钮要求缓慢调节，信号发生器本身能显示输出信号的值，当输出电压不符合要求时，需要另配交流表测量输出电压，选择不同的衰减再配合调节输出正弦信号的幅度，直到输出电压达到要求。若要观察输出信号波形，可把信号输入示波器。

（2）用信号发生器测量电子电路的灵敏度 信号发生器发出与电子电路相同模式的信号，然后逐渐减小输出信号的幅度，同时监测输出的电平，当电子电路输出有效信号与噪声的比例劣化到一定程度时，信号发生器输出的电平数值就等于所测电子电路的灵敏度。测量时，信号发生器信号输出通过电缆接到电子电路输入端，电子电路输出端连接示波器输入端。

（3）用信号发生器测量电子电路的通道故障 信号发生器可以用来查找通道故障，在此用作标准信号源。由前级往后级，逐一测量接收通路中每一级放大和滤波器，找出哪一级放大电路没有达到设计应有的放大量或哪一级滤波电路衰减过大。信号源在输入端输入一个已知幅度的信号，然后通过电压表或者频率足够高的示波器，从输入端口逐级测量增益情况，找出增益异常的单元后，再进一步细查，最后诊断出存在故障的零部件。

二、示波器

示波器（图 4-1-41）是一种综合的电信号特性测量仪器，它可以直接显示出电信号的波形，测量出信号的幅度、频率、脉宽、相位、同频率信号的相位差等参数。

示波器的使用方法如下。

（1）检查和调整 示波器初次使用前或久藏复用时，需进行一次能否工作的简单检查和进行扫描电路稳定度、垂直放大电路直流平衡的调整。示波器在进行电压和时间的定量测试时，还必须进行垂直放大电路增益和水平扫描速度的校准。

（2）选择 Y 轴耦合方式　根据被测信号频率的高低，将 Y 轴输入耦合方式选择"AC-地-DC"开关置于 AC 或 DC。

（3）选择 Y 轴灵敏度　根据被测信号的大约峰-峰值（如果采用衰减探头，应除以衰减倍数，在耦合方式取 DC 档时，还要考虑叠加的直流电压值），将 Y 轴灵敏度选

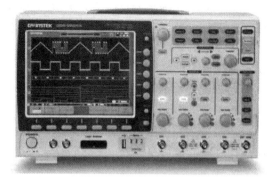

图 4-1-41　示波器

择 V/div 开关（或 Y 轴衰减开关）置于适当档级。实际使用中如不需读测电压值，则可适当调节 Y 轴灵敏度微调（或 Y 轴增益）旋钮，使屏幕上显现所需要高度的波形。

（4）选择触发（或同步）信号来源与极性　通常将触发（或同步）信号极性开关置于"+"或"-"档。

（5）选择扫描速度　根据被测信号周期（或频率）的大约值，将 X 轴扫描速度 t/div（或扫描范围）开关置于适当档级。实际使用中如不需读测时间值，则可适当调节扫速 t/div 微调（或扫描微调）旋钮，使屏幕上显示测试所需周期数的波形。如果需要观察的是信号的边沿部分，则扫速 t/div 开关应置于最快扫速档。

（6）输入被测信号　被测信号由探头衰减后（或由同轴电缆不衰减直接输入，但此时的输入阻抗降低、输入电容增大），通过 Y 轴输入端输入示波器。

三、直流稳压电源

直流稳压电源是为负载提供稳定直流电源的电子装置。直流稳压电源的供电电源大都是交流电源，当交流供电电源的电压或负载电阻变化时，稳压器的直流输出电压都会保持稳定。

直流稳压电源的使用方法如下。

（1）电源连接　将稳压电源连接上电。在不接负载的情况下，按下电源总开关（power），然后开启电源直流输出开关（output），使电源正常输出工作。此时，电源数字指示表头上即显示出当前工作电压和输出电流。

（2）设置输出电压　通过调节电压设定旋钮，使数字电压表显示出目标电压或电压设定。对于有可调限流功能的电源，有两套调节系统分别调节电压和电流。调节时要分清楚，一般调节电压的电位器有"VOLTAGE"字样，调节电流的电位器有"CURRENT"字样。很多入门级产品使用低成本的粗调/细调双旋钮设定，遇到双调节旋钮，应先将细调旋钮旋到中间位置，然后通过粗调旋钮设定大致电压，再用细调旋钮精确修正。

（3）设置电流　按下电源面板上"Limit"键不放，此时电流表会显示电流数值，调节电流旋钮，使电流数值达到预定水平。一般限流可设定在常用最高电流的 120%。有的电源没有限流专用调节键，用户需要按照说明书要求短路输出端，然后根据短路电流配合限流旋钮设定限流水平。简易型的可调稳压电源没有电流设定功能，也没有对应的旋钮。

（4）设定过压保护 OVP 过压设定是指在电源自身可调电压范围内进一步限定一个上限电压，以免误操作时电源输出过高电压。过压可以设置为平时最高工作电压的 120% 水平。过压设定需要用到一字槽螺钉旋具（螺丝刀），调节面板内凹的电位器，这也是一种防止误动的设计。设定 OVP 电压时，先将电源工作电压调节到目标过压点上，然后慢慢调节 OVP 电位器，使电源保护恰好动作，此时 OVP 即告设定完成。然后关闭电源，调低工作电压，就能正常工作了。

（5）通信接口参数设置和遥控操作的设置 对于本地控制的应用（面板操作）要关闭遥控操作。通信接口要按通信要求设定，本地应用则不需设置。

第三节 其他工具的使用

一、常见工具的使用

1. 内六角扳手

内六角扳手用于驱动具有内六角头部的螺栓和螺钉的工具，如图 4-1-42 所示。

（1）使用方法 将六棱的扳手头部放在螺钉的内六角槽内。顺时针旋转为紧固螺纹，逆时针旋转为松动螺纹。

（2）安全使用规则

1）不能将米制内六角扳手用于英制螺钉，也不能将英制内六角扳手用于米制螺钉，以免造成打滑而伤及使用者。

图 4-1-42 内六角扳手

2）不能在内六角扳手的尾端加接套管延长力臂，以防损坏内六角扳手。

3）不能用锤子敲击内六角扳手，在冲击载荷下，内六角扳手极易损坏。

2. 呆扳手

呆扳手用在拧紧力不大的螺母的拆卸和紧固，紧固或拆卸六角头螺栓、螺母和方头螺栓、螺母，外形如图 4-1-43 所示。

（1）使用方法 扳手应与螺栓六角头或螺母的平面保持一致，顺时针紧固螺栓（螺母）。逆时针松动螺栓（螺母）。

（2）安全使用规则

1）使用时，扳手应与螺栓六角头或螺母的平面保持一致，以免用力时扳手滑出伤人。

2）不能在扳手尾端加接套管延长力臂，以防损坏扳手。

3）不能用钢锤敲击扳手，扳手在冲击载荷下极易变形或损坏。

图 4-1-43 呆扳手

4）不能将米制扳手用于英制螺栓或螺母，也不能将英制扳手用于米制螺栓或螺母，以免造成打滑而伤及使用者。

3. 活扳手

活扳手用于拧紧或拧松扭力较大的或头部为特殊形状的螺栓，如图 4-1-44 所示。

（1）使用方法　使用时，右手握手柄。手越靠后，扳动起来越省力。扳动小螺母时，因需要不断地转动蜗轮，调节扳口的大小，所以手应握在靠近呆扳唇处，并用大拇指调整蜗轮，以适应螺母的大小。活扳手的扳口夹持螺母时，呆扳唇在上，活扳唇在下。

（2）安全使用规则

1）使用时，必须将扳口尺寸调节准确，防止松动打滑。

图 4-1-44　活扳手

2）使用时应正向扳拧螺栓或螺母。

3）不能在扳手尾端加接套管延长力臂，以防损坏扳手。

4）不能用锤子敲击扳手，扳手在冲击载荷下极易变形或损坏。

4. 扭力扳手

扭力扳手为旋转螺栓或螺帽的工具，如图 4-1-45 所示。

（1）安全使用方法

1）扭力扳手是按人手的力量来设计的，遇到较紧的螺纹件时，不能用锤子击打扳手。除套筒扳手外，其他扳手都不能套装加力杆，以防损坏扳手或螺纹连接件。

扭力扳手使用时，当听到"啪"的一声时，表明拧紧力矩最合适。

（2）安全使用规则

1）扭力扳手为旋转螺栓或螺母的工具。

2）扭力扳手扳转时应该使用拉力，推转扳手极易发生危险。

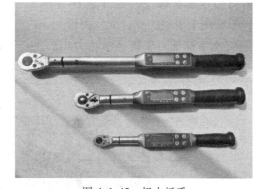

图 4-1-45　扭力扳手

3）扭力扳可用于旋紧螺栓，螺栓旋紧前应先将螺栓清洁并上润滑油。

4）使用扭力扳手旋紧螺栓时应均匀使力，不得利用冲击力。

5. 套筒扳手

当螺母端或螺栓端完全低于被连接面，且凹孔的直径不允许使用呆扳手或活扳手及梅花扳手时，就要用套筒扳手。此外，当螺栓件空间限制时，也只能用套筒扳手。套筒扳手如图 4-1-46 所示。

套筒扳手的使用方法如下：

1）使用时应佩戴手套。

2）各类扳手的选用原则：优先选用套筒扳手，其次为梅花扳手，再次为呆扳手，最后选活扳手。

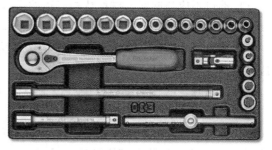

图 4-1-46　套筒扳手

3）所选用的扳手的开口尺寸必须与螺栓或螺母的尺寸相符合，扳手开口过大易滑脱伤手，并损伤螺纹件的六角。

4）要注意随时清除套筒内的尘垢和油污，扳手钳口上或螺轮上不准沾有油脂，以防滑脱。

5）普通扳手是按人手的力量来设计的，遇到较紧的螺纹件时，不能用锤子击打扳手。除套筒扳手外，其他扳手都不能套装加力杆，以防损坏扳手或螺纹连接件。

6）为防止扳手损坏和滑脱，应使拉力作用在开口较厚的一边，这一点对受力较大的活扳手尤其重要，以防开口出现"八"字形，损坏螺母和扳手。

6. 一字槽螺钉旋具（螺丝刀）

一字槽螺钉旋具使用场合广泛，如手机、手表中小部件的拆卸，组合柜台的拼装，汽车零部器件的拆装。一字槽螺钉旋具如图 4-1-47 所示

一字槽螺钉旋具的安全使用方法如下。

不可带电操作；使用时，除施加扭力外，还应施加适当的轴向力，以防滑脱损坏零件；不可用螺钉旋具撬任何物品。根据螺纹的尺寸选择合适的一字槽螺钉旋具，不要用小规格的螺钉旋具去旋大螺纹。

图 4-1-47　一字槽螺钉旋具

7. 十字槽螺钉旋具（螺丝刀）

该工具常用于显示器、收音机、电视机等外壳紧固螺纹和变压器的固定等，如图4-1-48所示。

图 4-1-48　十字槽螺钉旋具

十字槽螺钉旋具的安全使用方法如下：

1）端口不应当磨砺，要保持端口边的平行。

2）使用前应擦净柄上和端口上的油污，以免工作时滑脱。

3）端口要和螺栓、螺钉槽口相适应，且大小合适。太薄易断裂，太厚则嵌不进横槽内，都会损坏螺钉旋具和螺栓、螺钉槽口。

4）使用时，以右手持螺钉旋具，手心抵住柄端使其端口与螺钉槽口垂直并先用力压紧，然后扭动。

5）螺钉旋具不可当撬棒使用，或用锤子打击手柄，使用时可在手柄与端口处用扳手或钳子来增加扭力，以防螺钉旋具弯扭损坏。

8. 钢丝钳

钢丝钳用于掰弯及扭曲圆柱形金属零件及切断金属丝，其旁刃口也可用于切断细金属丝，如图 4-1-49 所示。

（1）使用方法

1）在使用钢丝钳过程中切勿将绝缘手柄碰伤、损伤或烧伤，并且要注意防潮。

2）为防止生锈，钳轴要经常加油。

3）带电操作时，手与钢丝钳的金属部分保持 2cm 以上的距离。

4）根据不同用途，选用不同规格的钢丝钳。

图 4-1-49　钢丝钳

5）不能当锤子使用。

（2）安全知识

1）在使用电工钢丝钳之前，必须检查绝缘柄的绝缘是否完好。绝缘如果损坏，进行带电作业时非常危险，会发生触电事故。

2）用电工钢丝钳剪切带电导线时，切勿用刀口同时剪切火线和零线，以免发生短路故障；带电工作时注意钳头金属部分与带电体的安全距离。

9. 斜嘴钳

斜嘴钳主要用于剪切导线，元器件多余的引线，还常用来代替一般剪刀剪切绝缘套管、尼龙扎线卡等。斜嘴钳如图 4-1-50 所示。

斜嘴钳的安全使用方法如下：

斜嘴钳的刃口可用来剖切软电线的橡胶或塑料绝缘层。钳子的刃口也可用来切剪电线、钢丝。剪 8 号镀锌钢丝时，应用刀刃绕表面来回割几下，然后只需轻轻一扳，钢丝即断。使用钳子时用右手操作，将钳口朝内侧，便于控制钳切部位，用小指伸在两钳柄中间来抵住钳柄，张开钳头，这样分开钳柄灵活。

图 4-1-50　斜嘴钳

10. 尖嘴钳

尖嘴钳的钳柄上套有额定电压 500V 的绝缘套管，如图4-1-51所示。该工具主要用来剪切线径较细的单股与多股线，以及给单股导线接头弯圈、剥塑料绝缘层等。

尖嘴钳的安全使用方法如下。

1）一般用右手操作，使用时握住尖嘴钳的两个手柄，开始夹持或剪切工作。

2）不用尖嘴钳时，应表面涂上润滑防锈油，以免生锈，或者支点发涩。

3）使用时注意刃口不要对向自己；使用完放回原处，放置在儿童不易接触的地方，以免受到伤害。

图 4-1-51　尖嘴钳

二、常见配线工具的使用

1. 剥线钳

剥线钳为内线电工、电动机修理工、仪器仪表电工常用的工具之一，如图 4-1-52 所示。该工具专供电工剥除电线头部的表面绝缘层用。

剥线钳的使用方法如下：

1）要根据导线直径，选用剥线钳刀片的孔径。

2）根据缆线的粗细型号，选择相应的剥线刃口。

3）将准备好的电缆放在剥线钳的刀刃中间，选择好要剥线的长度。

4）握住剥线钳手柄，将电缆夹住，缓缓用力使电缆外表皮慢慢剥落。

5）松开手柄，取出电缆线，这时电缆金属整齐露出外面，其余绝缘塑料完好无损。

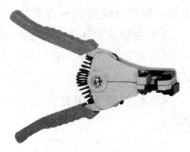

图 4-1-52　剥线钳

2. 压线钳

压线钳是用来压制水晶头的一种工具，如图 4-1-53 所示。

压线钳的使用方法如下：

1）压接管和压模的型号应与所连接导线的型号一致。

2）钳压模数和模间距应符合规程要求。

3）压坑不得过浅，否则，压接管握着力不够，接头容易抽出。每压完一个坑，应保持压力至少 1min，然后再松开，但是实际生产中往往不能实现，所以一般压力保持在 3~5s，然后松开。

4）如果是钢芯铝绞线，在压管中的两导线之间应填入铝垫片，以增加接头握着力，并保证导线接触良好。

5）在连接前应将连接部分、连接管内壁用汽油清洗干净（导线的清洗长度应为连接管长度的 1.25 倍以上），然后涂上中性凡士林油，再用钢丝刷擦刷一遍，如果凡士林油已污染，应抹去重涂。

图 4-1-53　压线钳

6）压接完毕，在压接管的两端应涂以红色漆油。

3. 电烙铁

电烙铁主要是焊接元件及导线，如图 4-1-54 所示。

电烙铁的使用方法如下：

1）选用合适的焊锡，应选用焊接电子元件用的低熔点焊锡丝。

2）助焊剂，用 25% 的松香溶解在 75% 的酒精（质量分数）中作为助焊剂。

3）电烙铁使用前要上锡，具体方法是：将电烙铁烧热，待刚刚能熔化焊锡时，涂上助焊

图 4-1-54　电烙铁

剂，再用焊锡均匀地涂在烙铁头上，使烙铁头均匀地覆上一层锡。

4）焊接方法，把焊盘和元件的引脚用细砂纸打磨干净，涂上助焊剂。用烙铁头蘸取适量焊锡，接触焊点，待焊点上的焊锡全部熔化并浸没元件引线头后，电烙铁头沿着元器件的引脚轻轻往上一提离开焊点。

5）焊接时间不宜过长，否则容易烫坏元件，必要时可用镊子夹住管脚帮助散热。

6）焊点应呈正弦波峰形状，表面应光亮圆滑，无锡刺，锡量适中。

7）焊接完成后，要用酒精把印制电路板上残余的助焊剂清洗干净，以防碳化后的助焊剂影响电路正常工作。

8）集成电路应最后焊接，电烙铁要可靠接地，或断电后利用余热焊接。也可使用集成电路专用插座，焊好插座后再把集成电路插上去。

9）电烙铁应放在烙铁架上。

第二章

一般维修技能和知识

【知识目标】

在机械设备行业中，设备运行的好坏有三大重要因素：润滑是否良好、连接是否牢固、是否有振动。本章讲述设备运行的一般维修知识，掌握设备的维护维修技能。

【知识结构】

```
                        ┌清洁 ┌5S 现场管理法
                        │     └清洁的要点
                        │            ┌工业润滑剂
                        │润滑剂和润滑方法┤润滑剂代号
                        │            └常用润滑方法
一般维修技能和知识 ┤                   ┌紧固工具
                        │                   │螺纹连接装配的技术要求
                        │螺纹紧固和拧紧力矩┤螺纹连接拧紧工艺顺序
                        │                   │有拧紧力矩要求的螺纹连接
                        │                   └拧紧力矩
                        └磨削与振动┤磨削
                                    └振动
```

第一节 清 洁

一、5S 现场管理法

5S 现场管理法，即整理（SEIRI）、整顿（SEITON）、清扫（SEISO）、清洁（SEIKET-SU）、素养（SHITSUKE）。5S 作为企业现场管理的主要内容，在各个企业生产现场都有着极其重要的地位。由于所在行业、产品范围不同，各企业对 5S 管理实施的方法也各有不同。根据企业进一步发展的需要，有的企业在 5S 的基础上增加了安全（Safety），形成了"6S"；有的企业再增加节约（Save），形成了"7S"；还有的企业加上了习惯化（拉丁发音为 Shiukanka)、服务（Service）和坚持（拉丁发音为 Shitukoku），形成了"10S"；有的企业甚至推行"12S"，但是万变不离其宗，都是从"5S"里衍生出来的。

整理（SEIRI）：区分要与不要的物品，现场只保留必需的物品。

整顿（SEITON）：必需品依规定定位、定方法摆放整齐有序，明确标示。

清扫（SEISO）：清除现场内的脏污、清除作业区域的物料垃圾。

清洁（SEIKETSU）：将整理、整顿、清扫实施的做法制度化、规范化，维持其成果。

素养（SHITSUKE）：人人按章操作、依规行事，养成良好的习惯。

二、清洁的要点

清洁（SEIKETSU）指的是保持整理、整顿、清扫（3S）状态，重点是保持，而且涵盖了 5S 最重要的前面三个项目，所以它的主要工作是制定 5S 相关整理、整顿、清扫的制度化、规范化的工作内容，并要求拥有相关的检查机制以实现保持的效果。清洁的一个最重要的标志就是现场 5S 作业要领书的制订、实施、记录与定期点检。

清洁的基本要求是：

1）车间环境不仅要整齐，而且要做到清洁卫生，保证工人身体健康，提高工人劳动热情。

2）不仅物品要清洁，而且工人本身也要做到清洁，如工作服要清洁，仪表要整洁，及时理发、刮须、修指甲、洗澡等。

3）工人不仅要做到形体上的清洁，而且要做到精神上的"清洁"，待人要讲礼貌、要尊重别人。

4）要使环境不受污染，进一步消除浑浊的空气、粉尘、噪声和污染源，消灭职业病。

典型企业设备清洁和作业平台清洁检查的内容见表 4-2-1、表 4-2-2。

表 4-2-1　设备清洁检查内容

检查内容		
	项　目	内　　　容
设备	整理	现场有不使用的设备;残旧、破损的设备有人使用却没有进行维护;过时老化的设备仍在走走停停地勉强运作
	整顿	1）使用暴力,野蛮操作设备
		2）设备放置不合理,使用不便
		3）没有定期地保养和校正,精度有偏差
		4）运作的能力不能满足生产要求
		5）缺乏必要的人身安全保护装置
	清扫	1）有灰尘、脏污之处
		2）有生锈、褪色之处
		3）渗油、滴水、漏气
		4）导线、导管全部破损、老化
		5）滤脏、滤气、滤水等装置未及时更换
		6）标识掉落,无法清晰地分辨

表 4-2-2 作业平台清洁检查内容

		检 查 内 容
作业平台	整理	1）现场不用的作业台、椅子
		2）杂物、私人品藏在抽屉里、台垫下工位器具内
		3）放在台面上当天不用的材料、设备、夹具
		4）用完后放在台面上材料的包装袋、盒
	整顿	1）凌乱地搁置台面上的物料
		2）台面上下的各种电源线、信号线、压缩空气管道等各种物品乱拉乱接、盘根错节
		3）作业台、椅子尺寸形状大小不一、高低不平、五颜六色，非常不雅
		4）作业台椅子等都无标识
	清扫	1）设备和工具破损、掉漆、"缺胳膊断腿"
		2）到处是灰尘、脏污
		3）材料余渣、碎屑残留
		4）墙上、门上乱写乱画
		5）垫布发黑、许久未清洗
		6）表面干净、实际上却脏污不堪

第二节 润滑剂与润滑方法

一、工业润滑剂

工业润滑剂大致可以分为液体润滑剂（润滑油）、润滑脂和特种油等。润滑油大致可以分为液压油、工业齿轮油、机械油、冷冻机油、变压器油、导热油、汽轮机油、内燃机油、空气压缩机油等。润滑脂（俗称黄油）分的种类比较杂，一般分为锂基脂、钙基脂、食品级润滑脂等。特种油基本可以分为切削液、拉延油、防锈油、淬火油等。

二、润滑剂的代号

1. 润滑剂的代号及其意义

根据 GB/T 7631.1—2008 的规定，润滑剂的代号由类别、品种及数字组成，其组成形式为：类别+品种+数字。

（1）类别　类别指石油产品的分类，润滑剂是石油产品之一，其类别用 L 表示。

（2）品种　品种指润滑剂按应用场合的分组，分别用相应字母代表：A——全损耗系统；C——齿轮；D——压缩机；E——内燃机；F——主轴、轴承、离合器；G——导轨；H——液压系统；M——金属加工；P——气动工具；T——汽轮机；Z——蒸汽气缸等。

（3）数字　数字代表润滑剂的黏度等级，其数值相当于 40℃ 时每个等级的中间点的运动黏度值，单位为 mm^2/s。国家标准 GB/T 3141—1994 规定了润滑剂的黏度等级，见表4-2-3。

表 4-2-3　润滑油的 ISO 黏度等级（GB/T 3141—1994）

ISO 黏度等级	中间点运动黏度(40℃) /(mm²/s)	运动黏度范围(40℃)/(mm²/s)	
		最　　小	最　　大
2	2.2	1.98	2.42
3	3.2	2.88	3.52
5	4.6	4.14	5.06
7	6.8	6.12	7.48
10	10	9.00	11.0
15	15	13.5	16.5
22	22	19.8	24.2
32	32	28.8	35.2
46	46	41.4	50.6
68	68	61.2	74.8
100	100	90.0	110
150	150	135	165
220	220	198	242
320	320	288	352
460	460	414	506
680	680	612	748
1000	1000	900	1100
1500	1500	1350	1650
2200	2200	1980	2420
3200	3200	2880	3520

例如，润滑剂代号 L-AN100，表示黏度等级为 $100mm^2/s$ 的全损耗系统润滑剂，其在 40℃时运动黏度为 $90\sim110mm^2$（中间点的运动黏度为 $100mm^2/s$）。

一般情况下，在中转速、中荷载和温度不太高的工况下，选用中黏度的润滑剂；在高载荷、低转速和温度较高的工况下，选用高黏度润滑剂或添加极压抗磨剂的润滑剂；在低载荷、高转速和低温的工况下，选用低黏度润滑剂；在较大温度范围、轻载荷和高转速，以及其他特殊工况下，选用合成润滑剂。

2. 润滑脂的代号及其意义

国家标准 GB/T 7631.8—1990 将润滑脂作为石油产品 L 类（润滑剂）的 X 组，适用于润滑各种机械部件、车辆等。该标准是按润滑脂的工作条件分类的，每个品种有其代号，以区别不同的工作条件。根据规定，润滑脂的代号由类别、组别与性能及数字组成，其组成形式为：类别+组别与性能+数字。

（1）类别　类别同润滑剂，用字母 L 表示。

（2）组别　组别与性能用 5 个字母组成，第一个字母 X 表示组别；第 2~5 个字母分别表示最低工作温度、最高工作温度、工作场所水污染情况、极压性能等。

（3）数字　数字表示稠度等级，按锥入度大小分为 000~6 共 9 个稠度等级，其相应锥入度（0.1mm）为 85~485。

例如，润滑脂代号 L-XBEGB 00，表示最低工作温度-20℃，最高工作温度160℃，环境条件经受水洗，高负荷，稠度等级为 00 级。

三、常用润滑方法

1. 手工润滑

由操作工使用油壶或油枪向润滑点的油孔，油嘴及油杯加油称为手工给油润滑，主要用于低速、轻载和间歇工作的滑动面、开式齿轮、链条以及其他单个摩擦副。加油量依靠工人感觉与经验加以控制。

2. 滴注润滑

依靠油的自重通过装在润滑点上的油杯中的针阀或油绳滴油进行润滑。结构简单，使用方便，但给油量不容易控制；振动、温度的变化及油面的高低，都会影响给油量。不宜使用高黏度的油，否则针阀易被堵塞。

3. 飞溅润滑

浸泡在油池中的零件本身或附装在轴上的甩油环将油搅动，使之飞溅在摩擦面上。这是闭式箱体中的滚动轴承、齿轮传动、蜗杆传动、链传动、凸轮等广泛应用的润滑方式（图4-2-1）。零件的浸泡深度有一定的限制。浸在油池中的机件的圆周速度一般控制在小于12m/s。速度过高，搅拌阻力增大，油的氧化速度加快；速度过低影响润滑效果。

4. 油环与油链润滑

依靠套在轴上的油环或油链将油从油池中带到润滑部位。如图4-2-2所示，套在轴上的油环下部在油池中，当轴旋转时，靠摩擦力带动油环转动，从而把油带入轴承中进行润滑。

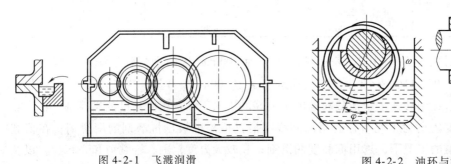

图4-2-1　飞溅润滑　　　　　　　　图4-2-2　油环与油链润滑
1—轴　2—油环

5. 油绳与油垫润滑

一般是与摩擦表面接触的毛毡垫或油绳从油池中吸油，然后将油涂在工件表面上。有时没有油池，仅在开始时吸满油，以后定期用油壶补充一点油。主要应用于小型或轻载滑动轴承。这种方法主要优点在于简单、便宜，毛毡和油绳能起到过滤作用，因此比较适合多尘的场合。但由于油量小，不适用于大型和高速轴承，供油量不易调整。

6. 自润滑

自润滑是将具有润滑性能的固体润滑剂粉末与其他固体材料相混合并经压制、烧结成材，或是在多孔性材料中浸入固体润滑剂，或是用固体润滑剂直接压制成材，作为摩擦表面。这样在整个摩擦过程中，不需要加入润滑剂，仍能具有良好的润滑作用。

7. 油雾润滑

油雾润滑系统由油雾润滑装置、管道和凝缩嘴组成。油雾润滑装置主要由分水滤气器、调压阀及油雾发生器组成，如图4-2-3所示。

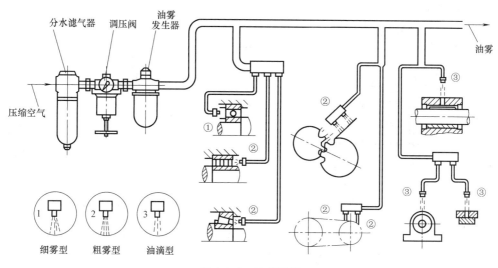

图 4-2-3 油雾润滑

油雾润滑主要用于高速滚动轴承，或高温工作条件下的链条等，不仅可达到润滑目的还起到冷却和排污作用，耗油量小。其缺点就是排出的气体含有悬浮的油雾，造成污染，故此种方法将被油气润滑所取代。

8. 集中润滑

集中润滑主要用在机械设备中有大量的润滑点或车间、工厂的润滑系统。采用集中润滑可以减少维护工作量，提高可靠性。

图4-2-4所示为XHZ-6.3~125型稀油站油集中润滑系统图。油箱12中的润滑油，由油泵11排出，经单向阀10、双筒式过滤器9及冷却器8至各润滑点。当油不需要冷却时，经旁路7直接至出油口。图中4是显示管路中压力的压力表；6是显示滤油器进出口压力差的压差计；5是检测油温的温度计；3是压力继电器；2是安全阀；1是清除回油中部分屑末的滤油器。

脂集中润滑装置，根据管道的分布可分为单线式和双线式，还可分为手动和电动两种。手动双管式集中润滑系统装置，工作压力一般为7MPa，润滑点一般多于30个。电动润滑脂集中润滑装置，工作压力一般为10MPa，润滑点可达几百个，润滑区域半径为5~120m。

图4-2-5所示为电动双线式润滑脂的集中润滑系统示意图，4为干油站，润滑脂从干油站送出经过过滤器2、主油管路1、支油管路6、给油器5至各润滑点。如果所有的给油器都装满了润滑脂，主油管路压力上升到能推动压力操纵阀动作，使得控制干油站中的电磁换向阀3换向，另一条主油管路接通给脂。

9. 压力循环润滑

这种润滑方式是润滑油由油泵从油箱送到各润滑点后，又回到油箱，油可以循环使用，因此可以供很多的润滑油而损耗极少。由于供油充分，油还可以带走热量，冷却效果好，广泛应用于大型、重型、高速、精密和自动化的各种机械设备上。

压力循环润滑系统有两种形式，一种是通过油泵有直接将油池中的油送到润滑部位（喷流），然后靠重力作用使油返回到油池中。这种系统较简单，但当泵一旦出现故障时会

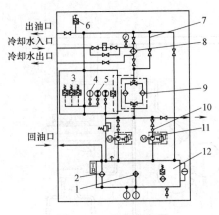

出油口
冷却水入口
冷却水出口
回油口

图 4-2-4　油集中润滑

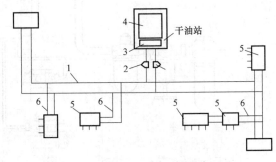

干油站

图 4-2-5　脂集中润滑

立即终止供油。另一种是采用高位油箱利用重力作用将油送到各润滑部位，供油量通过调节阀控制，用油标观察供油情况。油泵从箱底油池将油送到高位油箱，不断补充油量。这种循环系统在油泵停止工作后，依靠高位油箱的存油，润滑不至于立即中断。

对于小型、简单及低速轻载机械，或所需油量少、无回油价值时，可采用手工加油、滴油、油垫等简单的润滑方式；对大型、复杂或高速重载的机械，并要求连续供油时，可采用飞溅润滑、油环润滑或循环润滑；对高速的轴承或齿轮则多采用油雾润滑；对需油量较大的重要部件，最好采用压力循环润滑。

第三节　螺纹紧固和拧紧力矩

螺纹紧固方法主要有两类，分别是弹性紧固和塑性紧固。弹性紧固一般指扭矩拧紧法，塑性紧固主要包括转角拧紧法、屈服点拧紧法等。影响螺纹紧固最重要的因素是扭矩、预紧力、摩擦力、材料硬度，需要充分考虑以上几个影响因素。

一、紧固工具

紧固工具一般分为通用工具和特殊工具。通用工具有活扳手、呆扳手（开口扳手、叉口扳手）梅花扳手、套筒扳手、内六角扳手（米制、英制）。活扳手的型号根据其扳手的全长来分，并以英制来标称，如：6″、8″、10″、12″等。呆扳手、梅花扳手、套筒扳手、六角扳手都是以两相对平行边的垂直距离标定型号，如：6mm、8mm、10mm、12mm 等。

活扳手的开口度可以调整，其适用范围较广，可以满足螺栓、螺钉、螺母外六方尺寸发生变化及非标准尺寸时使用。但是其受力和设计的原理使得其在使用中容易对螺栓、螺钉、螺母外六方造成损伤，不便紧固和拆卸。所以活扳手不能用在对螺栓进行最后的紧固和最初的拆卸上。使用时注意：不得锤击扳手手柄部来施加紧固力，不得使用过长的加力杆紧固。

活扳手在使用时应注意扳手开口方向和受力方向，如图 4-2-6 所示。活扳手的规格见表 4-2-4。

内六角扳手在使用过程中要注意：

1）在紧固和拆卸时扳手一定要完全插入内六方孔内，扳手插入部分要和螺栓保证在一条直线上不可倾斜过大，以免用力时损坏内六方形状和尺寸，造成无法施工。

2）在紧固和拆卸时内六角扳手可配以一定的加长杆施工，不可用锤子或其他物品敲击扳手。因其扳手材质的原因在受冲击力过大时扳手易折断，发生施工安全隐患。

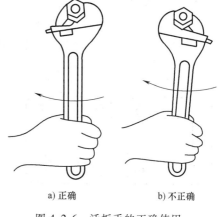

a) 正确　　　b) 不正确

图 4-2-6　活扳手的正确使用

二、螺纹连接装配的技术要求

（1）保证一定的拧紧力矩　为了达到螺纹连接紧固和可靠的目的，要求螺纹牙间有一定的摩擦力矩，所以螺纹连接装配时应有相应的测力装置，使螺纹牙与牙之间产生足够的预紧力。

表 4-2-4　活扳手的规格

长度	米制/mm	100	150	200	250	300	375	450	600
	英制/in	4	6	8	10	12	15	18	24
开口最大宽度/mm		14	19	24	30	36	46	55	65

（2）有可靠的防松装置　螺纹连接一般都具有自锁性，在静载荷下一般不会松脱。但在振动、冲击和交变载荷下，会使螺纹牙之间压力突然减小，以致摩擦力矩减小，使螺纹连接松动。因此，螺纹连接应有可靠的防松装置，以防止摩擦力矩减小和螺母回转。

（3）保证螺纹连接的配合精度　螺纹配合精度由螺纹公差和旋合长度两因素决定，分为精密、中等、粗糙三种。

三、螺纹连接拧紧工艺顺序

螺纹连接时紧固力和紧固顺序相当重要，如紧固力与紧固顺序配合不当，表面看起来螺纹已紧固完成，实质上螺纹在经过振动、冲击和交变运动后，很快就会松动。所以在成组螺钉、螺母紧固时，一定按正确的紧固顺序逐次（一般为 2~3 次）拧紧螺母。一般第一次紧固力为 25%，第二次紧固力为 50%，第三次紧固力为 100%。

图 4-2-7~图 4-2-9 为各种连接件的紧固顺序。

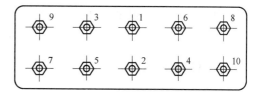

图 4-2-7　长条形零件

（1）长条形零件　从中间开始向两边紧固，防止零件变形，如图4-2-7所示。

（2）对称零件　从对角开始紧固，如方形、圆形件，如图4-2-8所示。

（3）多孔零件　多孔零件的紧固如图4-2-9所示。

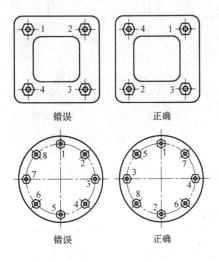

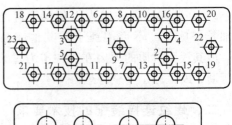

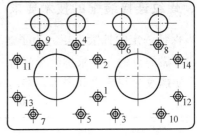

图4-2-8　对称零件　　　　　　　　图4-2-9　多孔零件的紧固

四、有预紧力矩要求的螺纹连接

（1）定扭矩法　用扭力扳手控制，方法简单，但是误差较大，扭力扳手在使用前和使用过程中应注意校核。

（2）扭角法　将螺母拧紧至消除间隙后，再将螺母拧转一定的角度来控制预紧力，不需要专业工具，操作简单，但误差较大。

（3）扭断螺母法　将螺母上切一定深度的环形槽，扳手套在环形槽上部，以由环形槽处扭断螺母来控制预紧力，误差较小，操作方便，但螺母本身的制造和修理重装时不方便。

（4）液力拉伸法　用液力拉伸器使螺栓达到需要的伸长量以控制预紧力，螺栓不受附加力矩，误差较小。

（5）加热法　用加热法（一般小于400℃）使螺栓伸长，然后采用一定厚度的垫片或热紧法来控制螺栓的伸长量，借以控制预紧力，误差较小。

预紧力常用的工具为手动扭力扳手（图4-2-10）、电动扭力扳手、气动扭力扳手、液压扭力扳手、液压拉力扳手。其中气动扭力扳手是一种装拆螺栓螺母的高效工具，重量轻、耗气小、扭矩大。

五、拧紧力矩

M6～M24的螺钉或螺母的拧紧力矩参考表4-2-5。未注明拧紧力矩要求时，普通螺栓拧紧力矩参考表4-2-6、表4-2-7。

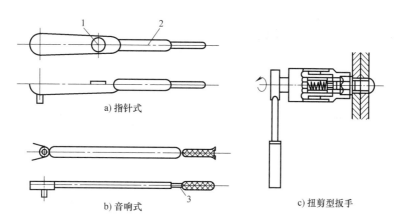

a) 指针式

b) 音响式

c) 扭剪型扳手

图 4-2-10 手动扭力扳手

1—千分表 2—主刻度 3—副刻度

表 4-2-5 M6~M24 螺钉或螺母的拧紧力矩

螺纹公称直径尺寸 d/mm	施加在扳手上的拧紧力矩 $M/(\text{N} \cdot \text{m})$	施力操作要领	螺纹公称直径尺寸 d/mm	施加在扳手上的拧紧力矩 $M/(\text{N} \cdot \text{m})$	施力操作要领
M6	3.5	只加腕力	M16	71	加全身力
M8	8.3	加腕力、肘力	M20	137	压上全身重量
M10	16.4	加全身臂力	M24	235	压上全身重量
M12	28.5	加上半身力			

表 4-2-6 普通螺栓拧紧力矩参考 1

螺栓强度级	屈服强度 $/(\text{N}/\text{mm})^2$	螺栓公称直径/mm							
		6	8	10	12	14	16	18	20
		拧紧力矩/(N·m)							
4.6	240	4~5	10~12	20~25	36~45	55~70	90~110	120~150	170~210
5.6	300	5~7	12~15	25~32	45~55	70~90	110~140	150~190	210~270
6.8	480	7~9	17~23	33~45	58~78	93~124	145~193	199~264	282~376
8.8	640	9~12	22~30	45~59	78~104	124~165	193~257	264~354	376~502
10.9	900	13~16	30~36	65~78	110~130	180~201	280~330	380~450	540~650
12.9	1080	16~21	38~51	75~100	131~175	209~278	326~434	448~597	635~847

表 4-2-7 普通螺栓拧紧力矩参考 2

螺栓强度级	屈服强度 $/(\text{N}/\text{mm}^2)$	螺栓公称直径/mm						
		22	24	27	30	33	36	39
		拧紧力矩/(N·m)						
4.6	240	230~290	300~377	450~530	540~680	670~880	900~1100	928~1237
5.6	300	290~350	370~450	550~700	680~850	825~1100	1120~1400	1160~1546
6.8	480	384~512	488~650	714~952	969~1293	1319~1759	1694~2259	1559~2079
8.8	640	512~683	651~868	952~1269	1293~1723	1759~2345	2259~3012	2923~3898
10.9	900	740~880	940~1120	1400~1650	1700~2000	2473~3298	2800~3350	4111~5481
12.9	1080	864~1152	1098~1464	1606~2142	2181~2908	2968~3958	3812~5082	4933~6577

第四节　磨削与振动

一、磨削

最常用的磨削工艺有平面磨削、外圆磨削、内圆磨削等。常用磨削方法见表4-2-8。

表4-2-8　常用磨削方法

方法	图　　示	磨削过程	特点及应用
纵向磨削法		砂轮的高速回转为主运动,工件的低速回转作圆周进给运动,工作台作纵向往复进给运动,实现对工件整个外圆表面的磨削 每当一次纵向往复行程终了时,砂轮做周期性的横向进给运动,直至达到所需的背吃刀量	砂轮上处于纵向进给方向一侧的磨粒担负主要切削工作,周边上其余磨粒只起修光作用,以减小表面粗糙度值 砂轮的每次背吃刀量很小,生产率低,但可获得较高的加工精度和较小的表面粗糙度值,在生产中应用最广泛
横向磨削法(又称切入磨削法)		磨削时,由于砂轮厚度大于工件被磨削外圆的长度,工件无纵向进给运动 砂轮的高速回转为主运动,工件的低速回转作圆周进给运动,同时砂轮以很慢的速度连续或间断地向工件横向进给切入磨削,直至磨去全部余量	砂轮与工件接触长度内的磨粒的工作情况相同,均起切削作用,因此生产率较高,但磨削力和磨削热大,工件容易产生变形,甚至发生烧伤现象,加工精度降低,表面粗糙度值增大 受砂轮厚度的限制,只适用于磨削长度较短的外圆及不能用纵向进给的场合
综合磨削法	—	横向磨削法与纵向磨削法的综合 磨削时,先采用横向磨削法分段粗磨外圆,并留精磨余量,然后再用纵向磨削法精磨到规定的尺寸	在一次纵向进给运动中,将工件磨削余量全部切除而达到规定的尺寸要求

二、振动

磨削等各种加工过程中会发生振动,会使工件已加工表面上出现条痕或布纹状痕迹,使表面质量显著下降,降低生产率,造成噪声污染。

1. 强迫振动和自激振动

强迫振动是物体受到一个周期变化的外力作用而产生的振动。如在磨削过程中,由于电动机、高速旋转的砂轮及带轮等不平衡,都会引起强迫振动。

自激振动(颤振)是工艺系统没有外力作用而由自激力自激产生的振动。即使不受到任何外界周期性干扰力的作用,振动也会发生。如在磨削过程中砂轮对工件产生的摩擦会引起自激振动。系统刚性差、砂轮特性选择不当,都会使摩擦力加大,从而使自激振动加剧。自激振动的频率等于或接近系统的固有频率,按频率的高低可分为高频颤振(一般频率在500～5000Hz)及低频颤振(一般频率为50～500Hz)。

2. 消减振动的措施

（1）消减强迫振动的措施

1）对高速回转（600r/min 以上）的零件进行平衡（静平衡和动平衡）或设置自动平衡装置，或采用减振装置。

2）调整轴承及镶条等处的间隙，改变系统的固有频率，使其偏离激振频率；调整运动参数，使可能引起强迫振动的振源频率，远离加工薄弱模态的固有频率。

3）提高传动装置的稳定性，如在磨床上采用少接头、无接头传动带，传动带应选择长短一致，用斜齿轮代替直齿轮，在主轴上安装飞轮等。

4）在精密磨床上用叶片泵代替齿轮泵，在液压系统中采用缓冲装置等以消除运动冲击。

5）将高精度磨床的动力源与机床本体分置在两个基础上以实现隔振。常用的隔振材料及隔振器有橡胶隔振器、泡沫橡胶、毛毡等。

6）适当选择砂轮的硬度、粒度和组织，适当修整砂轮，减轻砂轮堵塞，减少磨削力的波动。

（2）消减自激振动的措施

1）合理选择切削用量。

切削速度 v 的选择：一般当速度在 $30\sim70$m/min 范围内容易产生振动。当速度低于或高于这个范围，振动处于减弱状态。

进给量 f 的选择：在加工表面粗糙度允许的情况下，选取较大的进给量以避免自激振动。

背吃刀量 a_p 与切削宽度 b_D 的关系：当背吃刀量 a_p 增大时，切削宽度也增加，振动也加强。故选择背吃刀量 a_p 时一定要考虑切削宽度 b_D。

2）增大工艺系统的刚度和阻尼。加强前后顶尖的刚度，工件刚度不足时采用中心架。在保证砂轮架轴承温度升高限度内尽量减少轴承间隙，以提高轴承的油膜刚度。

3）减小工件速度，增大砂轮速度。提高砂轮与工件的速比，有利于减少自激振动。要注意砂轮速度的提高会引起强迫振动。

4）选择适当的砂轮硬度。砂轮太硬或太软都不利于消振，同时砂轮应尽可能修整得锐利些。

5）采用减振装置。当使用上述各种措施仍然不能达到消振的目的时，可考虑使用液压阻尼器进行减振。阻尼越大，减振的效果越好。

第三章

钳 工 技 能

【知识目标】

　　熟悉钳工场地，了解钳工特点；熟悉常用工具，掌握使用方法；熟悉钳工设备，掌握操作方法；遵守安全规则，履行操作规程。

【知识结构】

钳工技能
- 钳工概述
  - 钳工台
  - 台虎钳
  - 砂轮机
  - 台式钻床
- 划线与划线工具
  - 划线分类（平面划线和立体划线）
  - 划线工具
  - 常用划线基准形式和划线方法
- 锯削
  - 手锯（锯弓和锯条）
  - 锯削方法
- 锉削
  - 锉刀的分类、规格、选择
  - 锉刀的基本操作
  - 平面锉削方法
  - 圆弧锉削方法
- 孔加工
  - 钻孔
  - 扩孔
  - 锪孔
  - 铰孔
- 螺纹加工
  - 攻螺纹
  - 套螺纹
- 装配
  - 装配工艺规程
  - 装配工艺过程
  - 装配组织形式
  - 固定连接装配、过盈连接装配

第一节　钳 工 概 述

钳工是利用钳工工具（或设备），按技术要求对工件进行加工、装配和修理的工种。钳工的特点是手工操作多、灵活性强、工作范围广、技术要求高。

钳工操作技能主要包括划线、錾削、锯削、锉削、钻孔、锪孔、铰孔、攻螺纹与套螺纹、矫正与弯形、刮削、研磨、技术测量和简单热处理等。

钳工常用设备如下：

1. 钳工台

钳工台（或称钳桌台）如图 4-3-1 所示，是钳工常用操作台，用于安装台虎钳和放置工具、量具及夹具等。

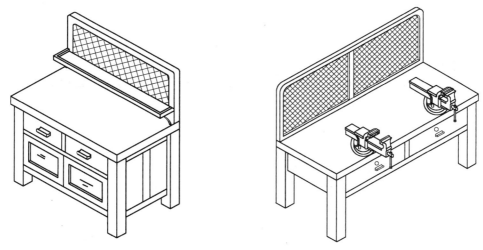

图 4-3-1　钳工台

2. 台虎钳

台虎钳是夹持工件的通用夹具，其规格以钳口宽度表示，常用的台虎钳有 100mm、125mm、150mm 等。

台虎钳分固定式和回转式两种，如图 4-3-2a、b 所示。因回转式台虎钳比固定式台虎钳增加了一个回转底座，钳身可在底座上固定和回转，能满足不同位置的加工，因而操作方便。

（1）回转式台虎钳操作方法

1）逆时针转动工作手柄 12，丝杠 11 在固定螺母 3 中旋转，活动钳身 10 松开。顺时针转动手柄 12 为夹紧。为方便操作可回转台虎钳角度，拧松手柄 4、转动钳身 7，再拧紧手柄 4。

2）工件夹持要安全、牢固无松动，但夹紧力不能使工件产生变形。锉削工件夹持如图 4-3-2c 所示，若夹持偏高会产生抖动锉痕，影响锉削质量。

（2）台虎钳的使用与维护

1）台虎钳与工作台必须固定无松动，避免影响使用。

2）工件夹持用力要适当，一般以单手扳紧手柄即可。

3）固定钳身上方的砧座，用于轻敲作业。

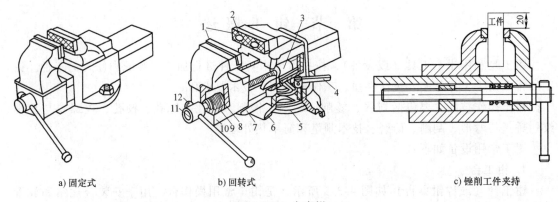

a) 固定式　　　　　　　　　b) 回转式　　　　　　　　c) 锉削工件夹持

图 4-3-2　台虎钳

1—钳口　2—螺钉　3—螺母　4—锁紧手柄　5—夹紧盘　6—转盘座

7—固定钳身　8—挡圈　9—弹簧　10—活动钳身　11—丝杠　12—工作手柄

4）丝杠、螺母常注油润滑，以便操作，延长使用寿命。

3. 砂轮机

砂轮机主要用来刃磨刀具、工具和黑色金属等。砂轮机种类较多，常用的砂轮机分台式、立式和手提式等。立式砂轮机与刀具的刃磨如图 4-3-3 所示。

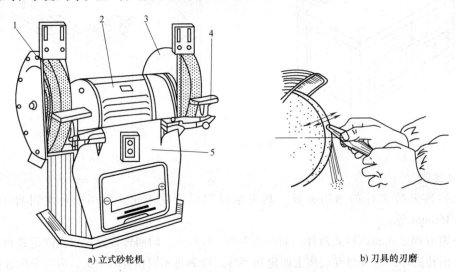

a) 立式砂轮机　　　　　　　　　　　　　　　b) 刀具的刃磨

图 4-3-3　立式砂轮机与刀具的刃磨

1—砂轮　2—电动机　3—防护罩　4—托架　5—机座

砂轮机的安全操作规程：

1）砂轮的旋转方向应与砂轮罩上标注的箭头方向相同，砂轮磨屑的飞离方向只能向下。

2）砂轮机转动后要稍等片刻，待 5～10s 砂轮转速稳定后方可使用。若砂轮抖动明显，要修整后再使用，使用结束及时关电源。

3）砂轮机托架与砂轮的间距保持在 3mm 以内，以防工件扎入造成事故。

4）磨削操作时应站在砂轮的侧面，刃磨工件对砂轮不可冲击，用力不宜过大。

5）使用砂轮机要用心专一，不与他人说笑打闹，严禁两人同时使用一片砂轮。

4. 台式钻床

台式钻床简称台钻，牌号为 Z4112 型台钻如图 4-3-4 所示。A 型 V 带传递动力，5 级塔形带轮变换转速，手动调整转速和进给切削。在手柄 4 的转动轴端装有钻削深度刻度盘和钻削深度限位装置，钻夹头装在主轴 3 的锥柄上，夹持小于 13mm 直柄钻头。

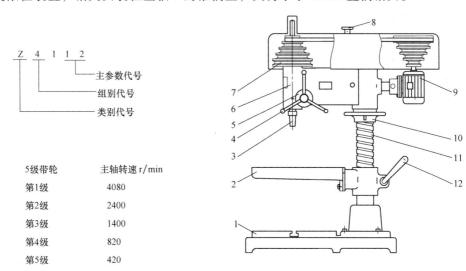

5级带轮	主轴转速 r/min
第1级	4080
第2级	2400
第3级	1400
第4级	820
第5级	420

图 4-3-4　Z4112 型台钻

1—底座平台　2—升降工作台　3—主轴　4—进给手柄　5—刻度盘　6—主轴箱
7—带轮　8—安全罩开关盘　9—电动机　10—升降盘　11—立柱　12—锁紧手柄

（1）台钻操作方法

1）转速调整。逆时针旋转手柄 8，弹开安全罩，拧松 V 带张力锁紧螺栓，手动调整传动带，置于带轮 7 中所需转速槽内，调整带张力，拧紧锁紧螺栓，下压安全罩，顺时针旋转手柄 8 锁紧。

2）高度调整。松开各锁紧手柄，调整升降工作台 2 或机头升降盘 10 至工件夹持和操作高度，拧紧各锁紧手柄。

3）钻孔。按起动按钮，左手抓捏工件（或夹具），右手转动进给手柄 4，进给量要均匀，用力不宜太大，观察钻孔质量。

4）起钻和穿孔时进给力不宜大，要平稳、稍慢，以免影响钻孔质量或穿孔时产生扎刀现象。

（2）钳工安全操作要求

1）进入车间遵守规章制度，不要追跑与大声喧闹。

2）按要求穿戴劳动防护用品，保证操作安全要求。

3）不准擅自使用不熟悉的机床和精密仪器等。

4）操作机床严禁戴手套，切勿用手清理切屑。

5）錾子头部若有毛刺应及时倒角，避免伤手。

6）加工工件勿用嘴吹除切屑，避免微屑入眼。

7）工量具使用摆放指定位置，不能混杂堆放。

8）做好 5S 管理，保持工作场地的整洁与卫生。

第二节 划线与划线工具

划线是根据图样的技术要求，在毛坯或半成品上用划线工具划出加工界线，或划出作为基准点、线的操作过程。

1. 划线分类

划线分平面划线和立体划线两种。

（1）平面划线 只在工件一个表面上划线后，即可明确表示加工界线，称为平面划线。平面划线如图 4-3-5a 所示。

（2）立体划线 需要在工件的几个互成不同角度的表面上划线，才能明确表示加工界线，称为立体划线。立体划线如图 4-3-5b 所示。

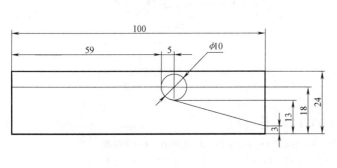

a) 平面划线

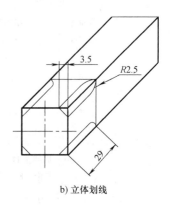

b) 立体划线

图 4-3-5 平面划线和立体划线

2. 划线前的准备

划线前首先看懂图样，分析工艺要求，明确划线任务；其次选择划线工具、量具；然后检验坯料的质量；最后对加工表面进行清理和涂色。

3. 划线工具

（1）划线平板 划线平板如图 4-3-6 所示，由铸铁经精刨或刮削制成，是划线和检测的基准平板。平板要置于水平状态，保持清洁，平时上油防锈，切勿损伤台面。

（2）划针盘 划针盘如图 4-3-7 所示，由底盘、支架和划针组成，是划线、引线、找正与借料的工具。

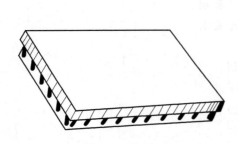

图 4-3-6 划线平板

图 4-3-7 划针盘

（3）划针 划针是直接在零件上划线的工具，如图4-3-8a所示。划针用 $\phi3 \sim \phi5mm$ 弹簧钢丝或高速钢制成，针尖部磨成 $15° \sim 20°$ 并淬火处理。使用方法如图4-3-8b所示，与钢直尺、角尺等量具结合划线。

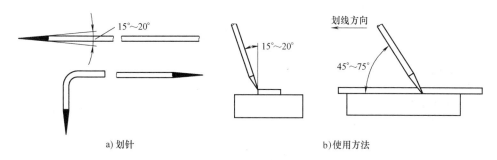

a) 划针

b) 使用方法

图4-3-8 划针与使用

（4）划规 划规如图4-3-9所示，是划圆、圆弧、等分线段和量取尺寸的工具。

（5）锤子。锤子如图4-3-10所示，是装配、錾削和整形等工作的常用工具。锤子规格以锤头质量来表示，常用的有 0.25kg、0.5kg、0.75kg、1kg 等。

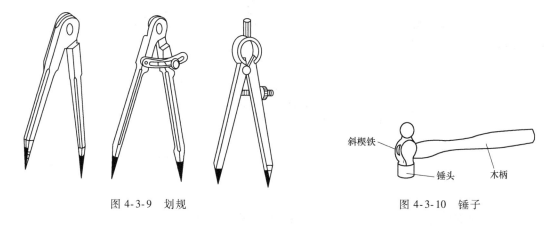

图4-3-9 划规

图4-3-10 锤子

（6）样冲 样冲如图4-3-11a所示，用于在划线后的加工界限线条或中心上冲眼。冲眼

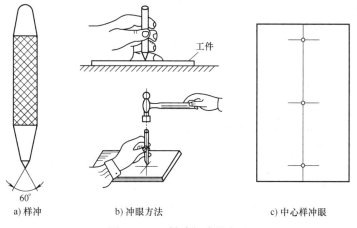

a) 样冲

b) 冲眼方法

c) 中心样冲眼

图4-3-11 样冲与冲眼方法

方法如图 4-3-11b 所示，定位中心样冲眼如图 4-3-11c 所示。

（7）通用扳手　通用扳手（活扳手）如图 4-3-12a 所示，其开口在一定范围内可调节，用来装拆六角形、正方形螺栓、螺母。

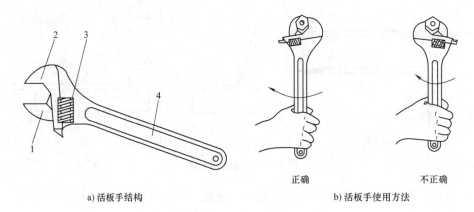

a) 活板手结构　　　　　　　　　　　　　　b) 活板手使用方法

图 4-3-12　活扳手

1—活动钳口　2—固定钳口　3—调整螺杆　4—扳手体

（8）螺钉旋具（螺丝刀）　常用螺丝刀如图 4-3-13 所示，分一字槽和十字槽形两种，用于装拆头部开槽螺钉等。

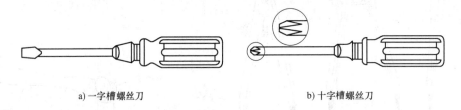

a) 一字槽螺丝刀　　　　　　　　　　　　　b) 十字槽螺丝刀

图 4-3-13　螺丝刀

（9）划线支撑与夹持工具　划线时常用一些辅助工具来支撑和夹持工件，如图 4-3-14 所示。

4. 划线基准的选择

划线时，在工件上选择某个点、线、面作为划线依据，使之能正确划出满足其他各部分尺寸或形状的相对位置要求的线，此依据称为划线基准。

常用划线基准的形式和划线方法如下：

（1）以两条相互垂直的中心线为基准　如图 4-3-15 所示，圆柱端面划线，所划 18mm×18mm 正方形尺寸线与 ϕ30mm 圆的垂直中心对称，四周尺寸相等。

划线方法：将 ϕ30mm 圆柱置于方箱 V 形铁内压紧。利用方箱的各面垂直度，通过翻转方箱，划出垂直中心线和正方形尺寸界线。

（2）以两个相互垂直的平面为基准　如图 4-3-16 所示，鸭嘴锤头的侧面划线，以底面和左端垂直面为划线基准，划 R5mm 与斜面尺寸位置线。

划线方法：以底面为基准，角铁作靠铁，划出尺寸 3mm 和 13mm 线；以左端垂直面为基准，划出尺寸 59mm 和（59+5）mm＝64mm 线；用划针、钢直尺和划规划出斜线和 R5mm

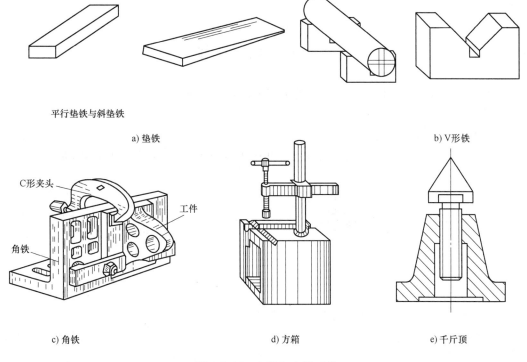

平行垫铁与斜垫铁

a) 垫铁

b) V形铁

c) 角铁

d) 方箱

e) 千斤顶

图 4-3-14 支撑与夹持工具

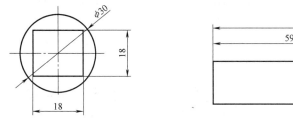

图 4-3-15 圆柱端面划线

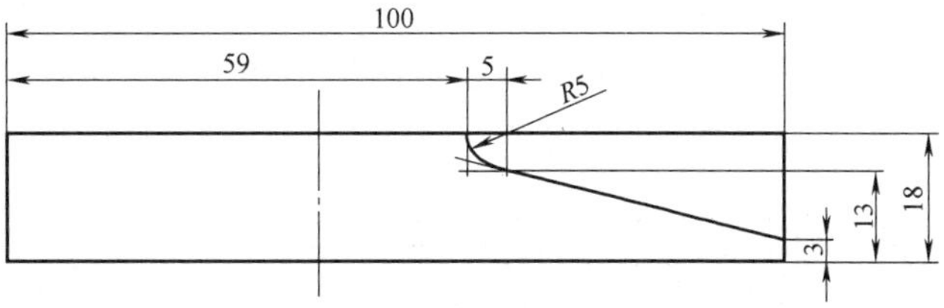

图 4-3-16 鸭嘴锤头侧面划线

圆弧线。

（3）以一条中心线和一个垂直平面为基准 如图 4-3-17 所示，鸭嘴锤头孔加工划线，以 18mm 尺寸中心线和左端垂直面为划线基准。

划线方法：以左端垂直面为基准，划尺寸 40mm 线；划 40mm 右尺寸界线为对称中心线

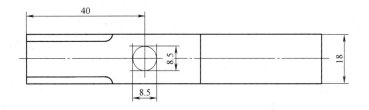

图 4-3-17 划线方法

的尺寸 8.5mm 的加工界线；以 18mm 尺寸中心线为基准，划对称中心线尺寸 8.5mm 加工界线。

第三节　锯　削

用锯对材料或工件进行切断或锯槽的加工方法称为锯削。

1. 手锯

手锯由锯弓和锯条组成。

（1）锯弓　锯弓用来安装和张紧锯条，如图 4-3-18 所示，锯弓分可调式和固定式两种。

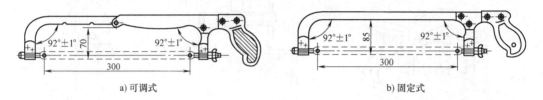

a) 可调式 　　　　　　　　　　　b) 固定式

图 4-3-18　手锯

（2）锯条　锯条是锯割材料的工具。手锯常用锯条的长度为 300mm。

1）锯齿的粗细。锯齿的粗细以锯条每 25mm 长度内的齿数表示。一般分粗齿、中齿和细齿三种，粗齿 14~18 齿、中齿 22~24 齿、细齿 32 齿，齿数越多表示锯齿越细。

2）锯齿的选择。锯齿的选择根据锯削材料的软硬和厚薄来确定。粗齿锯条适用于铜、铝、铸铁和非金属等较软材料；细齿锯条则相反，适用于薄壁管材、薄片金属等材料。

2. 锯削方法

（1）锯条安装　锯条安装如图 4-3-19 所示。注意锯齿的切削方向，锯条松紧调整，以拇指和食指拧紧螺母力为准。

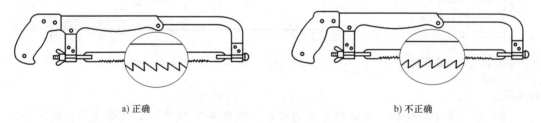

a) 正确 　　　　　　　　　　　　b) 不正确

图 4-3-19　锯条安装

（2）锯削站姿　钳工锯削、锉削和錾削的站姿如图 4-3-20 所示。左脚相对台虎钳垂直线成 30°，右脚成 75° 踩在垂直线上，两脚分开约 300mm，可根据身高适当调整。锯削时身体稍前倾，重心在左脚上，左膝稍弯曲，随锯削运动而屈伸，往复循环。

（3）手锯握法　右手满握手柄，拇指压在食指（示指）上，左手四指勾住前锯架，拇指靠着架背，双手扶正手锯，如图 4-3-21 所示。

（4）起锯方法　起锯如图 4-3-22a 所示，左手拇指放在锯割线一侧作定位点，使锯条靠着拇指的起始位置锯削。起锯角度 θ 约为 15°，起锯行程要短、压力小、速度慢，当锯条切入 2mm 左右双手扶正锯削，逐步减小起锯角，引锯成一条直线后进入正常锯削。

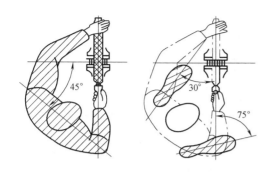

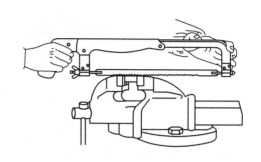

图 4-3-20　锯削锉削和錾削的站姿

图 4-3-21　手锯握法

　　起锯分远起锯和近起锯两种。远离人操作一端的起锯称远起锯，如图 4-3-22b 所示。靠近人操作一端的起锯称近起锯，如图 4-3-22c、d 所示。

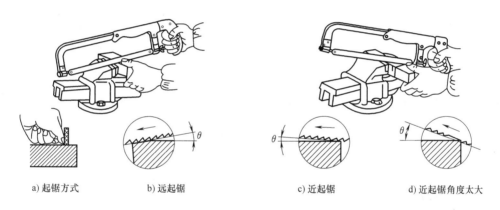

a) 起锯方式　　　　b) 远起锯　　　　　　c) 近起锯　　　　d) 近起锯角度太大

图 4-3-22　起锯方法

　　（5）锯削运动方式　锯削运动方式有直线运动锯削和小幅度摆动锯削两种。摆动锯削是指摆动手锯 15°左右，推进时右手下压，左手上翘，回程时右手上抬，左手自然跟回。
　　（6）锯削力与锯削速度　手锯推进时右手施加推力和压力，左手协调平衡力并扶正手锯运动。锯削压力不宜大，速度控制在 30 次/min 左右，回程时不施加压力、速度稍快。

第四节　锉　　削

　　用锉刀对工件表面进行切削加工的方法称为锉削。锉削精度可达 0.01mm，表面粗糙度值可达 0.8μm。

1. 锉刀

　　（1）锉刀的组成　锉刀由锉身和刀柄两部分组成。锉刀各部分名称如图 4-3-23 所示。锉刀面是锉削工作面，锉刀舌用来安装锉刀柄，便于操作。
　　（2）锉刀的分类
　　1）按齿纹分，有单齿纹和双齿纹两种。
　　单齿纹锉刀如图 4-3-24a 所示，齿纹按一个方向排列，因后角处容屑空间大，适用于锉

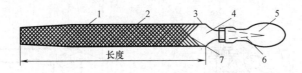

图 4-3-23　锉刀的组成

1—锉刀面　2—锉侧面　3—底齿纹　4—锉柄部分　5—锉刀柄　6—锉刀舌　7—面齿纹

削铝、锡等较软材料。双齿纹锉刀如图 4-3-24b 所示，齿纹按交叉方向排列，锉削时每个齿的锉痕交叉不重叠，刀齿强度高，切削力小，因此适应硬材料的锉削。

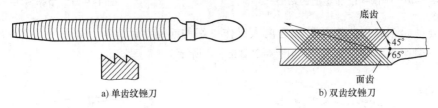

a) 单齿纹锉刀　　　　　　　　　b) 双齿纹锉刀

图 4-3-24　锉刀

2）按用途分。有普通钳工锉、异形锉和整形锉。

① 普通钳工锉如图 4-3-25 所示，按其断面形状的不同分为扁锉、半圆锉、三角锉、方锉和圆锉等。

a) 扁锉　　　b) 半圆锉　　　c) 三角锉　　　d) 方锉　　　e) 圆锉

图 4-3-25　普通钳工锉断面形状

② 异形锉如图 4-3-26a 所示，分刀口锉、菱形锉、扁三角锉、椭圆锉和圆锉等，用于锉削特殊表面的型腔。

③ 整形锉又称什锦锉，如图 4-3-26b 所示，有多种不同断面的锉刀形状，用于修锉细小部分的表面。

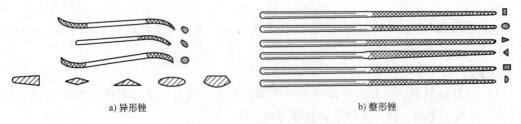

a) 异形锉　　　　　　　　　　b) 整形锉

图 4-3-26　异形锉和整形锉

（3）锉刀的规格　锉刀的规格分尺寸规格和齿纹规格两种。尺寸规格中圆锉以断面直径表示；方锉以边长尺寸表示；其他锉刀以锉身长度表示。齿纹规格以锉身长度上每 10mm

内主锉纹的条数表示。

2. 锉刀的选择

（1）按工件加工形状选择　如图 4-3-27 所示，以工件加工的形状选择锉刀断面形状，以锉削表面大小选择锉刀的大小。

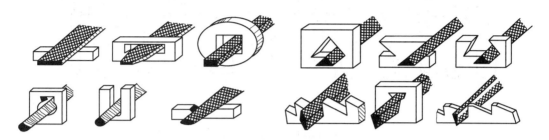

图 4-3-27　锉刀的选择

（2）按锉刀的齿纹粗细选择　锉刀齿纹规格分粗、中、细齿三种。齿纹选择由锉削余量、尺寸精度和表面粗糙度等要求决定。齿纹选择见表 4-3-1。

表 4-3-1　锉刀齿纹粗细规格的选择

锉　　刀	适用场合		
	加工余量/mm	尺寸精度/mm	表面粗糙度 $Ra/\mu m$
粗齿锉刀	>0.5	0.2~0.5	50~25
中齿锉刀	0.2~0.5	0.05~0.2	12.5~6.3
细齿锉刀	0.05~0.2	0.01~0.05	6.3~3.2

3. 锉削基本操作

（1）较大锉刀的握法　如图 4-3-28 所示，右手五指伸展，掌心朝天逆时针转动 90°左右，锉柄圆头顶在掌心，拇指压在锉柄上部，其余四指弯曲满握手柄。左手拇指根部压在锉刀头部表面上，其余四指自然弯曲，中指和无名指（环指）勾住锉刀前端底面。

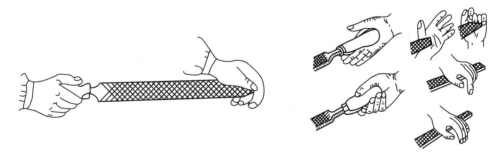

图 4-3-28　锉刀的握法

（2）锉削运动　锉削运动如图 4-3-29 所示。起始时身体前倾 10°，重心在左脚上，右肘向后收缩；锉削 1/3 行程时，身体逐渐前倾至 15°；其次 1/3 行程时，右肘向前推进，身体前倾至 18°；最后 1/3 行程时，右肘继续推进，左膝随锉削运动而屈伸，身体自然收回到 15°，往复循环、协调自然。

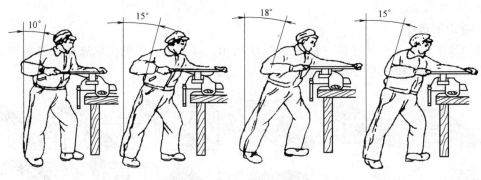

图 4-3-29　锉削运动

（3）锉削力与锉削速度　锉削平直表面如图 4-3-30 所示。两手控制锉削力平衡，保持锉刀水平直线锉削。锉刀推出时右手施加推力和压力，左手协调平衡力，随着锉刀推进的变化，右手压力逐渐增加，左手压力逐渐减少。退回时，不施加压力，可减少刀齿磨损。锉削速度控制在约 40 次/min，推出时稍慢，收回时稍快。

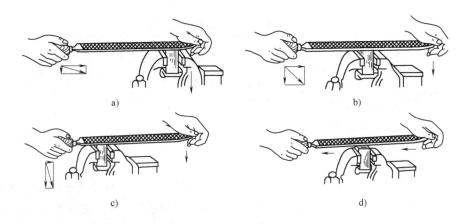

a)　　　　　　　　　　　　　　b)

c)　　　　　　　　　　　　　　d)

图 4-3-30　锉削平直表面

4. 平面锉削方法

（1）顺向锉　顺向锉削如图 4-3-31a 所示，是指锉刀推进方向与工件夹持方向一致，用于精锉修正，可得到正直整齐的锉痕。

（2）交叉锉　交叉锉削如图 4-3-31b 所示，是指锉刀对应工件夹持方向右转 35°，以顺向锉削方法锉削平面，完成后锉刀对应工件夹持方向左转 35°，呈交叉状锉削，产生交叉锉痕。交叉锉方法增加了锉削接触面积，易控制锉削平面，通过交叉锉痕，便于判断锉削位置。

（3）推锉　推锉如图 4-3-31c 所示，是用双手拇指和食指夹持锉刀两侧面，在狭长工件表面上平稳推拉锉削。推锉能得到光滑表面和较小粗糙度值，但锉削效率低，常用于修整和表面锉痕处理。

锉刀横向移动如图 4-3-31d 所示，穿插在锉削回程后，下次锉削之前，移动距离约为锉刀的 2/3 宽度。

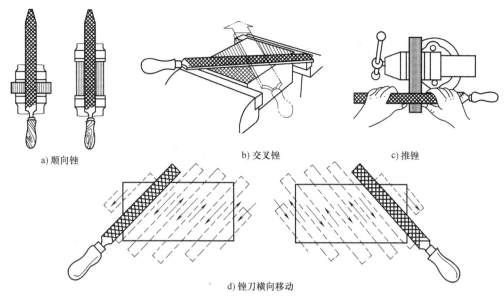

a) 顺向锉 b) 交叉锉 c) 推锉

d) 锉刀横向移动

图 4-3-31 锉削方法

5. 圆弧锉削方法

（1）内圆弧锉削 内圆弧的锉削如图 4-3-32 所示。锉刀做顺向锉推进时，有一个顺（或逆）时针的角度转动，同时向转动方向有所移动，即锉削一次，锉刀要完成三个动作（推进、转动和移动），此锉削方法可避免产生多圆弧凹痕。

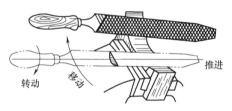

图 4-3-32 内圆弧锉

（2）外圆弧锉削方法

1）顺圆弧锉削。顺圆弧锉削如图 4-3-33a 所示。在锉刀做顺圆弧锉削推进时，双手绕工件圆弧中心上下摆动，即锉刀推进过程中，右手下压，左手跟随锉刀上翘。

2）顺向修整锉。顺向修整锉削是在圆弧表面上进行局部锉削，修整圆弧轮廓或弧上高点。如图 4-3-33b 所示，锉刀做顺向推进时，有一个顺（或逆）时针的小角度转动，左手协助右手做相应的锉削动作。

3）多棱边锉削。多棱边锉削方法如图 4-3-34 所示。按照圆弧要求，对称均匀锉削成多棱边，组成多棱边圆弧，最后以顺圆弧或顺向修整锉削方法修整圆弧。

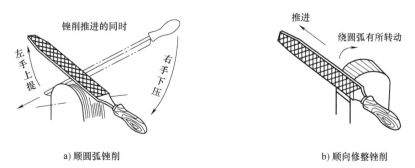

a) 顺圆弧锉削 b) 顺向修整锉削

图 4-3-33 外圆弧锉削

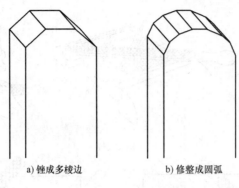

a) 锉成多棱边　　　　　　b) 修整成圆弧

图 4-3-34　多棱边锉削

第五节　孔　加　工

孔加工方法有两种。一是在实体材料上用钻头加工出孔，如图 4-3-35a 所示；二是在已有孔的基础上进行再加工，如图 4-3-35b~e 所示。

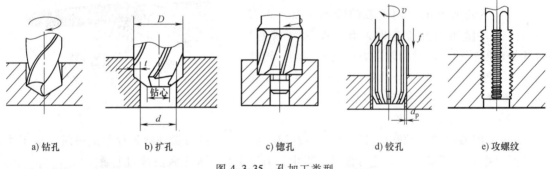

a) 钻孔　　　　b) 扩孔　　　　c) 锪孔　　　　d) 铰孔　　　　e) 攻螺纹

图 4-3-35　孔加工类型

1. 钻孔

用钻头在工件上加工出孔的方法称为钻孔。

（1）麻花钻　麻花钻如图 4-3-36 所示，由柄部、颈部和工作部分组成。

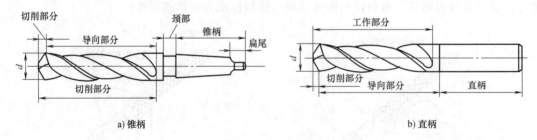

a) 锥柄　　　　　　　　　　b) 直柄

图 4-3-36　麻花钻

1）柄部：麻花钻柄部有直柄和锥柄两种。柄部是麻花钻的夹持部分，用来传递转矩和轴向力。麻花钻直径小于 13mm 的制成直柄，大于 13mm 的制成锥柄。

2）颈部：颈部是制造麻花钻时，磨削加工的越程槽，也是钻头规格、牌号的打印之处。

3）工作部分：由切削部分和导向部分组成。切削部分起切削作用，导向部分除支持切削外，起导向、修光和排屑作用。

（2）麻花钻切削刃名称及几何角度　麻花钻的切削刃名称如图 4-3-37a 所示；麻花钻的几何角度如图 4-3-37b 所示，其定义和特点见表 4-3-2。

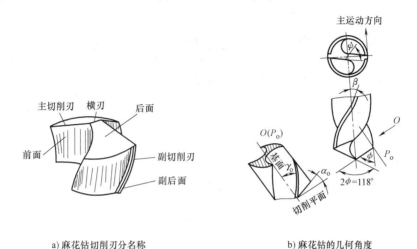

a) 麻花钻切削刃分名称　　　　　　b) 麻花钻的几何角度

图 4-3-37　麻花钻

表 4-3-2　麻花钻几何角度定义和特点

角度名称	定 义	特 点
顶角（2ϕ）	顶角是钻头两主切削刃在平行于主切削刃的平面内的投影夹角。标准麻花钻顶角为 118°±2°	顶角大小影响主切削刃上切削力大小。顶角大轴向力大，定心差；顶角小轴向力小，承受转矩大
前角（γ_o）	前角是前面与基面之间的夹角。前角大小是变化的，即主切削刃上各点的前角不同，外缘处最大约为 30°，接近轴心横刃处最小约为−30°	前角大小影响切屑变形和主切削刃强度，决定着切削的难易程度
后角（α_o）	后角是后面与切削平面之间的夹角。主切削刃上各点的后角大小不相等，外缘处最小，约 8°~14°，越接近轴心处后角越大，约 20°~26°	后角影响后面与切削平面之间的摩擦和主切削刃强度
横刃斜角（ψ）	钻头两主切削刃之间的连线称为横刃。横刃斜角是横刃与主切削刃在垂直于钻头轴线平面上所夹的角。横刃斜角约 50°~55°	横刃斜角大小由后角决定，后角大，横刃斜角小，横刃变长
螺旋角（β）	螺旋角是麻花钻外缘螺旋线与轴线的夹角。标准麻花钻的螺旋角在 18°~30° 之间	它的作用是构成切削刃，利于排屑

（3）麻花钻的角度选择

1）顶角。顶角的大小影响钻孔定心和切削刃的轴向力。选择合理的顶角，能提高钻孔质量，延长钻头的使用寿命。顶角大小见表 4-3-3。

顶角大小使主切削刃产生不同的线形，如图 4-3-38 所示。顶角等于 118° 为直线，大于 118° 为凹形曲线，小于 118° 为凸形曲线。

表 4-3-3　顶角大小参考角度

钻孔材料	顶　角	钻孔材料	顶　角
钢和铸铁	116°~118°	黄铜、青铜	130°~140°
钢锻件	120°~125°	纯铜(紫铜)	125°~130°
锰　钢	135°~150°	铝合金	90°~100°
不锈钢	135°~150°	塑　料	80°~90°

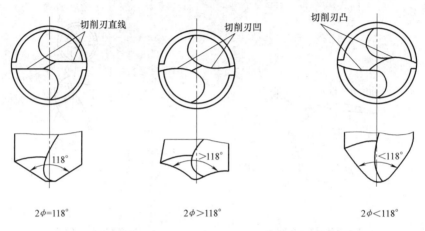

图 4-3-38　麻花钻的顶角

2）后角。后角大小对主切削刃影响较大。后角大切削刃锋利、减小切削摩擦、易切入工件，但减弱了切削刃强度，不利于切削较硬材料。麻花钻的后角选择见表 4-3-4。

表 4-3-4　麻花钻的后角参考选择

钻头直径 D/mm	≤1	1~15	15~30	30~80
后　角 α_o	20°~30°	11°~14°	9°~12°	8°~11°

（4）麻花钻的刃磨方法　麻花钻的手工刃磨，主要磨两个主后面，可以得到所需的顶角、后角和横刃斜角 50°~55°。

1）钻头握法。右手拇指、食指和中指捏住钻头导向部分前端作定位支点，在略高于砂轮水平轴线上施加磨削力。左手握住钻头柄部作上下扇形摆动。上摆时钻头柄部不能翘过砂轮轴线，否则主切削刃成负角，如图 4-3-39a 所示。

2）顶角。将主切削刃置于水平位置，靠近砂轮轴心的外素线上，φ 角如图 4-3-39b 所示，为钻头的轴线与砂轮外素线在水平面内的 1/2 顶角。

3）后角。刃磨主切削刃时，从主切削刃到后面适当加力（或减力），以控制后角大小。一面刃磨完成后，手势位置不变，钻头旋转 180°刃磨另一面。

4）刃磨角度检查。钻头顶角垂直向上与眼平视，观察两主切削刃长度相等，φ 角对称一致。观察时因两个主切削刃分别在不同的前面上，易产生视差，应把钻头旋转 180°反复观察。后角大小的观察如图 4-3-39c 所示。

（5）麻花钻的切削刃修磨　麻花钻的切削刃修磨，是针对不同金属材质的切削特性，改变其切削刃角度与形式，达到改善切削性能，提高钻孔精度的目的。切削刃的修磨形式如

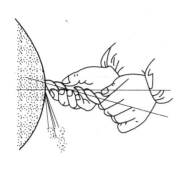
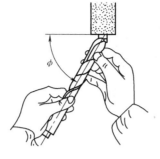
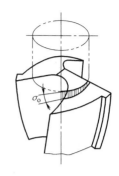

a) 刃磨主后面　　　　　　　　b) 1/2顶角确定　　　　　　　　c) 后角大小

图 4-3-39　麻花钻的刃磨角度

图 4-3-40 所示。

1）修磨横刃。由于横刃较长，引起轴向力大，定心差，因而将横刃修磨至原长的1/3～1/5，如图 4-3-40a 所示，形成内刃，改善定心和轴向力的挤刮现象，修磨方法如图4-3-41a 所示。

2）修磨主切削刃。为增加刀尖强度，改善散热条件，提高钻孔表面质量，有意修磨双重顶角（$2\phi_0$），$2\phi_0 = 70° \sim 75°$，如图 4-3-40b 所示。

3）修磨前面。将主切削刃外缘处刀尖角磨去一小块，如图 4-3-40c 所示，减小前角，提高刀尖强度。钻铝、铜等软材料时，可减少刀尖角锋利产生的扎刀现象，提高表面质量。

4）修磨棱边。加工精密孔或塑性材料时，为减小棱边与孔壁摩擦，可在棱边前端刀尖处修磨出副后角 $\alpha_1 = 6° \sim 8°$，磨去棱边宽度的 1/2～2/3，如图 4-3-40d 所示。

5）磨出分屑槽。在钻头的两个主切削刃至后面上磨出错开的分屑槽，如图 4-3-40d 所示。使切削刃变窄，有利于排屑、改善切削力。修磨方法如图 4-3-41b 所示。

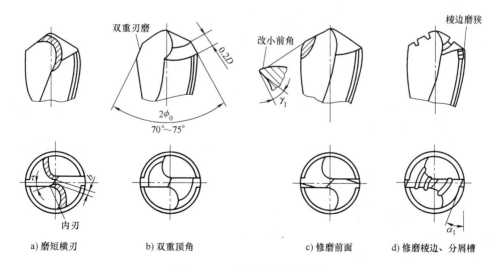

a) 磨短横刃　　　　b) 双重顶角　　　　c) 修磨前面　　　　d) 修磨棱边、分屑槽

图 4-3-40　切削刃的修磨形式

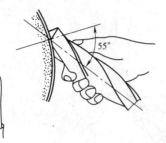

a) 修磨横刃

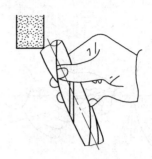

b) 修磨分屑槽

图 4-3-41 修磨

（6）薄板钻　薄板钻如图 4-3-42 所示，用于金属材料的薄板钻孔。薄板钻是将标准麻花钻的两条主切削刃修磨成内弧形切削刃，并修短横刃，使圆弧刃外缘处和钻心处形成三个钻尖。因中心钻尖只比外缘处钻尖高出 0.5~1.5mm，因此当钻穿时，外缘处钻尖和圆弧刃已在薄板上切出圆弧环形槽，提高了定心作用和钻孔质量。

用薄板钻钻孔，解决了用标准麻花钻钻薄板孔的定心不稳、孔口成多角形、穿孔有飞边和毛刺等问题，并提高了薄板钻孔的安全性。

（7）钻孔的切削用量　钻床对一般钢材料钻孔的切削用量见表 4-3-5。

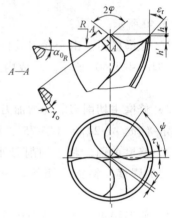

图 4-3-42 薄板钻

表 4-3-5　一般钢材料钻孔切削用量

钻孔直径 d/mm	1~2	2~3	3~5	5~10	10~20	20~30	30~40	40~50
钻削速度 n/(r/min)	2000~10000	1500~2000	1000~1500	750~1000	350~750	250~350	200~250	100~200
进给量 f/(mm/r)	0.005~0.02	0.02~0.05	0.05~0.15	0.15~0.3	0.3~0.5	0.6~0.75	0.75~0.85	0.85~1

（8）钻削线速度选择　高速钢钻削线速度的选择见表 4-3-6。

表 4-3-6　高速钢钻头钻削线速度

工件材料	铸　铁	钢　件	青铜、黄铜
钻削线速度/(m/min)	14~22	16~24	30~60

（9）切削液的选择　钻头在切削过程中因与工件摩擦，产生切削热量，而切削热会影响钻头的寿命和钻孔质量。钻孔时选择切削液见表 4-3-7。

（10）工件夹持形式　钻孔工件夹持如图 4-3-43 所示。依据工件的形状特点，选择相应的夹紧装置，保证工件夹持牢靠、安全，操作方便。

（11）钻头装拆方法

1）直柄钻头装拆。直柄钻夹头的装拆如图 4-3-44a 所示。将钻夹头钥匙扳手插入夹头的孔中，顺时针旋转钥匙扳手为夹紧，逆时针转动为松开。

表 4-3-7 钻孔用切削液选择（质量分数）

工件材料	切削液
各类结构钢	3%~5%乳化液,7%硫化乳化液
不锈钢、耐热钢	3%肥皂加2%亚麻油水溶液,硫化切削液
铜	不用或5%~8%乳化液
铸铁	不用或5%~8%乳化液,煤油
铝合金	不用或5%~8%乳化液,煤油,煤油与柴油的混合油
有机玻璃	5%~8%乳化液,煤油

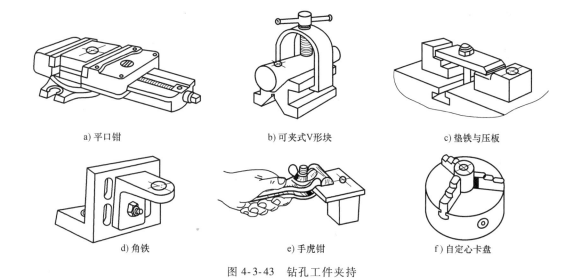

a) 平口钳   b) 可夹式V形块   c) 垫铁与压板

d) 角铁   e) 手虎钳   f) 自定心卡盘

图 4-3-43 钻孔工件夹持

2）锥柄钻头装拆。将钻头锥柄处扁尾对准钻床主轴上的腰形孔，用小臂冲力将锥柄插入锥孔中锁紧。若锥柄小于锥孔，可选用过渡锥套连接，如图 4-3-44b 所示。拆卸钻头或过渡锥套时，用楔铁插入主轴腰形孔，敲击楔铁端面。

2. 扩孔

用扩孔钻对工件上已有孔的扩大加工方法，称为扩孔。扩孔如图

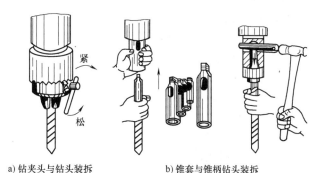

a) 钻夹头与钻头装拆   b) 锥套与锥柄钻头装拆

图 4-3-44 钻夹头装拆方法

4-3-45a 所示，其尺寸公差等级可达 IT9~IT10、表面粗糙度值 Ra 可达 3.2~12.5μm，因此，扩孔常作为半精加工或铰孔前的预加工。扩孔钻如图 4-3-45b 所示，也可用麻花钻修磨后作为扩孔钻。

（1）扩孔钻的特点

1）扩孔钻无横刃，且钻头中心不切削，避免了横刃切削引起的不良影响。

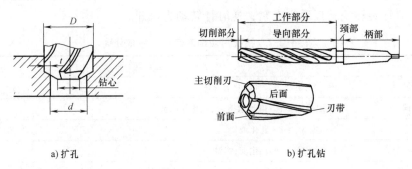

a) 扩孔   b) 扩孔钻

图 4-3-45　扩孔

2）扩孔钻多刀齿，背吃刀量较小，切屑体积小、易排出，对孔壁擦伤少。

3）扩孔钻的钻芯较粗，强度高、导向性好，使切削更加平稳。

（2）扩孔注意事项

1）扩孔进给量为钻孔进给量的 1.5~2 倍，切削速度为钻孔切削速度的 0.5 倍左右。

2）扩孔钻扩孔时，扩孔前的钻孔直径为孔径的 0.9 倍；用麻花钻扩孔时，扩孔前的钻孔直径为孔径的 0.5~0.7 倍。

3）用麻花钻扩孔，要适当减小钻头前角，以防扎刀。

4）钻、扩孔操作，尽可能做到一次装夹，完成钻、扩孔过程，使钻、扩孔中心重合。

3. 锪孔

用锪钻将工件上的孔口加工成一定形状的方法，称为锪孔。锪钻与工件孔口形状如图 4-3-46 所示。锪孔目的是使工件装配位置紧凑、安全和外观整齐。

（1）锪钻的分类

1）平底锪钻。平底锪钻主要用于锪圆柱形沉孔，如图 4-3-46a 所示。圆柱形沉孔常用于内六角螺钉的埋头形式。

2）锥面锪钻。锥面锪钻的锥角有 60°、75°、90° 和 120° 等几种，用于锪锥形沉孔，如图 4-3-46b、c 所示。锥形沉孔常用于沉头铆钉孔和沉头螺钉孔。

3）端面锪钻。端面锪钻如图 4-3-46d 所示，用来锪平孔口端面，提高孔口平面度以及孔与端面的垂直度。

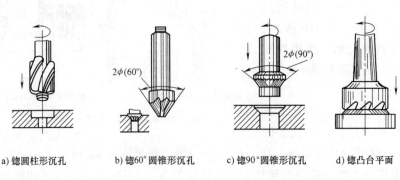

a) 锪圆柱形沉孔　　b) 锪60°圆锥形沉孔　　c) 锪90°圆锥形沉孔　　d) 锪凸台平面

图 4-3-46　锪钻

（2）锪孔操作注意事项

1）锪孔的进给量为钻孔的 2~3 倍，切削速度为钻孔的 1/3~1/2。精锪时可利用钻床停机后的主轴惯性来锪孔，以提高表面质量。

2）用麻花钻锪孔时，选用较短的钻头，刃磨时要减小后角和外缘处前角，以减少振动、防止扎刀，产生多角形表面。

3）在钢件上锪孔，应在导柱和切削表面上添加切削液，促进刀具冷却、延长刀具寿命。

4. 铰孔

铰孔如图 4-3-47 所示，用铰刀在工件孔壁上切除微量金属层，以获得较高尺寸精度和较小表面粗糙度值的加工方法。铰刀按其铰孔的大小，一般有 6~16 个切削刃，因此，有切削余量少、导向性好的特点。铰孔尺寸精度可达 IT9~IT7 级，表面粗糙度值达 $Ra1.6\mu m$。

（1）铰刀的分类　铰刀按形状分圆柱铰刀和圆锥铰刀，按操作方法分有手用铰刀和机用铰刀。

1）圆柱铰刀。圆柱铰刀如图 4-3-48 所示，由柄部、颈部和工作部分组成。

① 柄部。柄部用来装夹和传递转矩，柄部的形状有直柄、锥柄和方榫三种。

② 颈部。颈部是磨制铰刀时的越程工艺槽，也是铰刀规格、牌号的刻印之处。

③ 工作部分。工作部分由切削部分和校准部分组成。切削部分主要承担切削工作，校准部分用以引导铰孔方向和校准孔的尺寸。

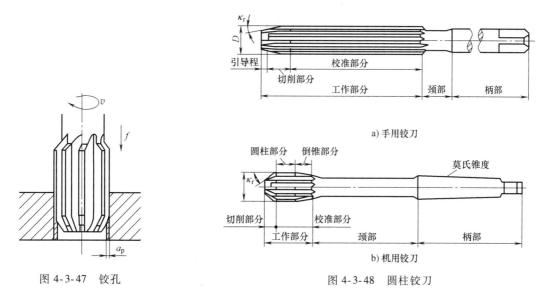

图 4-3-47　铰孔

图 4-3-48　圆柱铰刀

2）圆锥铰刀。圆锥铰刀用来铰削圆锥孔。圆锥铰刀如图 4-3-49 所示，按锥度可分为 1∶10、1∶30、1∶50 和莫氏锥度铰刀等。

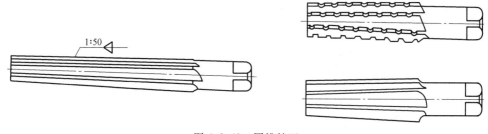

图 4-3-49　圆锥铰刀

（2）锥销底孔的钻削

1）铰尺寸较小的圆锥孔时，因切削余量相应较少，底孔尺寸按铰刀小端尺寸选取即可。

2）铰尺寸、深度或锥度较大的圆锥底孔，如图 4-3-50a 所示，可钻成阶梯孔，可减少铰削余量，延长铰刀寿命。铰削过程中，用锥销试配方法检查销孔尺寸要求，如图 4-3-50b 所示。

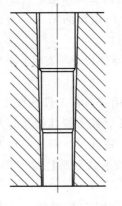
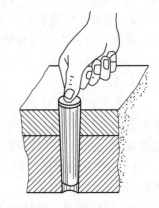

a) 阶梯孔　　　　　　　　b) 锥销装配方法

图 4-3-50　锥销加工方法

（3）铰削用量

1）铰削余量。铰削余量是上道工序留下的直径方向的余量。高速钢标准铰刀的铰削余量见表 4-3-8。

表 4-3-8　铰削余量

铰刀直径/mm	<8	8~20	21~32	33~50	51~70
铰削余量/mm	0.1	0.15~0.25	0.2~0.3	0.3~0.5	0.5~0.8

2）机铰孔切削用量。机铰孔切削用量见表 4-3-9。

表 4-3-9　机铰孔切削用量

工件材料	钢	铸铁	铜、铝
进给量 f/(mm/r)	0.5~1	0.5~1	1~1.2
切削速度 v/(m/min)	4~8	6~8	8~12

（4）铰削方法

1）手铰。工件夹持平正、孔口垂直朝上，薄壁工件夹紧力不宜大。两手转动铰杠平稳、均匀用力，要避免铰杠多次停留在同一位置产生振痕，并经常退刀，清除切屑。铰削过程中，进刀和退刀不允许反转，以防切削刃磨钝、崩刃和刮伤孔壁。

2）机铰。机铰时工件尽量做到一次装夹，完成钻孔、扩孔和铰孔过程，以保证钻孔和铰孔的同轴度。铰孔结束，退刀后停机。

（5）切削液对铰孔质量的影响

1）铰孔时加注乳化液，铰出的孔径略小于铰刀尺寸，且表面粗糙度值较小。

2）铰孔时加注切削油，铰出的孔径略大于铰刀尺寸，且表面粗糙度值较大。

3）铰孔时不加注切削液，铰出的孔径最大，表面粗糙度值也最大。

（6）铰削切削液的选择　铰削切削液的选择见表 4-3-10。

表 4-3-10　铰削切削液的选择（质量分数）

零件材料	切削液
钢	10%~15%乳化液或硫化乳化液
	铰孔质量要求较高时，采用 30%菜油加 70%乳化液
	高精度铰削时，用菜油、柴油、猪油

（续）

零件材料	切　削　液
铸铁	用煤油，使用时注意孔径收缩量最大可达 0.02~0.04mm
	低浓度乳化油水溶液
	不用
铜	5%~8%乳化液
铝和青铜	煤油
	5%~8%乳化液

第六节　攻螺纹、套螺纹

一、攻螺纹

用丝锥将工件上的孔切削成内螺纹的加工方法，称为攻螺纹。攻螺纹如图 4-3-51 所示。

图 4-3-51　攻螺纹

（1）螺纹的分类　螺纹种类较多，常用螺纹分为标准螺纹、非标准螺纹和特殊螺纹。其中标准螺纹分为普通螺纹、管螺纹、梯形螺纹和锯齿形螺纹。

（2）螺纹的加工形式　螺纹的加工方法有车削螺纹、磨削螺纹和机攻螺纹等，钳工只能加工普通螺纹和管螺纹。

（3）螺纹的参数　螺纹参数包括牙型、大径（直径）、线数（头数）、螺距（或导程）、旋向和公差等。

1）牙型。牙型是指螺纹轴线剖面内的轮廓形状，如图 4-3-52 所示。

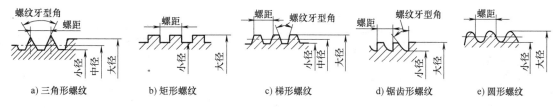

a) 三角形螺纹	b) 矩形螺纹	c) 梯形螺纹	d) 锯齿形螺纹	e) 圆形螺纹

图 4-3-52　螺纹牙型

2）大径（D、d）。大径是指外螺纹牙顶或内螺纹牙底的假想圆柱直径，即公称直径。

3）线数（n）。线数是指一个螺纹上螺旋线的数目（头数）。

4）螺距（P）、导程（P_h）。螺距是指相邻两牙在中径线上对应两点间的轴向距离。导程是指同一条螺旋线上的相邻两牙在中径线上对应两点间的轴向距离。对于单线螺纹，螺距就等于导程；对于多线螺纹，导程等于螺距与线数的乘积，$P_h = P \cdot n$。

5）旋向。螺纹旋向分左旋螺纹和右旋螺纹。螺纹旋向判别方法如图 4-3-53 所示，顺时针旋入的螺纹为右旋，逆时针旋入的螺纹为左旋。

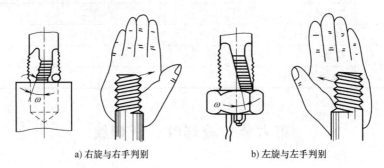

a) 右旋与右手判别　　　　　　b) 左旋与左手判别

图 4-3-53　螺纹旋向判别

6）公差。螺纹公差，按三组旋合长度规定了相应若干公差等级，用公差带代号表示。

① 旋合长度。是指内外螺纹连接后接触部分的长度，分短、中、长三种，相应代号为 S、N、L。常用的中等旋合长度，代号 N 可省略不标。螺纹公差带由基本偏差和公差等级组成。

② 普通螺纹标记由螺纹代号、公差带代号和旋合长度等组成。国标 GB/T 197—2003 规定的普通螺纹标注方式：

M12-5g6g-S 表示普通粗牙外螺纹、大径为 12mm，普通粗牙螺纹不标螺距，S 表示短旋合长度，5g 表示中径公差带代号；6g 表示顶径公差带代号。

M20×2-6H-LH 表示普通细牙内螺纹、大径为 20mm，螺距为 2mm，LH 表示左旋，6H 表示中径和顶径公差带代号。

（4）攻螺纹工具

1）丝锥。丝锥是加工内螺纹的工具（刀具），分机用丝锥和手用丝锥两种，如图 4-3-54b、c 所示。

2）丝锥的组成。丝锥由工作部分和柄部组成。工作部分包括切削部分和校准部分。切削部分制成锥形，有多个切削刃，如图 4-3-54a 所示。校准部分有完整的牙型，起导向修光作用。柄部的方榫用以传递转矩。

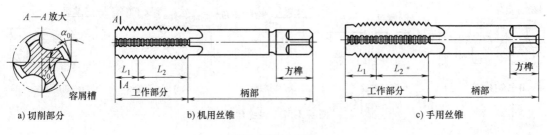

a) 切削部分　　　　　　　b) 机用丝锥　　　　　　　c) 手用丝锥

图 4-3-54　丝锥

3）成组丝锥。为了减少切削力，延长丝锥寿命，把攻螺纹的整个切削量分配给几支丝锥，手攻丝锥 2~3 支为一组（分头锥、二锥、三锥）。其切削量的分配方式有锥形分配和柱形分配，如图 4-3-55 所示。

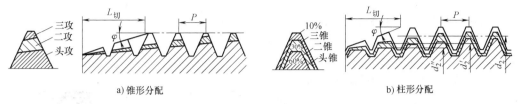

图 4-3-55　切削量的分配方式

① 锥形分配丝锥。一组中每支丝锥的大径、中径和小径都相等，只是切削部分的锥度不等，攻螺纹时采用头锥、二锥、三锥进行切削，如图 4-3-55a 所示。

② 柱形分配丝锥。一组中每支丝锥的大径、中径、小径都不同，攻螺纹顺序不能搞错，依次使用切削省力，能得到较小表面粗糙度值，如图 4-3-55b 所示。

2）铰杠。铰杠是用来夹持丝锥或铰刀柄部方榫的工具。

① 铰杠的分类。铰杠分普通铰杠和丁字形铰杠两种，其中又分固定式和调节式，如图 4-3-56 所示。

② 铰杠的使用。铰杠的使用是依据丝锥或铰刀的方榫大小，选择相应规格的铰杠。

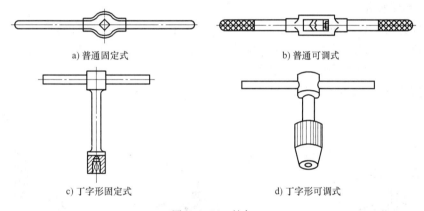

a)普通固定式　　　　b)普通可调式

c)丁字形固定式　　　　d)丁字形可调式

图 4-3-56　铰杠

（5）螺纹底孔直径的确定　攻螺纹时，因丝锥切削材料而产生摩擦与挤压，所挤材料流向牙尖，若所钻螺孔底径与螺纹小径相等，则所挤材料没有流动去向就会卡住丝锥，增大切削力或折断丝锥。因此，螺纹底孔的大小，应根据材料的塑性变化和材质等情况确定。

1）常用普通粗牙螺纹直径与螺距对照见表 4-3-11。

表 4-3-11　常用普通螺纹直径与螺距对照表　　　　（单位：mm）

直径 D	2	3	4	5	6	8	10	12	14	16	18	20	22	24	27
螺距 P	0.4	0.5	0.7	0.8	1	1.25	1.5	1.75	2	2	2.5	2.5	2.5	3	3

2）钢件或塑性较大材料的螺纹，底孔直径计算式

$$D_孔 = D - P$$

式中　$D_孔$——螺纹底孔直径（mm）；

D——螺纹大径（mm）；

P——螺距（mm）。

3）铸铁或塑性较小材料的螺纹，底孔直径计算式

$$D_{孔} = D - (1.05 \sim 1.1)P$$

式中　1.05~1.1是底孔直径的取值系数范围。

（6）不通孔螺纹深度的确定　攻不通
孔螺纹时，由于丝锥切削部分有锥角，使不
通孔底部不能攻出完整有效的螺纹牙形。为
保证螺孔的有效旋合深度，所钻底孔的深度
一定要大于螺纹的有效深度，如图4-3-57
所示。

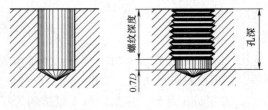

图4-3-57　不通孔螺纹

螺纹底孔有效深度计算式

$$H_{深} = h_{有效} + 0.7D$$

式中　$H_{深}$——底孔深度（mm）；

$h_{有效}$——螺纹有效长度（mm）；

D——螺纹大径（mm）。

（7）攻螺纹操作

1）工件夹持平正，底孔垂直于水平面，便于操作和观察攻制螺纹的垂直度。

2）起攻时，丝锥垂直置于孔口，两手协调用力转动铰杠，如图4-3-58a所示。丝锥切
入1~2牙后，检测丝锥垂直度误差，如图4-3-58b所示。若有偏斜，反转丝锥1/4圈，使锥
角与牙型间有间隙，校准丝锥后攻螺纹。

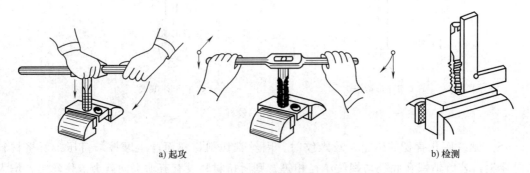

a) 起攻　　　　　　　　　　　　　　b) 检测

图4-3-58　攻螺纹

3）丝锥切入3~4牙后，可不施加压力，转动铰杠，丝锥自然切入。攻螺纹过程中要经
常反转1/3圈，使切屑断碎便于排屑，避免容屑槽堵塞，引起崩刃、断丝锥等。

4）攻不通孔螺纹时，要常退出丝锥，清除孔内切屑，避免攻螺纹达不到深度或堵塞，
引起断丝锥。

5）攻塑性材料或精度较高螺纹的常用切削液，见表4-3-12。

6）攻螺纹常见缺陷见表4-3-13。

（8）埋入式螺纹　埋入式螺纹是在工件的螺孔中装入一个螺纹牙套（或称螺套、螺纹
护套、螺纹丝套等）。螺纹牙套如图4-3-59a所示，用精密冷轧菱形不锈钢丝制成内外螺纹。

螺纹牙套装入工件螺孔后，外螺纹弹性压缩与工件螺孔紧密配合，内螺纹则形成标准螺纹。

表 4-3-12　攻螺纹切削液的选用（质量分数）

零件材料	切削液
钢	乳化液、机油、菜油等
铸铁	煤油
铜合金	机械油、硫化油、甘油＋矿物油
铝合金	50%煤油＋50%机械油、85%煤油＋15%亚麻油、松节油

表 4-3-13　攻螺纹常见缺陷与产生原因

缺陷形式	产生原因
丝锥崩刃、折断或磨损过快	螺纹底孔直径偏小或不通孔深度不够
	没用切削液或切削液选择不当
	机攻螺纹时切削速度偏快
	手攻螺纹时两手用力不均或用力过猛，未常反转断屑，切屑堵塞
螺纹乱牙	丝锥磨钝或切削刃上粘有积屑瘤
	丝锥起攻与孔口端面不垂直，强行矫正
	直接用二锥、三锥起攻螺纹
	未加切削液
螺纹牙型不整	螺纹底孔直径过大，同时易产生滑牙
	丝锥磨钝

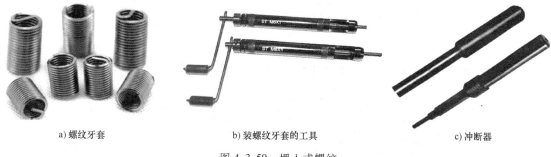

a) 螺纹牙套　　　　　　　b) 装螺纹牙套的工具　　　　　　c) 冲断器

图 4-3-59　埋入式螺纹

1）螺纹牙套的特点。螺纹牙套有普通型和锁紧型两种。因其使用性能优于用板牙攻出的螺纹，有强度高、耐高温、耐磨损、抗冲击等性能，因此，主要用于低强度金属和非金属材料的螺孔，以保护工件本体螺纹，提高使用性能，延长使用寿命。

2）螺纹牙套的作用。

① 增强工件内螺纹的强度。在低强度金属和非金属材料上应用螺纹牙套，可提高螺纹连接强度和耐磨性，起防止松动和滑牙等效果。

② 用于修复损坏的内螺纹。可应用螺纹牙套修复滑牙或乱牙等螺孔工件，恢复螺孔的功能，如发动机缸体上的螺孔等。

③ 用于米/英制螺孔的转换。对于米制或英制螺孔的工件，通过螺纹牙套，可相互

转换。

3）螺纹牙套安装方法。

① 钻螺纹牙套的安装底孔。钻螺纹牙套底孔的参数见表4-3-14。

② 攻螺纹。用专用丝锥攻螺纹牙套的安装螺纹。

③ 安装螺纹牙套。用螺纹牙套安装工具（或钢丝螺纹套扳手（图4-3-59b），安装（或拆卸）螺纹牙套。将螺纹牙套装在工具头部，对准工件螺孔，以较轻的下压力旋入螺孔内，至螺纹牙套末圈低于工件平面 1/4~1/2 圈。

4）螺纹牙套去尾方法。对通孔螺纹牙套的去尾方法，是将冲断器（图4-3-59c）对准螺纹牙套的安装手柄，用锤子敲击冲断器端部即可。

表 4-3-14　常用米制螺纹牙套参数

直径 D /mm	螺距 P /mm	长度 L		螺套圈数 W	螺套实际 长度/mm	自由状态外径 D_z/mm		钻头直径 ϕ/mm
		×D	mm			min	max	
2	0.4	1D	2	3.2	0.95	2.6	2.8	2.1
		1.5D	3	5.3	1.52			
		2D	4	7.4	2.49			
		2.5D	5	9.5	3.10			
2.5	0.45	1D	2.5	3.6	1.5	3.2	3.7	2.6
		1.5D	3.75	5.9	2.05			
		2D	5	8.2	2.76			
		2.5D	6.25	10.5	3.88			
3	0.5	1D	3	4.2	1.49	3.8	4.35	3.1
		1.5D	4.5	6.8	2.68			
		2D	6	9.4	3.88			
		2.5D	7.5	12	4.70			
4	0.7	1D	4	4	2.18	5.05	5.6	4.2
		1.5D	6	6.6	3.93			
		2D	8	9.1	5.03			
		2.5D	10	11.7	6.61			
5	0.8	1D	5	4.4	3.14	6.25	6.8	5.2
		1.5D	7.5	7.1	4.38			
		2D	10	9.9	6.32			
		2.5D	12.5	12.6	8.22			
		3D	15	15.3	9.48			
6	1	1D	6	4.3	4.07	7.4	7.95	6.2
		1.5D	9	6.9	5.64			
		2D	12	9.6	8.07			
		2.5D	15	12.2	9.65			
		3D	18	14.9	12.07			

（续）

直径 D /mm	螺距 P /mm	长度 L		螺套圈数 W	螺套实际 长度/mm	自由状态外径 D_z/mm		钻头直径 ϕ/mm
		$\times D$	mm			min	max	
8	1.25	1D	8	4.8	5.08	9.8	10.35	8.3
		1.5D	12	7.7	8.08			
		2D	16	10.6	10.85			
		2.5D	20	13.5	14.09			
10	1.5	1D	10	5.0	6.18	11.95	12.5	10.4
		1.5D	15	8.1	9.9			
		2D	20	11.2	14.83			
		2.5D	25	14.2	17.2			
		3D	30	17.3	20.82			
12	1.75	1D	12	5.3	7.04	14.30	15	12.4
		1.5D	18	8.4	12.68			
		2D	24	11.6	17.04			
		2.5D	30	14.8	21.51			
		3D	36	18	25.70			
14	2	1D	14	5.4	9.2	16.65	17.35	14.5
		1.5D	21	8.7	14.04			
		2D	28	11.9	19.4			
		2.5D	35	15.2	23			
16	2	1D	16	6.3	11.4	18.9	19.4	16.5
		1.5D	24	10.0	16.57			
		2D	32	13.1	21.36			
		2.5D	40	17.8	29.69			
		3D	48	21	34.5			

注：D——螺套公称直径；

　　P——螺套螺距；

　　W——螺套在自由状态下的螺纹套圈数；

　　ϕ——螺套钻孔时选用钻头直径；

　　D_z——螺套在自由状态下螺纹套外径；

　　L——螺套公称长度。

表示方法：钢丝螺套　GB/T 24425.1　M10-8

　　即：螺套规格为 M10，自由状态圈数为 8 的普通型钢丝螺套。

二、套螺纹

用板牙在圆杆或管子直径上切削出外螺纹的方法，称为套螺纹。套螺纹如图 4-3-60 所示。

（1）套螺纹工具

1）板牙。板牙是加工外螺纹的工具，由切削部分、校准部分和容屑槽组成。板牙有封

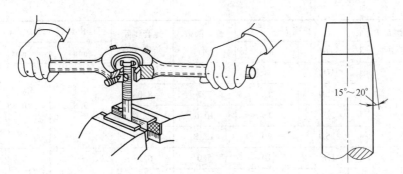

图 4-3-60　套螺纹

闭式和开槽式两种，如图 4-3-61a 所示。

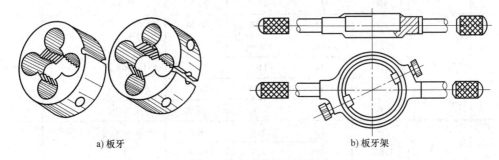

a) 板牙　　　　　　　　　　　　　b) 板牙架

图 4-3-61　板牙和板牙架

2）板牙架。板牙架是安装与夹紧板牙的工具。板牙架如图 4-3-61b 所示，装入板牙后拧紧螺钉即可使用。

（2）套螺纹直径的确定　套螺纹时，板牙在切削材料的同时，工件因受挤压而产生塑性变形。所以套螺纹前圆杆直径应稍小于螺纹大径。圆杆直径计算公式

$$d_{杆} = d - 0.13P$$

式中　$d_{杆}$——套螺纹前圆杆直径（mm）；

　　　　d——螺纹大径（mm）；

　　　　P——螺距（mm）。

（3）套螺纹方法

1）确定螺纹直径，切入端倒角 15°~20°，如图 4-3-60 所示。

2）台虎钳夹持工件，应采用软钳口或 V 形块。

3）套螺纹前，注意板牙与圆杆的垂直度要求。

4）套螺纹时，两手平稳，适当施加压力，切入 1~2 牙后检查要求，若有偏斜，退出 1/4 牙左右调整，缓慢切入，待正常后要经常反转 1/3 圈，用于断屑。

5）套螺纹时，要加切削液，用以降低表面粗糙度值，改善切削力、延长刀具寿命。

第七节　装　　配

按规定的技术要求，将若干个零件组合成部件或将零件和部件组合成机构或机器的工艺

过程，称为装配。

1. 装配工艺规程

1）装配工艺规程是规定产品及部件的装配顺序、装配方法、装配技术要求和检验方法，包括装配所需的设备、工具、量具、时间、定额等的技术文件。

2）装配工艺规程是保证产品装配质量和生产率的必要措施，是组织装配生产的重要依据。

3）装配工艺规程随着科技发展和生产力的发展而不断改进。

2. 装配工艺过程

装配工艺过程一般由 4 个部分组成。

（1）装配前的准备工作

1）分析装配图样、装配技术要求，了解产品结构，研究装配工艺。

2）确定装配方法，整理装配场地，准备装配工具、夹具和量具。

3）清洗装配零件，去除锈渍、毛刺，检查装配零件质量。

（2）装配 装配分部件装配和总装配。

1）部件装配。将两个以上零件组合在一起或将若干个零件与几个组件结合在一起，成为一个单元的装配工作。

2）总装配。将零件和部件组合成一台完整机器的装配工作。

（3）调试和检验

1）组成的机器在静态时的几何精度检验。通过对部件或零件的相互位置、配合间隙和结合松紧程度的调整，保证机器的装配技术要求。

2）空载试验。在空载运转的规定时间内，观察和检验机器的噪声和振动情况，温度和密封情况，以及传动机构磨合情况和空载功率等技术要求。

3）负载试验。负载试验在空载试验正常后进行，观察和检验机器的功能、工作精度、工作温度和负载功率等技术要求。

（4）涂装、涂防锈油与装箱 涂装、涂防锈油，是装配的结束工作，对机器外表及相关零件进行涂装或修补，使之整洁。涂防锈油是对外露导轨或轴类等零件的防护，保证装箱机器能完好储存和运输保护。

3. 装配组织形式

装配组织形式分固定式装配和移动式装配两种。

（1）固定式装配 固定式装配是将产品或部件的全部装配工作安排在一个固定的工作地点。在装配过程中产品的位置不变，装配所需的零件和部件都集中在工作场地附近。

（2）移动式装配 移动式装配是指工作对象（部件或组件）在装配过程中，有顺序地由一个工人转移到另一个工人，不同的工作岗位完成不同的工作内容，同一个工作岗位完成固定的工作内容，即流水线装配。

4. 固定连接装配

固定连接装配的常见形式有螺纹连接、键连接、销连接等。

（1）螺纹连接的装配 螺纹连接是可拆卸的固定连接，它具有结构简单、连接可靠和装拆方便等优点。螺纹连接的主要形式有螺栓连接、铰孔螺栓连接、双头螺柱连接、螺钉连接和紧定螺钉连接等，如图 4-3-62 所示。

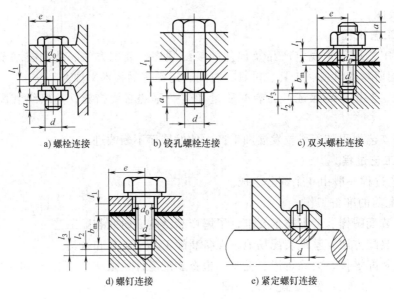

a) 螺栓连接　　　　　　　b) 铰孔螺栓连接　　　　　　　c) 双头螺柱连接

d) 螺钉连接　　　　　　　　　e) 紧定螺钉连接

图 4-3-62　螺纹连接

螺纹连接的装配要求如下。

1）具有足够的拧紧力。为达到结合牢固的目的，螺纹连接拧紧时，必须能承受施加的足够力矩。螺纹连接的常用工具有螺钉旋具、通用扳手和专用扳手等。专用扳手如图 4-3-63 所示。

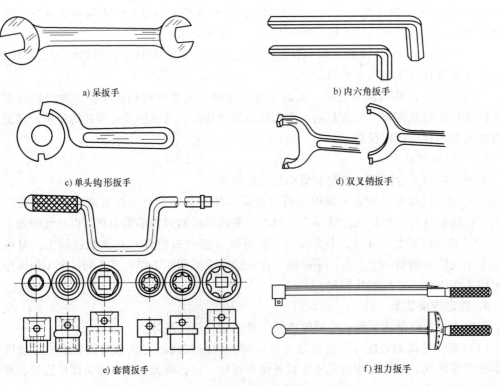

a) 呆扳手　　　　　　　　　　　　　　　　　b) 内六角扳手

c) 单头钩形扳手　　　　　　　　　　　　　　d) 双叉销扳手

e) 套筒扳手　　　　　　　　　　　　　　　　f) 扭力扳手

图 4-3-63　专用扳手

2）保证连接的配合精度。为使配合连接达到装配要求，拧紧成组螺母时应按顺序依次拧紧。拧紧方法是从中间向两边对称展开，使零件受力产生微量弹性变形向两边延展，最后拧紧两边螺母压制弹性变形，达到紧密配合的目的。拧紧成组螺母的顺序如图 4-3-64 所示。

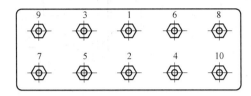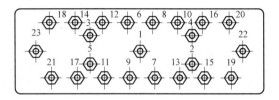

图 4-3-64　拧紧成组螺母的顺序

3）具有可靠的防松装置。螺纹连接应用在有冲击负荷和振动场合中，为防止松脱现象，常采用防松装置，如图 4-3-65 所示。

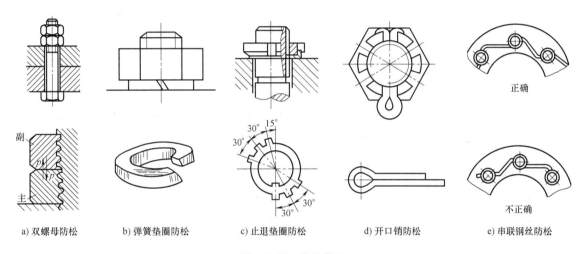

| a) 双螺母防松 | b) 弹簧垫圈防松 | c) 止退垫圈防松 | d) 开口销防松 | e) 串联钢丝防松 |

图 4-3-65　防松装置

（2）键连接装配　键是用于连接轴和轴上零件的标准件，用于周向固定轴上零件，传递转矩。键及键连接有结构简单、工作可靠、加工简便和装拆方便的特点。键连接按结构和用途不同，可分为松键连接、紧键连接和花键连接。

1）松键连接。松键连接是靠键的两侧面传递转矩，只对轴上零件做周向固定，不承受轴向力。松键连接对中性好，常用于高速和精密传动轴的连接。松键连接有普通平键、导向键、半圆键。松键连接形式如图 4-3-66 所示。

松键连接的装配要求如下：

① 清理键和键槽毛刺，保证其配合符合技术要求。

② 重要或较长的键装配，要检查键侧直线度和键槽对轴线的对称度是否符合要求。

③ 键配入键槽，应紧贴槽底，键的两侧配合不能有松动或间隙。

④ 配入键槽后，键的顶面与轮毂键槽底面有 0.4mm 左右的间隙。

2）紧键连接。紧键连接是指楔键连接，楔键分普通型楔键和钩头型楔键两种。楔键的上、下表面是工作面，键的上表面和轮毂槽底面有 1：100 的斜度，键侧和键槽间有一定的

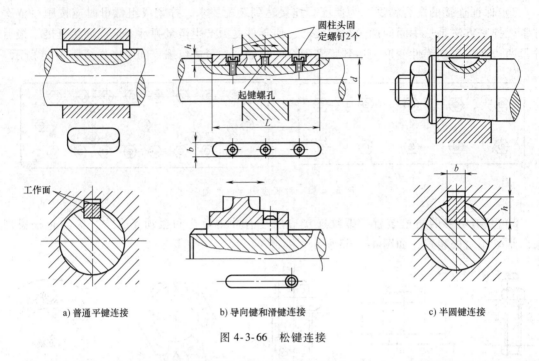

a) 普通平键连接   b) 导向键和滑键连接   c) 半圆键连接

图 4-3-66　松键连接

间隙。装配时将键敲入成紧键连接来传递转矩和承受单向轴向力。紧键连接的对中误差较大，因此紧键连接常用于对中性要求不要、转速较低的场合。紧键连接形式如图 4-3-67 所示。

紧键连接的装配要求如下。

① 装配时，注意楔键和轮毂槽斜度的方向要一致。

② 楔键敲紧后，检查键两侧要有一定的间隙。

③ 钩头型楔键装配，不能使钩头紧贴套件端面，要留有一定距离，便于拆卸。

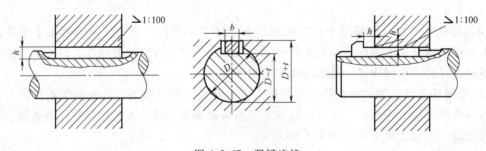

图 4-3-67　紧键连接

3）花键连接。花键连接按工作方式不同，分静连接和动连接两种形式。花键连接有承载能力高，传递转矩大、同轴度和导向性好的特点。花键连接如图 4-3-68 所示，适用于大载荷和同轴度要求较高的传动机构。

花键连接的装配要求如下：

① 静连接花键装配。静连接花键的孔和轴有少量的过盈，装配时用铜棒轻轻敲入，过盈量较大时应用热胀法装配，即将孔件加热至 80~120℃ 左右进行装配。

② 动连接花键装配。动连接花键在保证配合间隙要求的同时，内花键可以在外花键上自由滑动，没有阻滞现象。动连接花键主要用于大载荷传动的换挡变速应用。

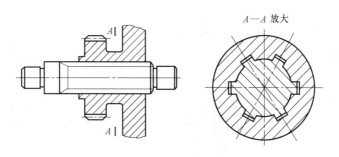

图 4-3-68　花键连接

（3）销连接的装配　销连接是一种常用连接。按照销的作用可以将销分为连接销、定位销和安全销等；按照销的形状又可将销分为圆柱销、圆锥销和开口销等。销连接形式如图 4-3-69 所示。

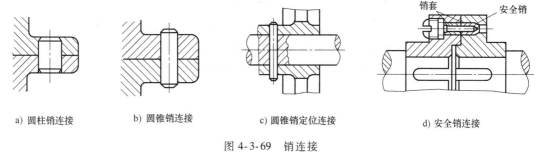

a) 圆柱销连接　　　b) 圆锥销连接　　　c) 圆锥销定位连接　　　d) 安全销连接

图 4-3-69　销连接

销连接的装配要求如下。

1）销连接属过盈配合，圆柱销连接靠圆柱表面定位，不宜多次装拆。圆锥销连接靠圆锥表面定位，定位正确，可多次装拆。

2）销连接作定位时，一般需要在结合件装配与检测正确后同时钻、铰销孔，以保证销的定位精度和配合精度。

3）圆柱销铰孔后，用铜棒敲入配销。圆锥销铰出的孔径大小，以圆锥销插入孔的长度为准，一般圆锥销插入孔 80% 左右，然后用铜锤敲入。

5. 过盈连接装配

过盈连接是以孔、轴配合的过盈量来达到紧固连接的方法。

（1）过盈连接装配技术要求

1）配合件要有较高的几何公差和较小的表面粗糙度值。

2）依据配合零件的功能要求，如承载力或冲击力等，保证配合有足够的过盈量。

3）装配前，零件结合表面涂上润滑油，装配时，注意压入零件的几何公差要求。

4）细长轴与薄壁件的配合，要采用防变形的装配方法。

（2）常用过盈连接的装配方法

1）锤子敲击法。锤子敲击法如图 4-3-70 所示。将基准面大的零件放在平台上，配合件置于孔口表面，敲击面填上软垫块（铜棒或铜板），利用冲击力压入。锤子敲击法有工具简单，应用灵活、便于操作的特点，是常用的装配方法。

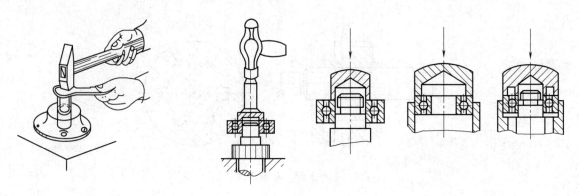

a) 滑动轴承敲入法   b) 滚动轴承敲入法

图 4-3-70 锤子敲击法

2）压力机压入法。压力机压入法有速度平稳、受力均匀、无冲击、效率高等特点。它适用于批量零件、较大零件及过盈量大的零件的压入装配。

3）热胀法。热胀法是利用物体的热胀冷缩原理，将孔类零件加热，使孔径增大后配入轴上固定，待冷却后达到装配的目的。常用加热方法是将工件放在液体中加热。如非金属件用水加热至约 80~100℃，金属件用机油、柴油等加热至约 90~320℃进行。

第四章

电气线路维修

4

<<<<<<<

【知识目标】

掌握电气原理图、电器布置图与安装接线图的绘制原则；掌握接线端子制作和排线的基本方法；掌握三相异步电动机的接线端子的星形、三角形联结方法；掌握三相异步电动机的绝缘检测、定子电阻检测方法。

【知识结构】

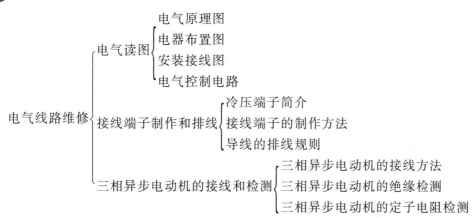

第一节　电气读图

电气控制系统图用于表达生产机械电气控制系统的工作原理，便于系统的安装、调整、使用和维修。常用的电气控制系统图有电气原理图、电器布置图与安装接线图。一套完整的电气控制系统图要把整个电气控制系统的工作原理、所有电器的安装位置和电器之间的接线描述清楚。电气控制系统图中所用电器的图形符号、文字符号必须采用现行国家标准。

电气原理图用来表示电路中各电气组件导电部分的连接关系和工作原理。

电器布置图用来表明电气原理图中各电器的实际安装位置。

安装接线图用于电器的接线、线路检查、维修，通常与电气原理图和电器布置图一起使用。

一、电气原理图

1. 绘制电气原理图的原则（例图 4-4-1）

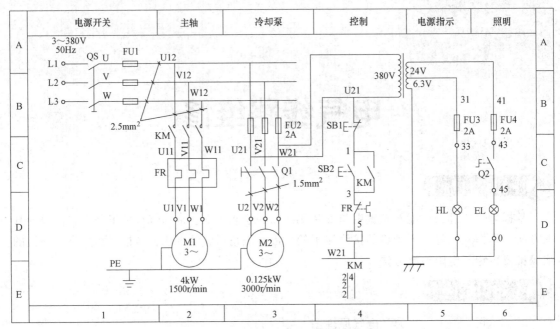

图 4-4-1　CW6132 型普通车床电气原理图

1）图中所有元器件都应采用国家统一规定的图形符号和文字符号。

我们在第三篇第二章介绍低压电器时已向大家介绍了常用低压电器的图形符号和文字符号。

2）电气原理图由主电路和辅助电路组成。主电路绘制在图面的左侧或上方，辅助电路绘制在图面的右侧或下方。

3）电源线为三相交流的应自上而下（从左到右）依次为 L1、L2、L3、N、PE；直流电源为上正下负（左正右负）；控制与信号电路垂直地画在两条水平电源线之间，耗电元器件（如接触器线圈、继电器线圈、电磁铁线圈、照明灯、信号灯等）直接与下方电源线相接。

4）同一器件（组件）的不同部分，如接触器的线圈和触头，在原理图中可以画在不同的部位，但必须用同一文字符号表示；同类型的几个器件，用文字符号加数字序号表示。如两只交流接触器，分别用 KM1 和 KM2 表示。

5）电气原理图中的触头状态均为没有外力作用或未通电时触头的自然状态，图中的图形符号按国家标准符号或国家标准符号旋转 $n \times 90°$ 画出。

6）电气原理图按功能布置，同一功能的电气组件集中在一起，尽可能按功能顺序从上而下（从左到右）绘制。

7）需要引出的接线端子，采用"空心圆"表示。

2. 关于电气原理图图面区域的划分

为了便于检索电气原理图，常在各种幅面的图样上分区，每个分区竖边用大写拉丁字母编号，横边用阿拉伯数字编号。有时为了读图方便，常在横边下面标数字，上面标功能。参见图 4-4-1。

3. 继电器、接触器触头位置索引

在电气原理图中，继电器、接触器线圈的下方注有该继电器、接触器相应触头在图中位置的索引。

索引代号用图面区域号表示。左栏为动合（常开）触头所在区代号，右栏为动断（常闭）触头区代号。

如图 4-4-1 中 E4 位 KM 线圈下方，最左边的三个"2"表示接触器 KM 的三组动合（常开）主触头在图样的"2"区域；中间栏的一个"4"表示一组动合（常开）触头在图样的"4"区域；右栏空的表示为动断（常闭）触头没有用到。

二、电器布置图

电器件布置原则（例图 4-4-2）：

1）重组件在下面，发热件在上面。

2）强、弱电分开，弱电加屏蔽。

3）需要经常维护、检修、调整的电器件不宜过高或过低。

4）电器件布置要求整齐、美观、对称并有一定的间距。用走线槽走线，应加大间距。

5）电器布置图要根据电器件实际外形尺寸绘出；控制盘内电器件与盘外电器件接线应通过接线端子连接，所以在电器布置图中应画出接线端子。

图 4-4-3 是 CW6132 型车床电器布置图，图中画出了盘外所有电器件的安装位置，如电动机、开关、按钮、照明灯等。

三、安装接线图

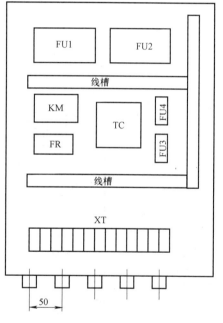

图 4-4-2 CW6132 型车床
控制盘电器布置图

安装接线图的绘制原则：

1）各电器件均按实际安装位置绘出，电器件所占图面为实际尺寸按统一比例绘制。

2）一个电器件中所有带电部件均画在一起，并用点画线框起来，采用集中表示法。参见图 4-4-4。

3）各电器件的图形符号和文字符号必须与原理图一致，并符合国家标准。

4）各电器件上凡是需要接线的端子都应绘出，并编以与原理图一致的编号。

5）走向相同的相邻导线可以绘成一股线，如图 4-4-4 中电动机的导线。

四、电气控制电路

由继电器、接触器所组成的电气控制电路，基本控制规律有自锁与互锁的控制、点动与连续运行控制、多地连锁控制、顺序控制与自动循环的控制等。

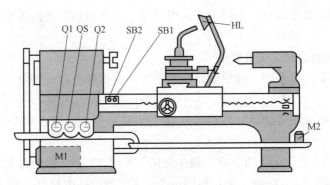

图 4-4-3　CW6132 型车床电气设备安装布置图

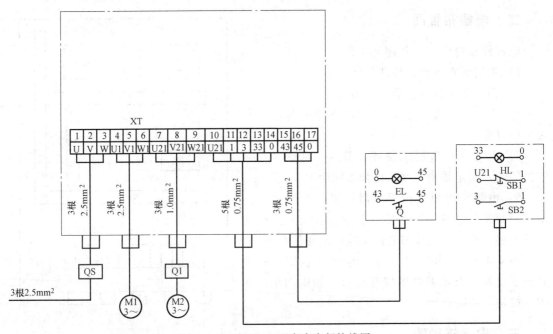

图 4-4-4　CW6132 型车床内部接线图

1. 点动与连续运转控制

图 4-4-5 所示为电动机点动与连续运行控制电路。

下面简单描述图 4-4-5 所示电动机点动与连续运行控制回路中各电气部件的逻辑关系，以帮助了解点动与连续运行的控制方式。

图 4-4-5a 基本点动控制电路中各电气部件的逻辑关系如下所示：

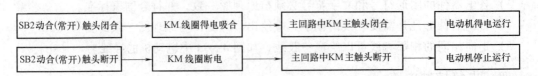

图 4-4-5b 开关选择点动与连续运行控制电路中，开关 SA 用于选择点动控制还是连续运行控制。若 SA 动合（常开）触点断开为点动控制，各电气部件的逻辑关系同上所述；若 SA 动合（常开）触点闭合则为连续控制，各电气部件的逻辑关系如下所示：

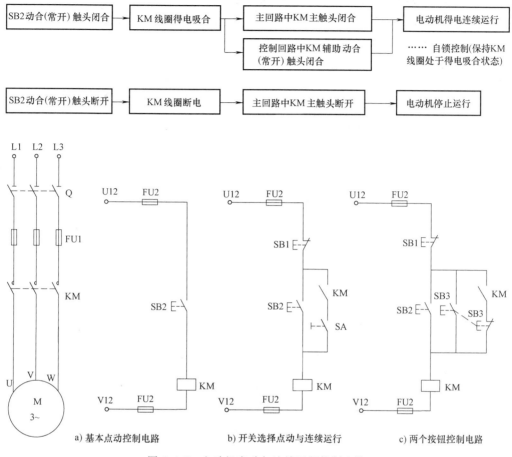

图 4-4-5　电动机点动与连续运行控制电路

图 4-4-5c 是利用复合按钮：按钮 SB3 实现点动控制，按钮 SB2 实现连续运行控制。各电气部件的逻辑关系不再详述。

2. 自锁与互锁的控制

自锁与互锁的控制称为电气联锁控制，在电气控制电路中应用十分广泛。下面以图4-4-6所示三相异步电动机的正、反转控制为例，来说明一下自锁和互锁控制方式在实际电气回路中的运用。

1）通过接触器 KM 辅助动合（常开）触头闭合而接通，从而保持 KM 线圈得电状态的现象称为自锁。

2）正、反转起动按钮 SB2、SB3 的动断（常闭）触头串在对方接触器线圈中，在接下按钮过程中，先断开正在运

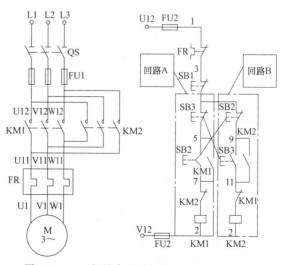

图 4-4-6　三相异步电动机的正反转控制电路

行的电路，再起动反向转动电路。这种互锁称为按钮互锁或机械互锁。

3）接触器 KM1、KM2 正反转动断（常闭）辅助触头串在对方线圈电路中形成相互制约的控制方式称为电气互锁。

下面简单描述图 4-4-6 所示电动机正反转控制电路中各电气部件的逻辑关系，以帮助了解自锁与互锁的控制方式。

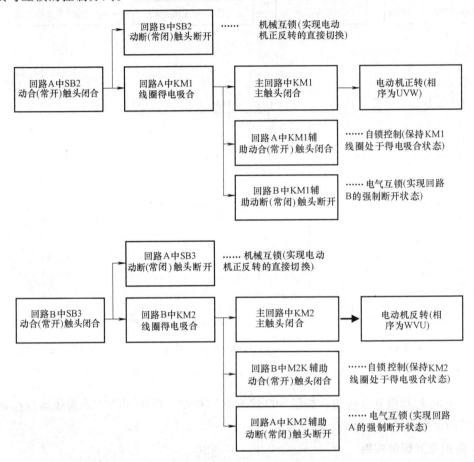

第二节　接线端子制作与排线

一、常用接线端子简介

接线端子又名压接端子，电子连接器、空中接头都归属于压接端子，是用于实现电气连接的一种配件产品，工业上划分为连接器的范畴。

压接端子的种类，根据使用功能、使用工具的分类如图 4-4-7~图 4-4-10 所示。

二、电线、端子和工具的关系

1. 电线与端子的关系

压接端子需根据导线的粗细，选择合适的端子，然后选择专用工具压端子（如图 4-4-11 所示）。

a) 用于与端子排连接

b) 用于两根芯线连接

c) 用于绞合芯线连接

图 4-4-7　根据使用功能分类

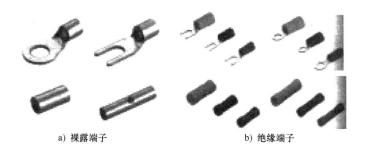
a) 裸露端子　　　　　　　　b) 绝缘端子

c) 闭端子

图 4-4-8　根据使用工具分类

a) O型端子

b) Y型端子

图 4-4-9　用于与端子排连接的端子

a) 重叠型(P型)端子　　　　　　　b) 对接型(B型)端子

图 4-4-10　用于两根芯线连接的端子

图 4-4-11　电线、端子和压接工具

　　一般的压接端子使用的电线直径是有范围要求的，请选择与电线直径吻合的端子。端子与电线直径的选用对应关系参照表4-4-1和表4-4-2。

表4-4-1　端子规格与适用电线规格范围

端子标称规格	适用电线规格范围(截面积)/mm^2	端子标称规格	适用电线规格范围(截面积)/mm^2
1.25(1)	0.25~1.65	5.5(5)	2.63~6.64
2	1.04~2.63	8	6.64~10.52

表4-4-2　常见规格电线规格对应表

常见规格电线（中国)/mm^2	AWG规格电线（美国)	常见规格电线（中国)/mm^2	AWG规格电线（美国)
0.3	22	2	14
0.5	20	3.5	12
0.75	18	5.5	10
1.25	16	8	8

2. 工具与端子的关系

端子的种类不同，需要选用的压接工具参照表4-4-3选用。

表4-4-3　端子与压接工具的对照表

压接工具	压接端子种类	具体压端子对应要求			
	压接裸露端子	压槽标号	1.25	2	5.5	8
		AWG规格	22~18	16~14	12~10	8
	压接绝缘端子	●	用于压接裹有红色绝缘层的绝缘压着端子			
		●	用于压接裹有蓝色绝缘层的绝缘压着端子			
		●	用于压接裹有黄色绝缘层的绝缘压着端子			
	压接裸露端子	1	用于压接规格标号为"1"的闭端子			
		2	用于压接规格标号为"2"的闭端子			
		5	用于压接规格标号为"5"的闭端子			

三、导线的排线规则

1. 布线规则

布线应根据线路要求、负载类型、场所环境等具体情况，设计相应的布线方案，采用适合的布线方式和方法，同时应遵循以下一般原则。

1）选用符合要求的导线。

2）尽量避免布线中的接头。

3）布线应牢固、美观。

2. 布线不规范现象

1）过度的线缆弯曲半径。

2）强、弱电线缆一起敷设。

3）机柜中留下太多的线缆备用冗余。

4）成束的线缆过紧地扎在一起。

第三节 三相异步电动机的接线和检测

一、三相异步电动机的接线方法

三相异步电动机定子绕组有 6 个端线，首端分别用 U1、V1、W1 表示，末端用 U2、V2、W2 表示。为了便于改变接线，6 个端线都接在电动机定子壳体外的接线盒内。绕组可以联结成星形或三角形，如图 4-4-12 所示。

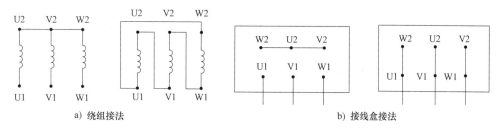

a）绕组接法   b）接线盒接法

图 4-4-12 三相定子绕组的接线方法

二、三相异步电动机的绝缘检测

通常使用绝缘电阻表（兆欧表）进行绝缘电阻的测量。绝缘电阻表测量绝缘电阻的原理是在绝缘体上施加直流电压后测量泄漏电流，根据欧姆定律计算出其电阻值。

1. 检测要点

1）绕组对机壳的绝缘电阻（三相绕组末端 W2、U2、V2）用裸铜线串联后与机壳之间的绝缘电阻。

2）绕组相与相之间的绝缘电阻（任意两相绕组之间的绝缘电阻）。

3）绕线转子绕组的绝缘电阻（转子引出线和机壳之间的绝缘电阻）。

2. 测量结果的判定

工作温度下： $\qquad R = U / (1000 + P/100)$

式中 R——绝缘电阻（MΩ）；

       U——电动机的额定电压（V）；

       P——电动机功率（kW）。

但实际运用中，380V 以下的低压设备用 500V 绝缘电阻表测量，大于 0.5MΩ 视为合格。1kV 以上的设备，用 1kV 或者 2500V 绝缘电阻表来测量，电压每升高 1kV 绝缘电阻要求提高 1MΩ。

3. 注意事项

1）绝缘电阻表的选用见表 4-4-4。

表 4-4-4　绝缘电阻表的选用

电动机额定电压	绝缘电阻表量程	电动机额定电压	绝缘电阻表量程
≤500V	500V	≥3000V	2500V
500~3000V	1000V		

2）测量时，未参与测量的绕组应与电动机外壳用导线连接在一起。

3）测量完毕后，应用接地的导线接触绕组进行放电，然后再拆下仪表连线，否则在用手拆线时就可能遭受电击。这一点对大型或高压电动机尤为重要。

三、三相异步电动机的定子电阻检测

由于定子绕组电阻值非常小，为了消除回路中导线电阻和接触电阻的影响，通常使用单臂电桥或双臂电桥进行电阻的测量。

定子绕组电阻值小于 1Ω 的用双臂电桥，大于 1Ω 的可用单臂电桥。电桥的准确度等级不得低于 0.5 级。三相异步电动机各相定子绕组的直流电阻值可查阅相关资料。

测量结果的判定：

所测各相电阻值之间的最大差值与三相平均值之比不得大于 5%，即

$$\frac{R_{\max} - R_{\min}}{R_{av}} \leqslant 5\%$$

如果超过此值，说明有短路现象。

第五篇

自动化控制技术基础

第一章

自动控制原理与系统

【知识目标】

掌握自动控制的基本概念；熟悉自动控制系统的控制原理、分类及基本要求；了解 PID 控制的基本概念和调节方法。

【知识结构】

$$
自动控制原理与系统
\begin{cases}
自动控制的基本知识
\begin{cases}
自动控制的概念 \\
自动控制原理与方式（开环、闭环）\\
自动控制系统的基本要求
\end{cases}\\
PID\ 控制
\end{cases}
$$

第一节　自动控制的基本知识

自动化技术几乎渗透到国民经济的各个领域及社会生活的各个方面，是当代发展最迅速、应用最广泛、最引人注目的高科技之一，是推动新技术革命和新产业革命的关键技术。

本节介绍自动控制的基本概念以及自动控制系统的基本要求，使读者对自动控制理论的总的目标有个大致的了解。

一、自动控制的概念

自动控制，就是在没有人直接参与的情况下，利用外加的设备或装置（控制装置），使机器、设备或生产过程（控制对象）的某个工作状态或参数（被控量）自动地按照预定的规律运行。

自动控制系统是指能够对被控对象的工作状态进行自动控制的系统。它是控制对象以及参与实现其被控制量自动控制的装置或元部件的组合，一般由控制装置和被控对象组成，其机构通常包括测量机构、比较机构、执行机构 3 种。

自动控制系统的功能和组成是多种多样的，其结构有简单也有复杂。它可以只控制一个物理量，也可以控制多个物理量，甚至一个企业机构的全部生产和管理过程；它可以是一个具体的工程系统，也可以是比较抽象的社会系统、生态系统或经济系统。

根据控制对象和给定系统的性能指标，合理地确定控制装置的结构参数，称为控制系统设计。

二、自动控制原理与方式

1. 开环控制

开环控制是指系统的输出量只受控于控制作用，而对控制作用不能反施任何影响的控制方式。

开环控制系统是无被控量反馈的系统，即在系统中控制信息的流动未形成闭合回路。

优点：结构简单，成本低廉，易于实现。

缺点：对扰动没有抑制能力，控制精度低。

开环控制系统框图如图 5-1-1 所示。

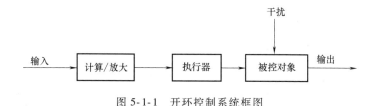

图 5-1-1　开环控制系统框图

2. 闭环控制

闭环控制是指系统的输出量与控制作用之间存在着负反馈的控制方式。

采用闭环控制的系统称为闭环控制系统或反馈控制系统。闭环控制是一切生物控制自身运动的基本规律。人本身就是一个具有高度复杂控制能力的闭环系统。闭环控制系统框图如图 5-1-2 所示。

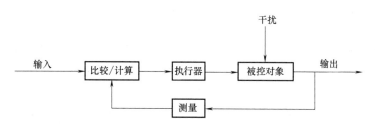

图 5-1-2　闭环控制系统框图

优点：具有自动补偿由于系统内部和外部干扰所引起的系统误差（偏差）的能力，因而有效地提高了系统的精度。

缺点：系统参数应适当选择，否则可能不能正常工作。

反馈是指把输出量送回到系统的输入端并与输入信号比较的过程。若反馈信号是与输入信号相减而使偏差值越来越小，则称为负反馈；反之，则称为正反馈。

显然，负反馈控制是一个利用偏差进行控制并最后消除偏差的过程，所以又称偏差控制。

同时，由于有反馈的存在，整个控制过程是闭合的，故也称为闭环控制。

比较以上两种控制方式，开环控制的特点是控制装置只按照给定的输入信号对输出量进行单向控制，而不对输出量进行测量并反向影响控制作用。以烧结炉温度控制为例，当炉温偏离希望值时，开关 K 的接通或断开时间不会相应改变。因此，开环控制不具有修正由于扰动（使被控制量偏离希望值的因素）而出现的输出量与目标值之间偏差的能力，即抗干扰能力差。

而在闭环控制中，输出量一般是由测量装置检测并反馈到输入端，然后由比较装置将它与输入信号综合得到偏差（误差）。同样是炉温控制的例子，根据炉温的实际偏差进行控制，就能提高炉温控制精度和抗干扰能力。

三、自动控制系统的基本要求

反映系统控制性能优劣的指标，工程上常常从系统稳定性、响应速度、控制准确性 3 个方面来评价。对控制系统性能的要求可概括为三个字：稳、快、准。

稳定性指的是系统在受到扰动作用后自动返回原来的平衡状态的能力，是控制系统运行的必要条件。不稳定的系统是不能工作的。

如果系统受到扰动作用（系统内或系统外）后，能自动返回到原来的平衡状态，则该系统是稳定的。稳定与不稳定的示意如图 5-1-3 所示。

当系统受到外部扰动的影响或者参考输入发生变化时，被控量会随之发生变化，经过一段时间，被控量恢复到原来的平衡状态或到达

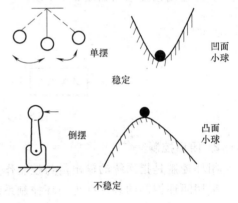

图 5-1-3 稳定与不稳定的示意图

一个新的给定状态，称这一过程为过渡过程。系统响应速度快，指的就是系统的过渡过程短。

控制准确性是过渡过程结束到达稳态后系统的控制精度的度量，常用稳态误差、即稳定系统在完成过渡过程后的稳态输出偏离目标值的程度来表示。

开环控制系统的稳态误差通常与系统的增益或放大倍数有关，而反馈控制系统（闭环系统）的控制精度主要取决于它的反馈深度。稳态误差越小，系统的精度越高，它由系统的稳态响应反映出来。

第二节 PID 控制的基本概念

工程应用最为广泛的调节器控制规律为比例-积分-微分控制，简称 PID 控制，又称 PID 调节。

PID 控制器问世至今已有近 70 年历史，它以结构简单、稳定性好、工作可靠、调整方便而成为工业控制的主要技术之一。当被控对象结构和参数不能被完全掌握，或无法做出精确数学模型时，系统控制器结构和参数必须依靠经验和现场调试来确定，这时应用 PID 控制技术最为方便。

换句话说，当我们不完全了解一个系统和被控对象时最适合用 PID 控制技术。

下面结合一个事例来说明什么是 PID 控制及其参数调节方法。需要说明的是，随着现代控制技术理论和元器件的进化，现在很多成品控制器自带的全自动整定工具已经可以满足许多常见应用，但是为了理解，我们还是从最简单系统的手动整定来说明。

假定有一系统，未经参数整定前的系统特性如图 5-1-4 所示。图中虚线是控制目标值。

1. 比例（P）控制

上述系统在未整定前，输出远远没有达到控制目标。所以，第一步先关闭积分和微分控制，逐渐加大比例控制（K_p 值）直至系统出现振荡，如图 5-1-5 所示。

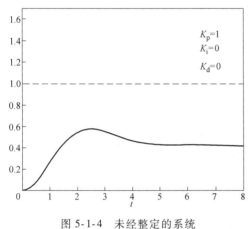

图 5-1-4 未经整定的系统

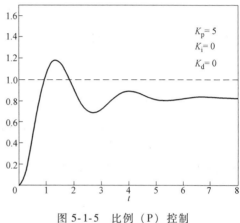

图 5-1-5 比例（P）控制

比例控制是一种最简单的控制方式，其控制器输出与控制偏差成比例关系，也就是说，系统偏差一旦产生，控制器立即产生控制作用，以减小偏差。

比例作用越强，动态响应越快，消除误差的能力越强。但实际系统是有惯性的，控制输出变化后，实际值还需等待一段时间才会缓慢变化。所以比例作用不宜太强，否则会引起系统振荡不稳定。

当仅有比例控制时系统输出会存在稳态误差。

2. 积分（I）控制

接下来导入积分控制，消除稳态误差。

积分控制中，控制器输出与输入误差信号的积分成正比关系。只要有误差存在，就对误差进行积分，使输出继续增大或减小，一直到误差为零以后，积分停止，输出不再变化，达到无差调节的效果（图 5-1-6）。

3. 微分（D）控制

系统能达到稳定控制以后，就要追求动态特性的改善，即当有外部扰动时，系统能够快速恢复稳态。这时就要引入微分控制了。微分控制参数经过整定以后，系统特性如图 5-1-7 所示。

微分控制中，控制器输出与输入误差信号的微分（即误差变化率）成正比关系。

不论比例调节作用，还是积分调节作用，都是建立在产生误差后才进行调节以消除误差的，都是事后调节，因此这种调节对稳态来说是无差的，对动态来说肯定是有差的。对于负载变化或给定值变化，必须等待产生误差以后，再来慢慢调节予以消除。

但一般的控制系统，不仅对稳态控制有要求，而且对动态指标也有要求：通常都要求负

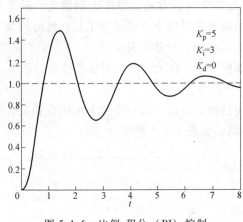

图 5-1-6　比例-积分（PI）控制

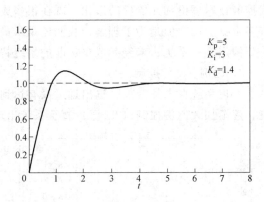

图 5-1-7　比例-积分-微分（PID）控制

载变化或给定调值变化后，恢复到稳态的速度要快。因此光有比例和积分调节作用还不能完全满足要求，必须引入微分作用。比例作用和积分作用是事后调节（即发生误差后才进行调节），而微分作用则是事前"预防"调节，即一发现输出有变大或变小的趋势，马上就输出一个阻止其变化的控制信号，以防止出现过冲或超调。

第二章

传感与检测技术

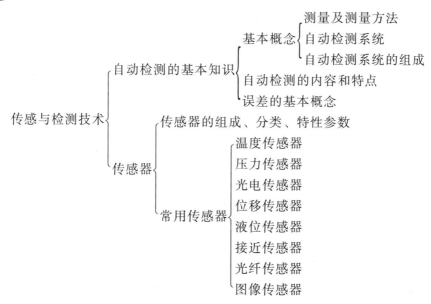

【知识目标】

了解自动检测的基本知识及常用传感器的工作原理，掌握常用传感器的特性及用途，能根据应用要求选择合适的传感器。

【知识结构】

传感与检测技术
- 自动检测的基本知识
  - 基本概念
    - 测量及测量方法
    - 自动检测系统
    - 自动检测系统的组成
  - 自动检测的内容和特点
  - 误差的基本概念
- 传感器
  - 传感器的组成、分类、特性参数
  - 常用传感器
    - 温度传感器
    - 压力传感器
    - 光电传感器
    - 位移传感器
    - 液位传感器
    - 接近传感器
    - 光纤传感器
    - 图像传感器

第一节　自动检测的基本知识

一、自动检测的基本概念

1. 自动检测

检测：是利用各种物理、化学效应，选择合适的方法与装置，将生产、科研、生活等各方面的有关信息通过检验与测量的方法赋予定性分析或定量计算的过程。

自动检测：就是在检验和测量过程中完全不需要或仅需要很少的人工干预而自动进行并完成的。

2. 测量及测量方法

（1）测量 是借助于专门的技术与设备，采用一定的方法，取得某一客观事物定量数据的认识过程。

（2）测量方法 从不同角度来分类的测量方法，见表5-2-1。

表5-2-1 测量方法的分类及说明

依　据	测量方法	说　明
按获得测量结果的方法	直接测量	直接从测量器具上读出被测几何量的大小值
	间接测量	利用仪器仪表把待测物理量的变化转换成与之保持已知函数关系的另一种物理量的变化，例如，用弹簧秤测量物体的重量
按测量结果读数值的不同	绝对测量	即全值测量,测量器具的读数值直接表示被测尺寸
	相对测量	即微差或比较测量,测量器具的读数值表示被测尺寸相对于标准量的微差值或偏差
按被测物与测量器具有无机械接触	接触式测量	测量器具的测量头与被测物表面以机械测量力接触
	非接触式测量	测量器具的测量头与被测表面不接触
按被测量与敏感元件相对状态的不同	静态测量	测量时,被测表面与测量头处于相对静止状态
	动态测量	测量时,被测表面与测量头处于工作过程中的相对运动状态
按测量方式不同	在线测量	测量仪器长期安装在设备上,连续不断地采集有关数据并实时进行分析
	离线测量	使用便携式仪器临时对设备进行一次性测量,之后对记录或存储下来的数据进行分析

3. 自动检测系统

是指在人极少参与或不参与的情况下，自动进行测量、处理数据，并以适当的方式显示或输出测量结果的系统。

4. 自动检测系统的组成

一个完整的自动检测系统，主要由传感器、信号处理电路、记录显示装置、数据处理装置、执行机构等5部分组成，其组成框图如图5-2-1所示。

图5-2-1 自动检测系统组成框图

（1）传感器 其作用是把被测的物理量转变为电量，是获取信息的手段，是自动检测系统的首要环节，在自动检测系统中占有重要的位置。

（2）信号处理电路 其作用是把传感器输出的电量转变成具有一定驱动和传输功能的电压、电流和频率信号，以推动后续的记录显示装置、数据处理装置及执行机构。

（3）记录显示装置 把传入的电信号进行记录、显示，便于人机对话。

（4）数据处理装置 把信号处理电路转换来的数据进行运算、逻辑判断、线性变换等处理，对动态测试的结果进行分析。

（5）执行机构 是指各种继电器、电磁铁、电磁阀、伺服电动机等，它们在系统中起通断、控制、保护、调节等作用。

二、自动检测的内容和特点

1. 自动检测的内容

热工量：温度，压力，压差，真空度，流量，流速，物位，液位。

机械量：直线位移，角位移，速度，加速度，转速，噪声，质量（重量）。

几何量：长度，厚度，角度，直径，间距，表面粗糙度，硬度，材料缺陷等。

物体的性质和成分量：空气湿度、浊度、透明度，物体的颜色等。

状态量：工作机械的运动状态（起停等），生产设备的异常状态（超温、过载、泄露、变形、磨损、堵塞、断裂等）。

2. 自动检测的特点

1）具有运算和记忆能力。

2）具有自校准、自动故障诊断能力。

3）具有操作方便，性价比高等特点。

三、误差的基本概念

1. 误差的概念

（1）真值 在一定条件下被测量客观存在的、实际具备的量值，包括理论真值、规定真值、相对真值。

（2）误差 测量值与真值之间的差值，称为测量误差（也称示值误差）。

2. 误差的分类

（1）测量误差的来源 测量误差的主要来源有工具误差、环境误差、方法误差和人员误差。

（2）误差的分类 误差的分类见表5-2-2。

表 5-2-2 误差的分类

依 据	误差名称	说 明
误差的表示方法	绝对误差	绝对误差 Δ 是指测量值 A_x 与真值 A_0 之间的差值。公式：$\Delta = A_x - A_0$
	相对误差	相对误差 ε 是指绝对误差 Δ 和测量值 A_x 的比值。公式：$\varepsilon = \dfrac{\Delta}{A_x}$
	引用误差	引用误差 γ 是测量绝对误差 Δ 与仪表的满量程 A 之比，一般用百分比表示。公式：$\gamma = \dfrac{\Delta}{A} \times 100\%$

（续）

依据	误差名称	说　明
误差出现的规律	系统误差	系统误差是指在相同的条件下,多次重复测量同一个量时,其绝对值和符号固定不变,或改变条件(如环境条件、测量条件)后按一定规律变化的误差
	随机误差	随机误差是指在相同条件下,多次重复测量同一个量时,其绝对值和符号变化无常,但随着测量次数的增加又符合统计规律的误差
	粗大误差	是一种明显歪曲实验结果的误差。主要是由于操作不当、疏忽大意、环境条件突然变化所造成的
被测量与时间的关系	静态误差	当被测量不随时间变化或变化很缓慢时所产生的误差
	动态误差	当被测量随时间迅速变化时,输出量在时间上不能与被测量的变化精确吻合所产生的误差

第二节　常用传感器

一、传感器的基础知识

1. 传感器的概念

传感器是一种检测装置，能感受到被测量的信息，并能将感受到的信息，按一定规律变换成为电信号或其他所需形式的信息输出，以满足信息的传输、处理、存储、显示、记录和控制等要求。

2. 传感器的组成

传感器通常由敏感元件、转换元件、信号调节与转换电路组成，如图 5-2-2 所示。敏感元件指传感器中能直接感受或响应被测量的部分；转换元件指传感器中能将敏感元件感受或响应的被测量转换成适于传输和测量的电信号的部分；信号调节和转换电路可以对微弱电信号进行放大、运算、调制等。此外，信号调节和转换电路在工作时必须有辅助电源。

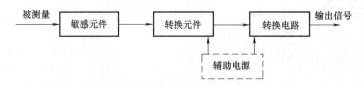

图 5-2-2　传感器的组成

3. 传感器的分类

传感器的分类见表 5-2-3。

表 5-2-3　传感器的分类

依据	传感器种类	说　明
按被测量种类	位移、温度、压力、速度、流量等	体现传感器的功能,便于传感器的管理和选用

（续）

依　据	传感器种类	说　明
按工作原理	电阻式、电容式、电感式、光电式、压电式等	体现传感器对信号转换的原理，便于学习和研究
按被测量转换特征	结构型，如电容式、电阻应变片式	通过改变传感器元件的参数实现信号的转换
	物性（物理）型，如光敏式、水银温度计、压电式、双金属片式	依靠敏感元件本身物理性质随被测量变化实现信号的转换
按能量传递方式	能量控制型，如电阻式、电容式、电感式	传感器输出能量由外部供给，但受被测量控制
	能量转换型，如压电式、热电耦式	传感器输出量直接由被测量的能量转换而得
按输出量	模拟式	输出量为模拟信号
	数字式	输出量为数字信号

4. 传感器的特性参数

传感器的特性曲线见表 5-2-4。

表 5-2-4　传感器的特性参数

特性	参　数	说　明	特　性　图
静态特性	线性度	传感器的实际输入-输出特性曲线与理论拟合直线的最大偏差与传感器满量程输出之比的百分数，也称非线性误差或非线性度	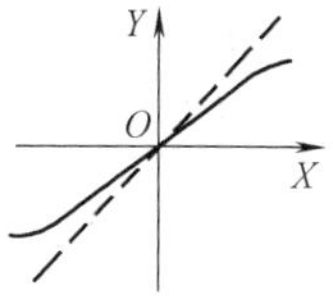
	灵敏度	传感器稳态输出增量与输入增量的比值	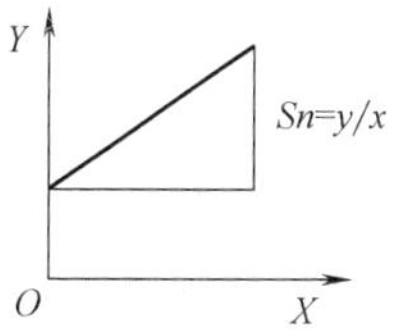 线性传感器 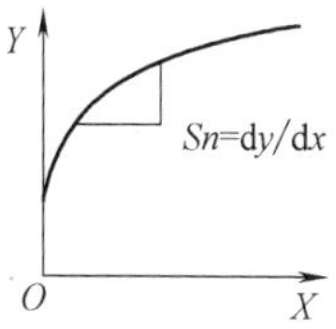　　　非线性传感器
	重复性	传感器在输入量按同一方向作全程多次测试时，所得特性曲线不一致的程度	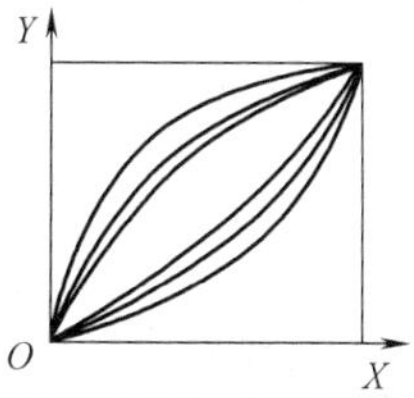
	迟滞	传感器在正向行程和反向行程期间，输出-输入特性曲线不一致的程度	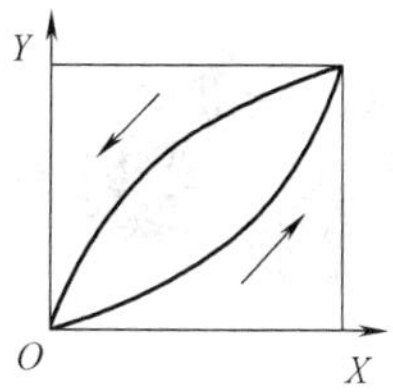

（续）

特性	参数	说明	特性图
静态特性	分辨率	传感器在规定范围内所能检测到的输入量的最小变化量	
	稳定性	传感器在室温条件下,经过长时间间隔,其输出与起始标定时的输出之间的差异	
	漂移	在外界的干扰下,输入未发生变化时其输出量产生变化的现象。通常存在零点漂移和温度漂移两种情况	
	死区	指传感器的输入发生变化时,其输出尚未建立的现象,死区是产生非线性的重要因素	
动态特性	阶跃响应特性	给传感器输入一个单位阶跃函数信号,其输出的特性	
	频率响应特性	给传感器输入各种频率不同而幅值相同、初相位为零的正弦信号时,其输出正弦信号的幅值和相位与频率之间的关系	

二、常用传感器

1. 温度传感器

（1）定义　是把温度转换为电量的一种传感器。工程上应用最多的温度传感器就是热电偶温度传感器,其结构形式如图 5-2-3 所示。

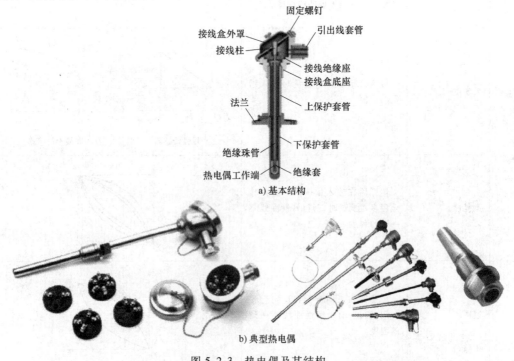

a) 基本结构

b) 典型热电偶

图 5-2-3　热电偶及其结构

（2）热电偶的原理及类型

1）原理。热电偶的工作原理是基于热电效应（图5-2-4），就是两种不同材料的导体（或半导体）组成一个闭合回路，当两接点温度 T 和 T_0 不同时，则在该回路中就会产生电动势的现象，也称为塞贝克效应。

图 5-2-4　热电偶工作原理

几个概念

热电极：闭合回路中的导体或半导体 A、B，称为热电极。

热电偶：闭合回路中的导体或半导体 A、B 的组合，称为热电偶。

工作端：两个结点中温度高的一端。

自由端：两个结点中温度低的一端。

热电动势：热电效应产生的电动势。热电动势 = 两导体的接触电动势 + 单一导体的温差电动势。

接触电动势：两种材料由于自由电子密度不同在结点处形成电子扩散而形成的电动势，与材料、温度有关。

温差电动势：同一种材料两端温度不同，电子由高温端向低温端扩散而形成的电动势，与材料、温度有关。

2）热电偶类型

① 标准热电偶。广泛使用的热电偶都是标准热电偶，其制作标准、热电动势与温度的关系以及允许误差都是严格按照国家标准规定的。同时，与其配套的显示仪表也是按照国家标准制作完成的。

国家标准对热电偶规制了 8 种类型（也称热电偶的分度号），分别为 S、B、E、K、R、J、T、N。其中 S、R、B 属于贵金属热电偶，N、K、E、J、T 属于廉金属热电偶。

② 非标准热电偶。一般没有统一的分度号，应用不是非常的广泛，适合个别工业单位使用，具有一定的特殊性。

（3）热电偶的特性及分类

1）按分度号分类。

2）按固定装置形式分类。热电偶的固定方式主要有 6 种：无固定装置式、螺纹式、固定法兰式、活动法兰式、活动法兰角尺式和锥形保护管式。

3）按装配及结构方式分类。根据热电偶的结构方式可分为：可拆卸式热电偶、隔爆式热电偶、铠装热电偶和压弹簧固定式热电偶等特殊用途的热电偶。

（4）热电偶的冷端温度补偿　由工作原理可知，热电偶产生热电动势的大小不仅与热端温度有关，而且与冷端温度有关。为了使热电动势只是热端温度的单值函数，必须使冷端温度不变。在实际使用中，由于冷端暴露在空气中，往往又距离工作端（热端）比较近，很难做到冷端温度保持恒定不变，为此常采用一些措施消除冷端温度的影响，见表 5-2-5。

2. 压力传感器

（1）定义　压力传感器，是指以膜片装置（金属膜片、橡胶膜片等）为媒介，用感压元件对气体和液体的压力进行测量，并转换成电气信号输出的设备。

（2）原理及类型　压力传感器是工程应用中最常用的一种传感器。常用的压力传感器有压阻式压力传感器和压电式压力传感器，其工作原理各不相同。

表 5-2-5　传感器的补偿

补偿方法	目　的	补偿手段	示　意　图
延伸导线法	使冷端远离工作端，和测量仪表一起放到环境温度比较稳定的地方	采用补偿导线。导线要求：①与热电偶具有相同的热电特性；②廉价的金属导线	A、B—热电偶电极　A_1、B_1—补偿导线 T_0—热电偶原冷端温度　T_0'—新冷端温度
热电动势修正法	提供冷端恒温 T_n 到 T_0 的修正值	冷端温度（T_n）不为零时，运用热电偶分度表修正	$E_{AB}(T, T_0) = E_{AB}(T, T_n) + E_{AB}(T_n, T_0)$ $E_{AB}(T, T_n)$ 为实测值，$E_{AB}(T_n, T_0)$ 为修正值，是冷端为 0℃，工作端为 T_n 区段的热电动势，可查分度表得到
0℃ 恒温法	使冷端置于 0℃ 的恒温环境中	把冰屑和清洁的水混合放在保温瓶中（水面略低于冰屑面），然后把热电偶的冷端置于其中	
电桥补偿法	利用不平衡电桥产生的电动势来补偿热电偶因冷端温度变化而引起的热电动势的变化值	在热电偶与显示器之间接入一个直流不平衡电桥（也称为冷端补偿器）	

1）压阻式压力传感器。

① 应变片式压力传感器：如图 5-2-5 所示，电阻应变片是压阻式应变传感器的主要组成部分之一。金属电阻应变片的工作原理是：吸附在基体材料上的应变电阻随机械形变而产

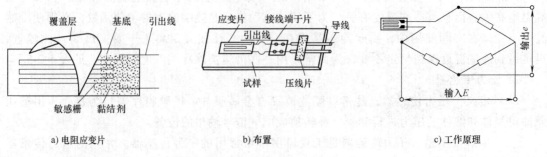

a) 电阻应变片　　　　　b) 布置　　　　　c) 工作原理

图 5-2-5　应变式压力传感器

生阻值变化，俗称为电阻应变效应。

② 陶瓷压力传感器：陶瓷压力传感器基于压阻效应，压力直接作用在陶瓷膜片的前表面，使膜片产生微小的形变，厚膜电阻印制在陶瓷膜片的背面，连接成一个惠斯通电桥。由于压敏电阻的压阻效应，使电桥产生一个与压力成正比、高度线性、与激励电压也成正比的电压信号。标准的信号根据压力量程的不同标定为 2.0、3.0、3.3mV/V 等，可以和应变式传感器相兼容。

③ 扩散硅压力传感器：扩散硅压力传感器的工作原理也是基于压阻效应。利用压阻效应，被测介质的压力直接作用于传感器的膜片上（不锈钢或陶瓷），使膜片产生与介质压力成正比的微位移，使传感器的电阻值发生变化，利用电子线路检测这一变化，并转换输出一个对应于这一压力的标准测量信号。

④ 蓝宝石压力传感器：利用应变电阻式工作原理，采用硅-蓝宝石作为半导体敏感元件，具有无与伦比的计量特性。利用硅-蓝宝石制造的半导体敏感元件，对温度变化不敏感，即使在高温条件下，也有着很好的工作特性；蓝宝石的抗辐射特性极强；另外，硅-蓝宝石半导体敏感元件无 p-n 漂移。

各种压阻式压力传感器如图 5-2-6 所示。

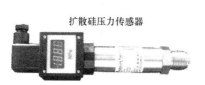

a) 陶瓷压力传感器　　　　　b) 扩散硅压力传感器　　　　　c) 蓝宝石压力传感器

图 5-2-6 各种压阻式压力传感器

2）压电式压力传感器。

压电式压力传感器是基于某些晶体材料的压电效应，实现压力到电量的转换。压电式传感器不能用于静态测量，因为经过外力作用后的电荷，只有在回路具有无限大的输入阻抗时才能得到保存。压电式压力传感器如图 5-2-7 所示。

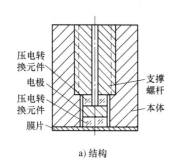

a) 结构　　　　　　　　　　　b) 实物

图 5-2-7 压电式压力传感器

压电效应：某些晶体材料，如石英、钛酸钡等，当沿着一定方向受到机械力作用发生变形时，就产生了极化现象，表面有电荷出现，形成电场；当机械力去除后，又恢复到不带电状态。这种现象称为压电效应。

（3）压力传感器的相关概念

1）绝对压力：以绝对真空作为基准所表示的压力。

2）相对压力：以当地环境的大气压力作为基准所表示的压力，也称表压。绝对压力=相对压力+大气压力。

3）差压：被测两个压力的差值。

（4）压力传感器的接线方法

1）两线制：一根线连接电源正极，另一根线也就是信号线经过仪器连接到电源负极。

2）三线制：是在两线制基础上加了一根线，这根线直接连接到电源的负极，如图 5-2-8a所示。

3）四线制：两个电源输入端，另外两个是信号输出端，如图 5-2-8b 所示。

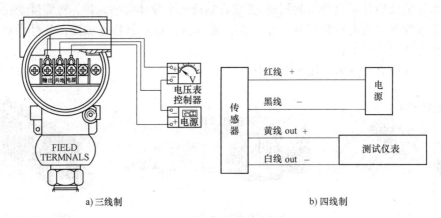

a)三线制   b)四线制

图 5-2-8　压力传感器的接线

3. 光电传感器

（1）定义　光电传感器是一种从发射器发射可视光线、红外线等的"光"，并通过检测物体反射的光，或遮光量的变化，从而获取输出信号的仪器。

（2）原理和主要类型　由发射器的发光元件发光，并由接收器的受光元件接收光，如图 5-2-9 所示。

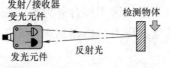

1）反射型：发光元件和受光元件内置于 1 个传感器放大器内，接收来自检测物的反射光。

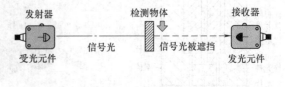

2）透过型：发射器与接收器分离。如果检测物体进入发射器与接收器之间，则发射器的光将被遮挡。

3）回归反射型：发光元件和受光元件内置于 1 个传感器放大器内。接收来自检测物的反射光。由反光板反射来自发光元

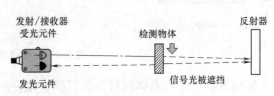

图 5-2-9　光电传感器的工作原理

件的光，并由受光元件接收光。如果检测物体到来，则被遮光。

（3）光电传感器的特性

1）非接触检测。可不接触检测物体，不会损伤检测物体，而且传感器本身也不会损伤，使用寿命更长且无须维护。

2）几乎所有物体均可检测。根据物体的表面反射或遮光量进行检测，因此可检测几乎所有物体（玻璃、金属、塑料、木材、液体等）。

3）检测距离较长。光电传感器一般为大功率，可进行长距离检测。

（4）光电传感器的分类　光电传感器的分类见表5-2-6。

表 5-2-6　光电传感器的分类

类型	检测方法	特　征
透过型	检测物体　发射器　接收器	通过检测物体遮挡相对方向的发射器/接收器间的光轴进行检测 1）检测距离较长 2）检测位置精度较高 3）如果为不透明体，则可不受外观、颜色、材料的影响进行检测 4）镜头耐污垢
回归反射型	检测物体　反射器　发射/接收器	通过检测物体遮挡传感器发出并由反射器返回的光进行检测 1）单面为反射器，因此可安装在狭小空间 2）布线简单，与反射器相比检测距离更长。调整光轴简单 3）如果为不透明体，则可不受外观、颜色、材料的影响进行检测
扩散反射型	检测物体　发射/接收器	对检测物体照射光，然后接收来自检测物体的反射光进行检测 1）仅安装传感器主体即可，不占空间 2）无须调整光轴 3）如果为反射体，则也可检测透明体 4）可辨别颜色
聚集光束反射型	检测物体　发射/接收器	对检测物体照射点状光，然后接收来自检测物体的反射光进行检测 1）可检测小型物体 2）可检测标记 3）可从机械间的缝隙等进行检测 4）可目视确认检测光斑
限定反射型	检测物体　发射/接收器	发射器与接收器相互倾斜，仅检测各自光轴交叉所形成的区域 1）背景的影响较少 2）滞后距离较短 3）可检测微小凹凸

（续）

类型	检测方法	特 征
可调整距离型	发射/接收器　检测物体	对检测物体照射光斑，根据正反射和扩散反射的角度差异进行检测 1）不受反射率较高的背景物影响 2）即使检测物的颜色、材料的反射率不同，也可稳定检测 3）可高精度检测小型物体
光泽度辨别反射型	发射/接收器　检测物体	对检测物体照射光斑，根据正反射和扩散反射的差异检测光泽度的差异 1）可在线使用 2）不受颜色影响 3）即使是透明体也可检测

4. 位移传感器

（1）定义　位移传感器又称为线性传感器，是把各种位移量（或尺寸）转换成电信号的传感器。位移传感器可以测量物体的移动量、转动量、变形量，零部件的位置、厚度、尺寸、距离等。

（2）原理及类型

1）长度及线位移检测。

① 电位器式位移传感器。电位器（电位计）式位移传感器可将直线位移、角位移和容易转变为位移的物理量的变化转换成与其有确定关系的电阻值的变化，属于接触型的电阻式传感器，如图 5-2-10 所示。

图 5-2-10　电位器式位移传感器

电位器式位移传感器按运动形式分为直线式和旋转式；按电阻元件分为绕线式和非绕线式；按结构分为滑线式、半导体式、骨架式和分段电阻式等。

② 电感式位移传感器。这种传感器能将输入的物理量转换为电感（自感或互感）的变化，再由测量电路转换为标准的电信号输出，一般用于小量程、高精度的位移测量。根据具体结构和工作原理可以分为变磁阻式、差动变压器式和电涡流式，如图 5-2-11 所示。

③ 光栅式位移传感器。光栅是利用光的透射、衍射现象工作的光电检测元件，其工作原理是莫尔条纹。测量中常用的光栅称为计量光栅，用于测量位移、速度、加速度、振幅等物理量。计量光栅按形状及用途不同，可分为长光栅和圆光栅，如图 5-2-12 所示。长光栅又称光栅尺，用于长度或直线位移的测量；圆光栅又称光栅盘，用于角位移的测量。光栅式位移传感器的特点是测量范围大，响应速度快，非接触测量，易于实现数字输出和自动控制。

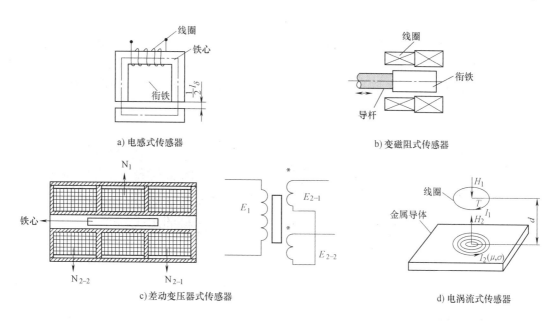

a) 电感式传感器   b) 变磁阻式传感器

c) 差动变压器式传感器   d) 电涡流式传感器

图 5-2-11 电感式位移传感器

2）角度及角位移检测。

① 光电编码器。光电编码器属于编码器中的一种，是用光电方法将转角或角位移转换为各种代码形式的数字脉冲，属于数字式传感器。

光电编码器按其结构分为直线式编码器和旋转式编码器；按脉冲信号性质分为绝对式和增量式编码器。光电编码器可以测量绝对角位移（绝对式）和相对角位移（增量式），其特点是结构简单、精度高、分辨率高、可靠性好、直接数字输出。绝对式光电编码器的测量范围有限，常用于小范围绝对位置测量；增量式光电编码器的测量范围无限。

② 圆光栅传感器。圆光栅的工作原理是莫尔条纹，分为径向光栅、切向光栅和环形光栅。

3）绝对测距。

① 电涡流式位移传感器，如图 5-2-13 所示。

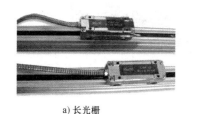

a) 长光栅

b) 圆光栅

图 5-2-12 光栅式位移传感器

图 5-2-13 电涡流式位移传感器

② 数字式激光位移传感器。

数字式激光位移传感器可精确、非接触地测量被测物体的位置、位移等变化，主要应用于物体的位移、厚度、振动、距离、直径等几何量的测量。其特点是测量距离可达几公里甚至几十公里。

③ 超声波式测距传感器。超声波传感器（超声波探头）是实现声电转换的装置，这种装置能够发射超声波，同时还可以接收超声波，并转换成电信号，其特点是测量范围小，测量精度低，测量目标不能太小，适用于大目标、近距离、一般精度的测距，如图 5-2-14 所示。

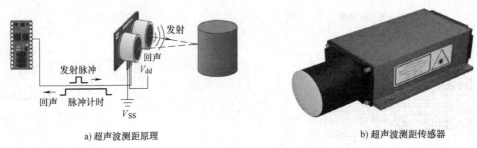

a) 超声波测距原理　　　　　　　　　　　　　　b) 超声波测距传感器

图 5-2-14　超声波式测距传感器

5. 液位传感器（液位计）

（1）定义　在生产和生活中，常常需要准确知道储液容器中液位的高低，所用的测量方法为液位测量，对应的传感器为液位传感器，也称液位计（以下均称为液位计）。

液位计分为两类：一类为接触式，包括单法兰静压/双法兰差压液位变送器，浮球式液位变送器，磁性液位变送器，投入式液位变送器，电动内浮球液位变送器，电动浮筒液位变送器，电容式液位变送器，磁致伸缩液位变送器，伺服液位变送器等。第二类为非接触式，分为超声波液位变送器，雷达液位变送器等。

（2）原理及类型

1）连通式液位计：包括玻璃板液位计和玻璃管液位计。

基于连通器原理，将容器中的液体引入带有标尺的玻璃管中，可以现场直接观测液位，如图 5-2-15 所示。

玻璃板式液位计

图 5-2-15　连通式液位计

2）浮力式液位计：包括恒浮力式（浮球、浮标、钢带等）和变浮力式（浮筒、浮子等）两种。利用漂浮在液面上的浮子来测量液位，浮子位置代表了液面的位置。当液面变化时，浮子随液面一起变化，从而产生位移，通过传递、放大系统显示出液位的变化和液面高度，如图 5-2-16 所示。

3）差压式液位计：单法兰（单引压管）、双法兰（双引压管）等差压式液位计是静压

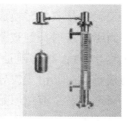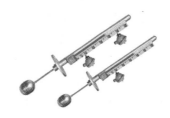

图 5-2-16　浮力式液位计

式液位测量，根据液位静压与液位高度成正比的原理来实现。单法兰（单引压管）液位计一般用于敞口或常压容器，密闭带压设备应该选用双法兰（双引压管）液位计，如图 5-2-17所示。

图 5-2-17　差压式液位计

4）电学式液位计：按工作原理不同分为电阻式（干簧-电阻式）、电容式和电感式，如图 5-2-18 所示。

① 电阻式：其原理是基于液位变化引起电极间电阻变化，由电阻变化反映液位情况。

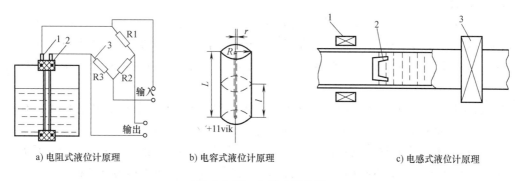

a) 电阻式液位计原理　　b) 电容式液位计原理　　c) 电感式液位计原理

图 5-2-18　电学式液位计

② 电容式：是利用液位高低变化影响电容器电容量大小的原理进行测量，有平极板式和同心圆柱式等。对导电介质和非导电介质都能测量。

③ 电感式：利用电磁感应原理，液位变化引起线圈电感变化，感应电流也发生变化。

电学式液位计既可以进行定点液位控制（指液位上升或下降到一定位置时引起电路的接通或断开，引发报警），也可进行连续测量。

5）超声波式液位计（图 5-2-19）：是由发射头发出超声波脉冲，遇到被测介质表面被反射回来，部分反射回波被同一发射头接收，转换成电信号。超声波脉冲以声速传播，从发射到接收到超声波脉冲所需时间间隔与发射头到被测介质表面的距离成正比。

6）导波雷达式液位计（图 5-2-20）：其基础是电磁波的时域反射原理。微波脉冲通过金属导波杆传播，当遇到液面的接触面时，由于波导体在气体和液体中的导电性能不同，使波导体的阻抗发生骤然变化，从而产生一个液位原始脉冲。同时在波导体顶部具有一个预先设定的阻抗，该阻抗产生一个可靠的基本脉冲，雷达液位计检测到液面脉冲后与基本脉冲进行比较，从而计算出液面高度。

7）热学法液位计：包括热电式和热磁感应式。热电式的测温元件为一组耐高温的热电偶，它们把金属熔液液面处温度场出现的变化转换为电动势大小的变化；热磁感应式的测温元件为一组热敏磁性元件，把金属熔液液面处温度场出现的变化转换为电抗（电感）大小的变化。

8）射线式液（物）位计（图 5-2-21）：是一种放射源装在被测液体的容器内的 α、β、γ 射线液位计。适用于高温、高压、强腐蚀，以及毒性大、烟雾大等一般仪表不能或难以使用的复杂、恶劣工况下料位的测量。

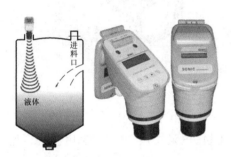
图 5-2-19　超声波式液位计

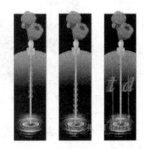
图 5-2-20　导波雷达式液位计

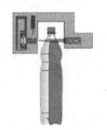
图 5-2-21　射线式液位计

6. 接近传感器

（1）定义　又称接近开关，当某一物体接近时，即发出控制信号。它除可以完成行程控制和限位保护外，还是一种非接触型的检测装置，用作检测零件尺寸和测速等，也可用于变频计数器、变频脉冲发生器、液面控制和加工程序的自动衔接等。接近传感器如图 5-2-22 所示。

1）检测距离：当有物体移向接近开关，并接近到一定程度时，位移传感器才会有"感知"，开关才会动作，把这个距离称为检测距离。

2）响应频率：有时被检测物体是按一定的时间间隔，一个接一个地移向接近开关，又一个接一个地离开，这样不断地重复。这种对检测对象的响应能力称为响应频率。

（2）原理及类型

1）电感式接近传感器：电感式接近传感器是利用导电物体在接近能产生电磁场的接近开关时，使内部产生涡流（涡流效应），这个涡流反作用到接近开关使开关内部电路参数发生变化，由此识别出有无导电物体移近，进而控制开关的通或断。

这种传感器所能检测的物体必须是导电体。

2）电容式接近传感器：这种接近开关构成了电容器的两个极板，当有物体移向接近开

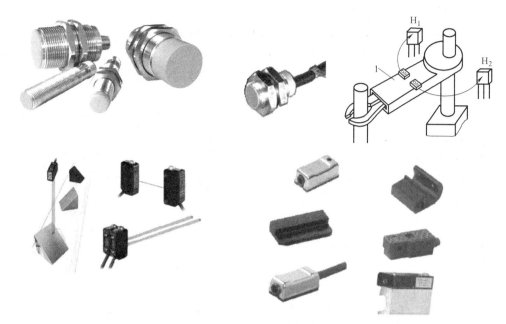

图 5-2-22 接近传感器

关时，使得电容量发生变化，使得和测量头相连的电路状态也随之发生变化，由此便可控制开关的通或断。

电容式接近传感器检测的对象不限于导体，可以是绝缘的液体或粉状物等。

3）霍尔式接近传感器：霍尔元件是一种磁敏元件，利用霍尔元件做成的开关类传感器就是霍尔式开关，其工作原理是基于霍尔效应。当磁性物件移近霍尔开关时，开关检测面上的霍尔元件因产生霍尔效应而使开关内部电路状态发生变化，由此识别附近有磁性物体存在，进而控制开关的通或断。

霍尔式接近传感器的检测对象必须是磁性物体。

4）舌簧式接近传感器：又称磁性开关，当磁性物体接近时舌簧闭合，使开关内部电路状态发生变化，由此识别附近有磁性物体存在，进而控制开关的通或断。适用于气动、液压系统，气缸和活塞的位置测定。

这种接近传感器的检测对象必须是磁性物体。

（3）接近传感器的特性

1）非接触式检测，避免了对传感器自身及目标物的磨损及损坏。

2）无触点输出，使用寿命长。

3）对环境要求低，即使在有水或者油污等苛刻环境中也能稳定检测。

4）反应速度快。

5）小型感测头，安装方便灵活。

（4）接近传感器的选用

1）在一般的工业生产场所，通常都选用涡流式接近开关和电容式接近开关，因为这两种接近开关对环境的要求较低。

2）当被测对象是导电物体或可以固定在一块金属物上时，一般都选用涡流式，因为它的响应频率高、抗环境性能好。

3）若所测对象是非金属（或金属）、液位高度、粉状物高度、塑料等，则应选用电容式。这种开关的响应频率低，但稳定性好。

4）若是用在气动、液压，气缸等设备上时，当然选用舌簧接近传感器。

7. 光纤传感器

（1）定义　光纤传感器是一种将光纤连接至光电传感器的光源，并可自由安装在狭小空间进行检测的仪器。

（2）工作原理及类型　如图 5-2-23 所示，光纤由中心纤芯和与其折射率不同的包层构成。如果光射入纤芯，则会在与包层的边界上重复全反射，并不断前进。穿过光纤内部从边缘射出的光约呈 60°角扩散，并照射至检测物。

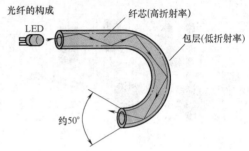

图 5-2-23　光纤传感器

光纤纤芯包括如下类型。

1）塑料型：纤芯由一条或多条直径 0.1~1mm 丙烯类树脂制作而成，以聚乙烯等包覆，具有重量轻、低成本、不易折断等特点，已成为光纤传感器的主流材料。

2）玻璃型：由 10~100μm 的玻璃纤维组成，并由不锈钢管包覆，具有使用温度较高（350℃）的特点。

光纤传感器大致分为透过型和反射型 2 种检测方法。透过型由发射器和接收器 2 根光纤构成。反射型在外观上能看到 1 根光纤，但如表 5-2-7 所示，如果观察边缘，则可分为平行型、同轴型、分割型。

（3）特征

1）不受安装场所的限制，自由度较高。采用灵活柔软的光纤，无论是设备的间隙还是狭小空间均可轻松安装。

2）微小物体检测。传感器头尖端体积十分轻巧，可轻松检测微小物体。

表 5-2-7　光纤传感器的分类

类　　　型	特　　征
平行型	用于塑料纤维的常规型号
同轴型	分割为中央部（发射光）和外围部（接收光），无论检测体从哪个方向通过，动作位置均不改变的高精度型号
分割型	内置多个在玻璃光纤中所使用的数 10μm 玻璃纤维，分割为发射器和接收器的型号

3）优异的环境耐抗性。光纤内部不会流通电流，可完全不受电磁干扰的影响。如果使用耐热型光纤装置，即使在高温场所也可进行检测。

8. 图像传感器

（1）定义　又称感光元件，是一种将光学图像转换成电子信号的设备，它被广泛应用在数码相机和其他电子光学设备中，是组成数字摄像头的主要组成部分。根据元件的不同，可分为 CCD（电荷耦合元件）和 CMOS（金属氧化物半导体元件）两大类。

（2）原理及类型

1）CCD：电荷耦合器件（CCD）是一种基于光电转换原理，将被测物体的光像转换为电子图像信号输出的一种大规模集成电路光电器件。该传感器具有体积小、析像度高、灵敏度高、响应速度较低等特点，广泛应用于非接触尺寸测量、图像处理、图文传真和自动控制等领域。

CCD 传感器的工作过程：首先由光学系统将被测物体成像在 CCD 的受光面上，受光面下的许多光敏单元形成了许多像素点。这些像素点将投射到它的光转换成电荷信号并存储；然后在时钟脉冲信号控制下，读取反映光像的电荷信号并顺序输出，从而完成从光图像到电信号的转化过程。图 5-2-24 所示为 CCD 传感器的工作示意图。

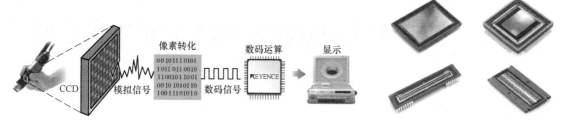

图 5-2-24 CCD 图像传感器

2）CMOS：金属氧化物半导体元件（CMOS）是近几年发展起来的另一种图像传感器，如图 5-2-25 所示。CMOS 与 CCD 具有相同的感光元件，具有相同的灵敏度和光谱特性，但光电转换后的信息读取方式不同：CMOS 经光电转换后直接产生电流（或电压）信号，信号读取十分简单。

CMOS 图像传感器具有集成度高、功耗小、速度快、成本低等特点，最近几年在宽动态、低照度方面发展迅速。

图 5-2-25 CMOS 图像传感器

第三章

PLC（可编程序控制器）控制技术

【知识目标】

了解 PLC 的组成、特点及分类；熟悉 PLC 的基本工作原理；掌握 PLC 的简单编程方法；了解 SFC（顺序功能图）的基本概念及编程方法。

【知识结构】

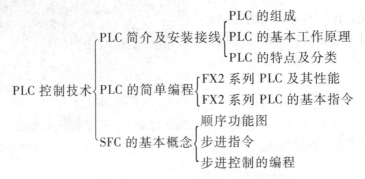

PLC 控制技术
- PLC 简介及安装接线
  - PLC 的组成
  - PLC 的基本工作原理
  - PLC 的特点及分类
- PLC 的简单编程
  - FX2 系列 PLC 及其性能
  - FX2 系列 PLC 的基本指令
- SFC 的基本概念
  - 顺序功能图
  - 步进指令
  - 步进控制的编程

第一节　PLC 简介及安装接线

PLC，即可编程序控制器是一种数字式电子系统，专为在工业环境下应用而设计。它采用可编程序的存储器，用来在其内部存储执行逻辑运算、顺序控制、定时、计数和算术运算等操作的指令，并通过数字式和模拟式的输入和输出，控制各种类型的机械或生产过程。PLC 及其有关外围设备，都应按易于与工业系统联成一个整体，易于扩充其功能的原则设计。

传统的继电器控制采用硬接线方式装配而成，只能完成既定的功能，而 PLC 控制只要改变程序并改动少量的接线端子，就可适应生产工艺的改变。从适应性、可靠性及设计、安装、维护等各方面进行比较，传统的继电器控制大多数将被 PLC 控制所取代。

一、PLC 的组成

PLC 的核心是微处理器，所以它的组成和计算机相似，有硬件和软件两大部分。PLC 外形图如图 5-3-1 所示。

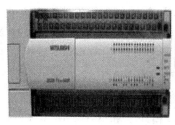

图 5-3-1　PLC 的外形图

1. PLC 的硬件系统

PLC 的硬件系统主要包括中央处理器单元、输入/输出（I/O）接口、通信接口、编程器、电源等，如下所示。

$$
\text{硬件系统}\begin{cases}
\text{中央处理器单元}\begin{cases}\text{微处理器 CPU}\\\text{存储器 ROM/RAM}\end{cases}\\[2ex]
\text{输入/输出（I/O）接口}\begin{cases}\text{输入接口}\\\text{输出接口}\end{cases}\\[2ex]
\text{I/O 扩展接口}\\
\text{通信接口}\\
\text{编程器}\\
\text{电源}
\end{cases}
$$

（1）中央处理单元

1）微处理器（CPU）。微处理器是 PLC 的核心，它的主要任务有：

① 自诊断 PLC 内部电路故障和编程语法错误。

② 和外部设备（编程器、打印机、上位计算机等）通信处理。

③ 扫描输入装置状态和数据，并存入输入映像寄存器。

④ 在 PLC 处于运行状态时，按顺序逐条执行用户程序，根据执行结果更新有关的寄存器和输出映像寄存器。

⑤ 将与输出相关的数据寄存器和输出映像寄存器的内容送给输出电路。

2）存储器（ROM/RAM）。存储器的作用是用来存放系统程序、用户程序及运行数据。存储器的类型有：

① 可读/写操作的随机存储器 RAM。

② 只读存储器 ROM、PROM、EPROM、E2PROM。

（2）输入/输出（I/O）接口　输入/输出（I/O）接口是 PLC 与外部输入/输出设备进行连接的接口电路。外部设备输入到 PLC 的各种控制信号，如限位开关、操作按钮、行程开关以及一些传感器输出的开关量等，通过输入接口转换成中央处理单元能接收的信号；中央处理单元输出的弱电控制信号通过输出接口变为电磁阀、接触器等执行元件的驱动信号。I/O 接口具有电平转换功能、光电隔离功能和滤波功能。PLC 的 I/O 点数是选择 PLC 的重要依据之一。当 I/O 点数不够时，可通过 PLC 的 I/O 扩展接口对系统进行扩展。

（3）电源　PLC 一般使用 220V 单相交流电源，也有的使用 24V 直流电源。电源部件将外接电源转换为 PLC 的中央处理器、存储器等电路工作所需的 5V 直流电源。对于交流 220V 的小型整体式 PLC，其内部有一个开关电源，此电源一方面为 PLC 内部电路提供 5V 工作电源，另一方面可为外部输入元件提供直流 24V 电源。对于组合式 PLC，有的采用单独电源模块。

（4）I/O 扩展接口　小型 PLC 的 I/O 接口是与中央处理单元 CPU 集成在一起的，为了满足被控制设备 I/O 接口点数较多的要求，常需要扩展数字量 I/O 模块；为了满足模拟量控制要求，需要扩展模拟量 I/O 模块，如 A-D、D-A 模块。

（5）通信接口　用于与触摸屏等人机界面、上位 PC、其他 PLC、打印机等外部设备通信的接口。

（6）编程器　编程器一种是专用编辑器，如手持式或台式编程器。另一种编程器是基于个人计算机加编程软件和监控软件的编程系统。

2．PLC 的软件系统

PLC 的软件系统由系统程序和用户程序两大部分组成。系统程序是由 PLC 制造商编写的，固化在 PLC 内的 ROM 中，用以控制 PLC 本身的运作；用户程序是由 PLC 使用者编写的，用于实现具体控制任务。

（1）系统程序　系统程序包括系统管理程序、用户指令解释程序和供程序调用的标准程序模块。

1）运行时序分配管理。何时输入，何时输出，何时执行用户程序。

2）系统管理。何时通信，何时自检。

3）存储空间分配管理。将用户使用的数据参数、存储地址化为实际的物理地址。

4）系统自检验。内部电路故障、用户程序语法错误、警戒时钟等。

5）用户指令解释程序。将用户指令变成机器语言（二进制机器码）。

6）供程序调用的标准程序模块。由不同功能的各种程序块组成，如 I/O 处理、PID 运算、高速计数等。

（2）用户程序　用户程序是用户根据工程现场的生产过程和工艺要求、使用 PLC 生产厂家提供的专用编程语言而自行编制的应用程序。PLC 提供梯形图（LAD）、指令表（STL）、顺序功能图（SFC）、功能块图（FBD）等编程语言，如图 5-3-2~图 5-3-5 所示。

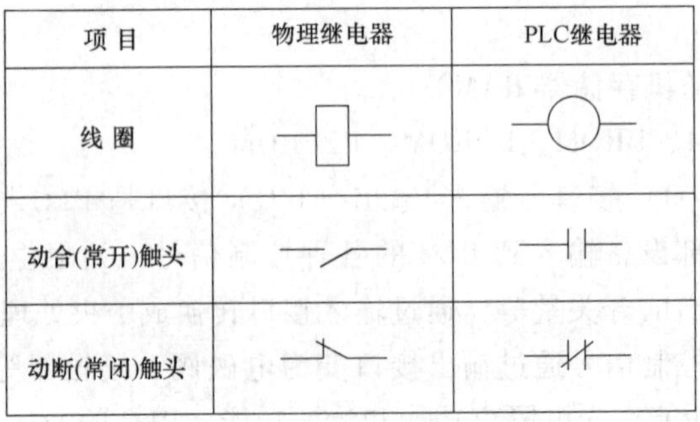

项目	物理继电器	PLC继电器
线圈		
动合(常开)触头		
动断(常闭)触头		

图 5-3-2　物理继电器与 PLC 继电器符合对照表

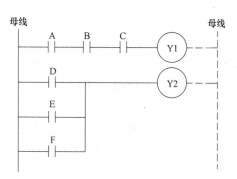

图 5-3-3　梯形图示意图

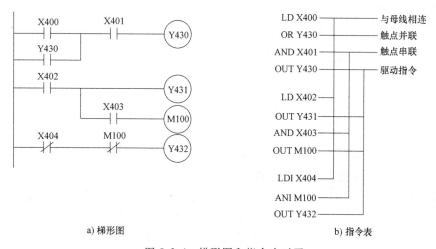

a) 梯形图　　　　　　　　　　　　　　　　b) 指令表

图 5-3-4　梯形图和指令表对照

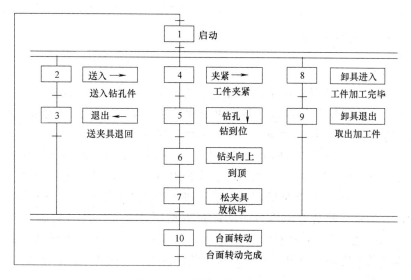

图 5-3-5　顺序功能图（SFC）

二、PLC 的基本工作原理

1. PLC 的工作流程

PLC 虽然具有与计算机相似的结构特点，但它的工作方式与计算机不同。计算机一般是等待命令的工作方式，如键盘扫描方式或有 I/O 扫描方式，当有键按下或有 I/O 动作则转入相应的处理程序，否则继续扫描。

PLC 则采用循环扫描的工作方式，整个工作过程可分为 5 个阶段：自诊断，通信处理，扫描输入，执行程序，刷新输出，其工作过程如图 5-3-6 所示。

（1）自诊断　每次扫描程序之前，都先执行故障自诊断程序。自诊断内容为 I/O 部分、存储器、CPU 等，若发现异常，则停机，并显示出错；若正常，则继续向下扫描。

（2）通信处理　PLC 检查通信接口的外设，如编程器、计算机、人机界面等是否有通信请求，如有则进行通信处理。然后进入下一步。

（3）扫描输入　PLC 的中央处理器（CPU）对各个输入端进行扫描，并将输入状态送到输入映像寄存器。

（4）执行程序　如果 PLC 处于运行状态，中央处理器（CPU）将逐条执行用户指令程序，即按程序要求对数据进行逻辑、算术运算，再将结果送到状态寄存器中。

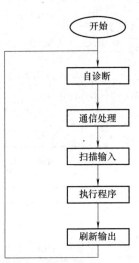

图 5-3-6　PLC 工作流程

（5）刷新输出　当所有的指令执行完毕后，将输出映像寄存器中所有的输出寄存器的状态送到输出锁存器中，通过一定输出电路驱动外部负载。

PLC 经过这 5 个过程，称为一个扫描周期，一个扫描周期完成后，又重新执行上述过程，如此周而复始不断循环。作为 PLC 的使用者来讲，更加关注"扫描输入""执行程序"和"刷新输出"3 个阶段工作过程。循环扫描、分时工作是 PLC 控制系统工作的特点。

三、PLC 的特点及分类

1. PLC 的特点

PLC 是一种工业控制系统，在结构、性能、功能及编程手段等方面有独到的特点。

1）在结构上具有模块化的特点。基本单元和功能齐全的扩展模块均可按积木式组合，有利于维护和功能的扩展，结构紧凑，系统简单便于安装。

2）在性能上可靠性高。PLC 的平均无故障运行时间为 5 万~10 万 h，通过良好的整机结构设计、元器件选择、抗干扰技术的使用、先进电源技术的采用，以及监控、故障诊断、冗余等技术的采用，同时配以严格的制造工艺，使 PLC 能在工业环境中可靠地工作。

3）在功能上可进行开关逻辑控制、闭环过程控制、位置控制、数据采集及监控、多PLC 分布式控制等功能。适用于机械、冶金、化工、轻工、服务和汽车等行业的工程领域。

4）在编程手段上直观、简单、方便，易于各行各业的工程技术人员掌握。

2. PLC 的分类

按 I/O 点数和功能可分为小型、中型和大型 PLC。

（1）小型 PLC　总点数在 256 点以下，以开关量控制为主。用户程序储存容量在 4KB 左右。现在高性能的小型 PLC 具有一定的通信能力和模拟量处理能力。这类 PLC 的价格低廉，体积小，适用于单台设备开发。典型的机型有欧姆龙的 CPM2A 系列，三菱公司的 FX 系列，西门子公司的 S7-200 系列等。

（2）中型 PLC　总点数在 256~1024 之间的称为中型 PLC，用户程序储存容量在 4KB 左右。它除了具有逻辑、模拟量控制功能外，还具有强大的计算能力、通信功能和模拟量处理能力，如 PID 调节，浮点运算等。典型的机型有欧姆龙的 CH200 系列，西门子公司的 S7-300 系列等。适用于温度、压力、流量、速度等过程控制的场所。

（3）大型 PLC　总点数大于 1024 点，具有计算、控制、调节等功能，强大的网络结构和通信能力，CRT 显示，用于自动化生产线的控制、工厂自动化控制和集散控制系统。典型的机型有西门子公司的 S7-400 系列，欧姆龙的 CVM1 和 CS1 系列，AB 公司的 SLC5/05 系列等。

随着 PLC 技术的飞速发展，某些小型 PLC 也具有中型和大型 PLC 的功能，这也是 PLC 发展的趋势。

第二节　PLC 的简单编程

一、FX2 系列 PLC 及其性能

FX-2N 系列 PLC 是由电源、CPU、存储器和 I/O 器件组成的单元型可编程控制器，而且 AC 电流、DC 输入型的内装 DC24V 电源作为传感器的辅助电源。功能强大，可进行逻辑控制、开关量控制、模拟量控制，并可进行各种功能运算、传送、变址寻址、移位等。

1. 型号名称

I/O 点数：16~256。

设备类型：M：表示基本单元，E：表示扩展单元及扩展模块，EX：扩展输入单元，EY：扩展输出单元。

输出方式：R：继电器输出，T：晶体管输出，S：晶闸管输出。

特殊品种：DS：24VDC，世界型，ES：世界型（晶体管型为漏极输出），ESS：世界型（晶体管型为源极输出）。

2. FX-2N PLC 的主要特点

FX-2N PLC 具有系统配置灵活方便、具有在线和离线编辑功能、具有高速处理功能和高级应用功能。

3. 编程软元件

（1）输入继电器 X　输入继电器是 PLC 与外部用户设备连接的接口，用来接受用户输

入设备发来的输入信号，是一种位元件。输入继电器编址区域标号为 X，采用八进制编址并从 X000 开始，最多 128 点。

输入继电器只能由外部信号驱动。输入继电器有无数对常开触点和常闭触点供编程时使用。

（2）输出继电器 Y　输出继电器用于将程序运算的结果经过输出端送到用户输出设备，是一种位元件。输出继电器编址区域标号为 Y，采用八进制编址并从 Y000 开始，最多 128 点。

输出继电器的状态只能由程序驱动。每个输出继电器有无数对常开和常闭触点（称为内部触点）供编程使用。

（3）辅助继电器 M　辅助继电器可分为通用型、断电保持型和特殊辅助继电器 3 种，辅助继电器按十进制编号。

通用辅助继电器 M0～M499（500 点），断电保持辅助继电器 M500～M1023（524 点），特殊辅助继电器 M8000～M8255（256 点）。

PLC 内的特殊辅助继电器各自具有特定的功能，具体有如下两种：

1）只能利用其触点的特殊辅助继电器，线圈由 PLC 自动驱动，用户只利用其触点。常用的有如下几个：

M8000：运行监控用，PLC 运行时 M8000 接通。

M8002：仅在运行开始瞬间接通的初始脉冲特殊辅助继电器。

M8013：产生 1s 时钟脉冲的特殊辅助继电器。

2）可驱动线圈型特殊辅助继电器，用于驱动线圈后，PLC 作特定动作。常用的有如下几个：

M8030：锂电池电压指示灯特殊辅助继电器。

M8033：PLC 停止时输出保持特殊辅助继电器。

M8034：禁止全部输出特殊辅助继电器。

M8039：定时扫描特殊辅助继电器。

（4）状态继电器 S　状态继电器 S 是编制步进控制顺序中使用的重要元件，它与步进指令 STL 配合使用。状态继电器有下列 5 种类型：

1）初始状态继电器：S0～S9 共 10 点。

2）回零状态继电器：S10～S19 共 10 点。

3）通用状态继电器：S20～S499 共 480 点。

4）保持状态继电器：S500～S899 共 400 点。

5）报警用状态继电器：S900～S999 共 100 点。

（5）定时器 T　定时器在 PLC 中的作用相当于一个时间继电器，它有一个设定值寄存器，一个当前值寄存器以及无限个触点。

PLC 内定时器是根据时钟脉冲累积计时，时钟脉冲有 1ms、10ms、100ms 三档，当所计时时间到达设定值时，输出触点动作。定时器可以用用户程序存储器内的常数 K 作为设定值，也可以用数据寄存器 D 的内容作为设定值。

1）定时器 T0～T245

100ms 定时器：T0～T199 共 200 点，每个定时器设定值范围 0.1～3276.7s。

10ms 定时器：T200～T245 共 46 点，每个定时器设定值范围 0.01～327.67s。

2）积算定时器 T246～T255

1ms 积算定时器：T246～T249 共 4 点，每点设定值范围为 0.001～32.767s。

100ms 积算定时器：T250～T255 共 6 点，每点设定值范围为 0.1～3276.7s。

（6）计数器 C　计数器可分为普通计数器和高速计数器

1）16 位加计数器（设定值：1～32767）。

有两种 16 位加/减计数器：通用型：C0～C99 共 100 点；断电保持型：C100～C199 共 100 点。其设定值 K 在 1～32767 之间。设定值 K0 与 K1 含义相同，即在第一次计数时，其输出触点动作。

加计数器的动作过程如图 5-3-7 所示。

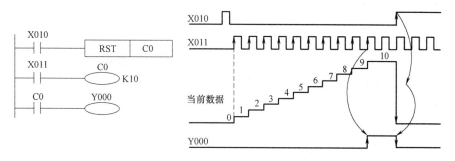

图 5-3-7　加计数器的动作过程

2）32 位双向计数器（设定值：−2147483648～+2147483647）。

有两种 32 位加/减计数器：通用计数器：C200～C219 共 20 点；保持计数器：C220～C234 共 15 点。

计数方向由特殊辅助继电器 M8200～M8234 设定。

加减计数方式设定：对于 C△△△，当 M8 △△△△ 接通（置 1）时，为减计数器，断开（置 0）时，为加计数器。

计数值设定：直接用常数 K 或间接用数据寄存器 D 的内容作为计数值。间接设定时，要用元件号紧连在一起的两个数据寄存器。

加减计数器的动作过程如图 5-3-8 所示。

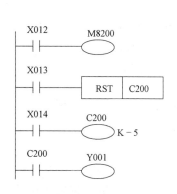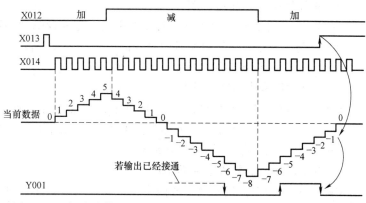

图 5-3-8　加减计数器的动作过程

3）高速计数器。高速计数器 C235～C255 共 21 点共享 PLC 上 6 个高速计数器输入（X000～X005）。高速计数器按中断原则运行。

（7）数据寄存器 D

1）通用数据寄存器 D0～D199 共 200 点。只要不写入其他数据，已写入的数据不会变化。但是，PLC 状态由运行→停止时，全部数据均清零。

2）断电保持数据寄存器 D200～D511 共 312 点，只要不改写，原有数据不会丢失。

3）特殊数据寄存器 D8000～D8255 共 256 点，这些数据寄存器供监视 PLC 中各种元件的运行方式用。

4）文件寄存器 D1000～D2999 共 2000 点。

（8）变址寄存器（V/Z） 变址寄存器的作用类似于一般微处理器中的变址寄存器（如 Z80 中的 IX、IY），通常用于修改元件的编号。

二、FX2 系列 PLC 的基本指令

FX2 系列 PLC 共有 20 条基本指令，2 条步进指令，近百条功能指令。

1. 逻辑取和输出线圈指令 LD、LDI、OUT

LD：取指令，用于常开触点与母线的连接。

LDI：取反指令，用于常闭触点与左母线连接。

OUT：线圈驱动指令，也叫输出指令。

LD、LDI、OUT 指令的使用说明如图 5-3-9 所示。

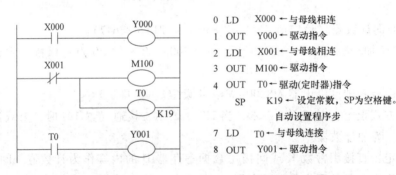

图 5-3-9　LD、LDI、OUT 指令的使用说明

2. 触点串联指令 AND、ANI

AND：与指令，用于单个常开触点的串联，完成逻辑"与"运算。

ANI：与非指令，用于单个常闭触点的串联，完成逻辑"与非"运算。

AND、ANI 指令的使用说明如图 5-3-10 所示。

3. 触点并联指令 OR、ORI

OR：或指令，用于单个常开触点的并联，完成逻辑"或"运算。

ORI：或非指令，用于单个常闭触点的并联，完成逻辑"或非"运算。

OR、ORI 指令的使用说明如图 5-3-11 所示。

4. 串联电路块的并联指令 ORB

ORB：块或指令。用于两个或两个以上的触点串联连接的电路之间的并联，称之为串联电路块的并联连接。ORB 指令的使用说明如图 5-3-12 所示。

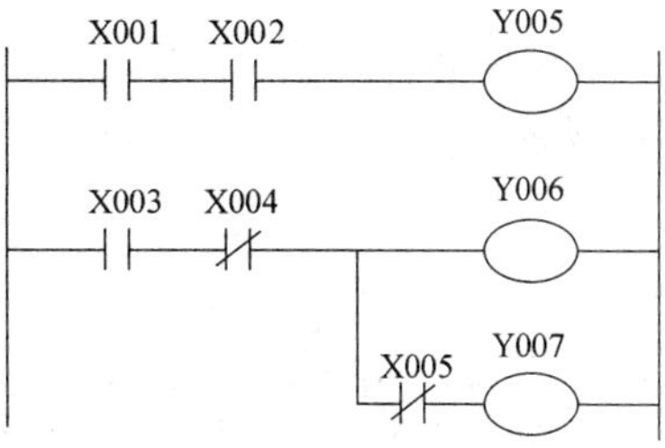

```
0  LD   X001
1  AND  X002←串联常开触点
2  OUT  Y005
3  LD   X003
4  ANI  X004←串联常闭触点
5  OUT  Y006
6  ANI  X005
7  OUT  Y007
```

图 5-3-10　AND、ANI 指令的使用说明

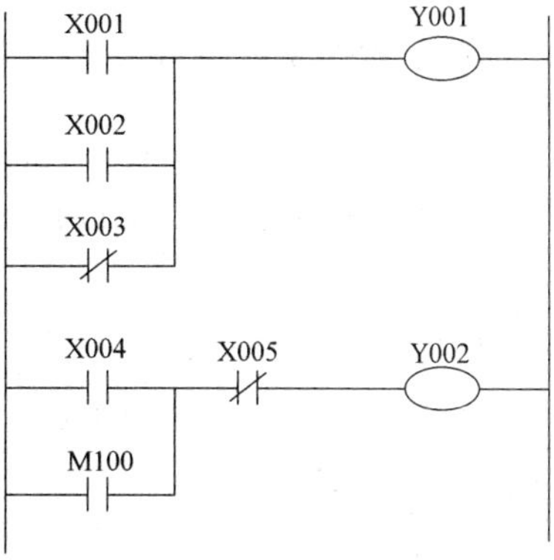

```
0  LD   X001
1  OR   X002
2  ORI  X003
3  OUT  Y001
4  LD   X004
5  OR   M100
6  ANI  X005
7  OUT  Y002
```

图 5-3-11　OR、ORI 指令的使用说明

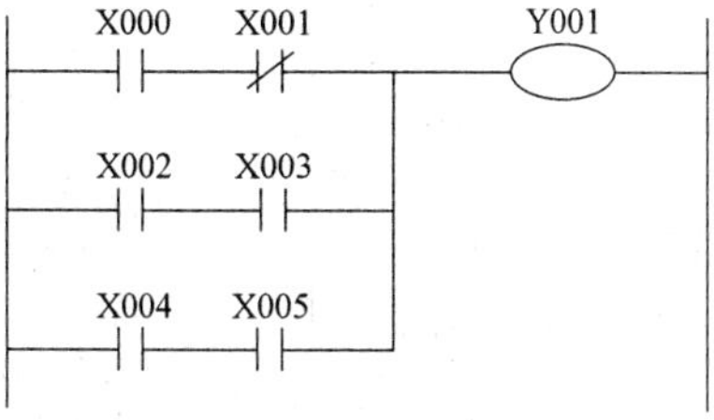

```
0  LD   X000
1  ANI  X001
2  LD   X002
3  AND  X003
4  ORB  ← 串联电路块的并联连接
5  LD   X004
6  AND  X005
7  ORB  ← 串联电路块的并联连接
8  OUT  Y001
```

图 5-3-12　ORB 指令的使用说明

5. 并联电路块的串联指令 ANB

ANB：块与指令。用于两个或两个以上触点并联连接的电路之间的串联，称之为并联电路块的串联连接。ANB 指令的使用说明如图 5-3-13 所示。

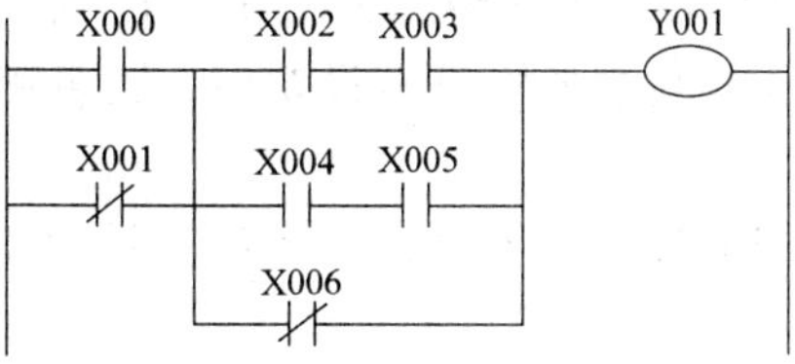

```
0 LD  X000    5 AND X005
1 ORI X001    6 ORB
2 LD  X002    7 ORI X006
3 AND X003    8 ANB
4 LD  X004    9 OUT Y001
```

图 5-3-13　ANB 指令的使用说明

6. 栈指令 MPS、MRD、MPP

MPS、MRD、MPP 这三条指令分别为进栈、读栈、出栈指令，用于多重输出电路。MPS、MRD、MPP 指令的使用说明如图 5-3-14 所示。

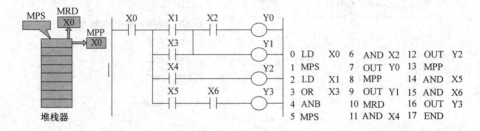

图 5-3-14　MPS、MRD、MPP 指令的使用说明

7. 主控及主控复位指令 MC、MCR

MC：主控指令，用于公共串联触点的连接；MCR：主控复位指令，即作为 MC 的复位指令。

MC、MCR 指令的使用说明如图 5-3-15 所示。

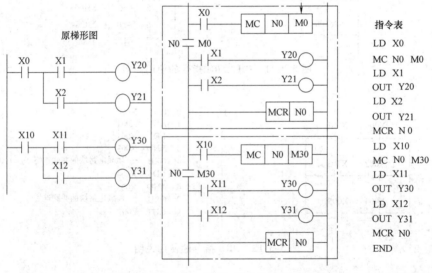

图 5-3-15　MC、MCR 指令的使用说明

8. 置位与复位指令 SET、RST

SET：置位指令，是动作保持；RST：复位指令，使操作保持复位。SET、RST 指令的使用说明如图 5-3-16 所示。RST 指令用于计数器的使用说明如图 5-3-17 所示。

1）RST 指令既可用于计数器复位，使其当前值恢复至设定值，也可用于复位移位寄存器，清除当前内容。

2）在任何情况下，RST 指令优先。当 RST 输入有效时，不接受计数器和移位寄存器的输入信号。

3）因复位回路的程序与计数器的计数回路的程序是相互独立的，因此程序的执行顺序可任意安排，而且可分开编程。

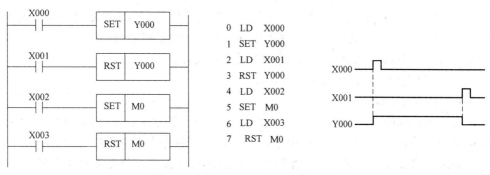

图 5-3-16　SET、RST 指令的使用说明

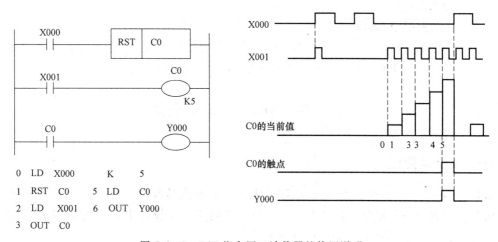

图 5-3-17　RST 指令用于计数器的使用说明

9. 脉冲输出指令 PLS、PLF

　　PLS 指令在输入信号上升沿产生脉冲输出；PLF 在输入信号下降沿产生脉冲输出。PLS、PLF 指令都是 2 个程序步，它的目标元件是 Y 和 M，但特殊辅助继电器不能用作目标元件。PLS、PLF 指令的使用说明如图 5-3-18 所示。

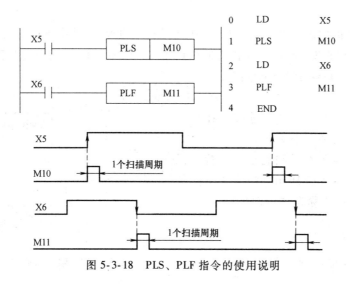

图 5-3-18　PLS、PLF 指令的使用说明

1）使用 PLS 指令，元件 Y、M 仅在驱动输入接通后的一个扫描周期内动作（置 1）。

2）使用 PLF 指令，元件仅在驱动输入断开后的一个扫描周期内动作。

3）特殊辅助继电器不能用作 PLS 或 PLF 的操作元件。

4）使用这两条指令时，要特别注意目标元件。

10. 空操作指令 NOP

NOP（No Operation）：空操作指令。NOP 指令是一条无动作、无目标元件的 1 程序步指令。NOP 指令的作用有两个，一个作用是在 PLC 的执行程序全部清除后，用 NOP 显示；另一个作用是用于修改程序。其具体的操作是：在编程的过程中，预先在程序中插入 NOP 指令，则修改程序时，可以使步序号的更改减少到最少。此外，可以用 NOP 来取代已写入的原指令，从而修改电路。

11. 程序结束指令 END

END：程序结束指令，用于程序的结束，是一条无目标元件的 1 程序步指令。在程序调试过程中，按段插入 END 指令，可以顺序扩大对各种程序动作的检查。

第三节　SFC 的基本概念

一、顺序功能图

SFC（Sequential Function Chart，顺序功能图，或状态转移图）是一种用于描述顺序控制系统控制过程的一种图形。它具有简单、直观等特点，是设计 PLC 顺序控制程序的一种有力工具。它由步、转换条件及有向连线组成。

状态继电器是构成顺序功能图的重要元件。

1. 步

将系统的工作过程分为若干个阶段，这些阶段称为"步"。步是控制过程中的一个特定状态。步又分为初始步和工作步，在每一步中要完成一个或多个特定的动作。初始步表示一个控制系统的初始状态，所以，一个控制系统必须有一个初始步，初始步可以没有具体要完成的动作。

FX2 系列 PLC 的状态继电器元件有 1000 点（S0～S999），其中 S0～S9 为初始状态继电器，用于功能图的初始步，S10～S19 供返回原点使用，S500～S899 为停电保持型状态继电器，S900～S999 为信号报警器用状态继电器。

2. 转换条件

步与步之间用"有向连线"连接，在有向连线上用一个或多个小短线表示一个或多个转换条件。当条件得到满足时，转换得以实现，如图 5-3-19 所示。当系统正处于某一步时，把该步称为"活动步"。

二、步进指令

步进指令是专门用于步进控制的指令。

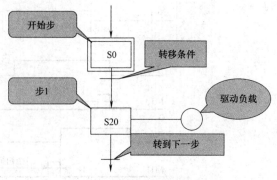

图 5-3-19　顺序功能图示意

指令格式：操作码 STL；操作数 S。

步进返回指令：RET。

步进指令表见表 5-3-1。

表 5-3-1 步进指令表

符号、名称	功 能	电路和目标元件	步 数	执行时间/μs
[STL] 步进梯形图 开始	步进梯形图 开始	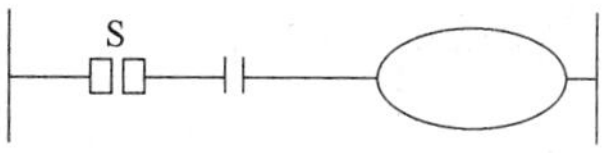	1	+ n n 为平移数 1~8
[RET] 返回	步进梯形图 结束	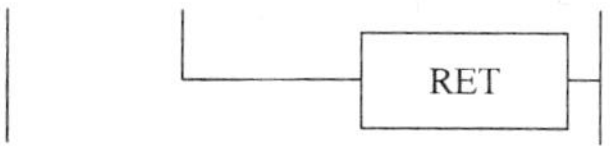	1	

步进梯形图指令用梯形图表达时如图 5-3-20 所示，用 SFC 图表示时如图 5-3-21 所示。

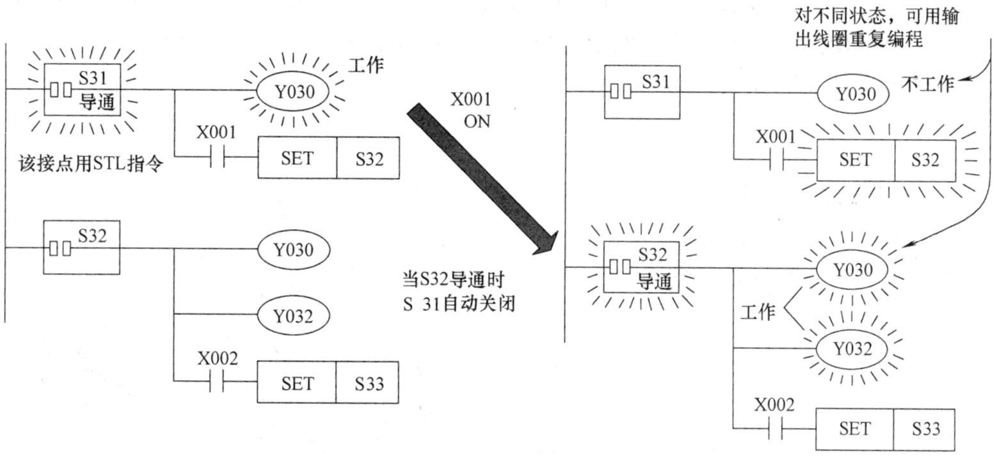

图 5-3-20 用梯形图表达步进梯形图指令

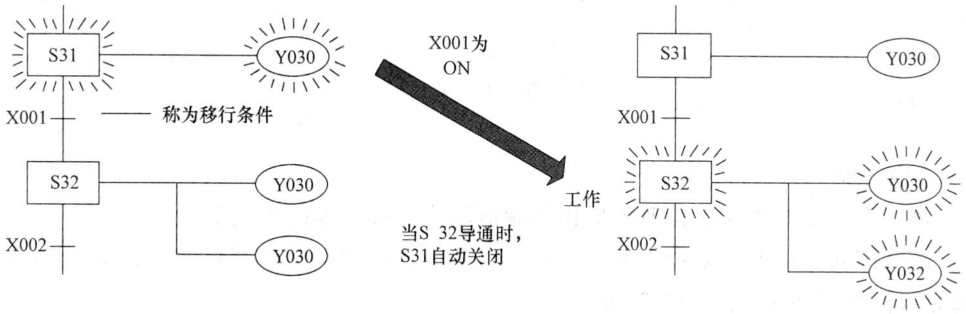

图 5-3-21 用 SFC 图表达步进梯形图指令

三、步进控制的编程

1. 编程要点

1）状态也可作为普通的辅助继电器使用，但作为辅助继电器使用时，不能提供步进接点。

2）步进控制输出的驱动方法。

步进控制输出的驱动方法如图 5-3-22 所示。

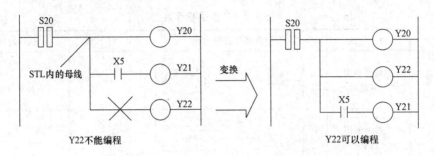

图 5-3-22　步进控制输出的驱动方法

3）步在不同的步进段，允许有重号的输出（注意：状态号不能重复使用）；在不相邻的步进段，允许使用同一地址编号的定时器（注意：在相邻的步进段不能使用）。

步进编程举例如图 5-3-23 所示。

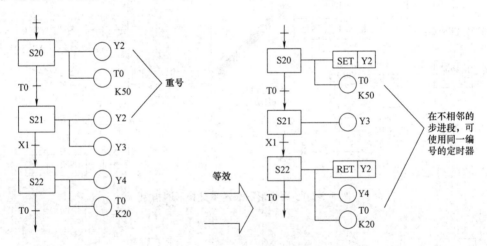

图 5-3-23　步进编程举例

2. 编程结构

1）单序列：反映按顺序排列的步相继激活这样一种基本的进展情况。

2）选择序列：一个活动步之后，紧接着有几个后续步可供选择的结构形式称为选择序列。选择结构程序举例如图 5-3-24 所示。

3）并行序列：当转换的实现导致几个分支同时激活时，采用并行序列，其有向连线的水平部分用双线表示。并行结构程序举例如图 5-3-25 所示。

4）跳步、重复和循环序列：在实际系统中经常使用跳步、重复和循环序列。这些序列实际上都是选择序列的特殊形式。跳步、重复与循环结构程序举例如图 5-3-26 所示。

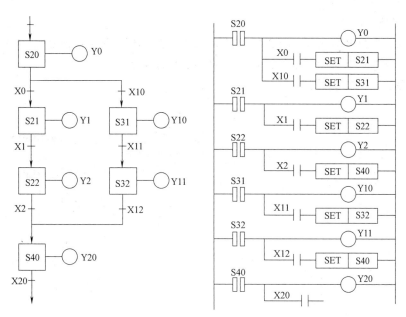

图 5-3-24　选择结构程序举例

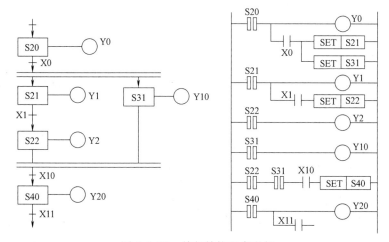

图 5-3-25　并行结构程序举例

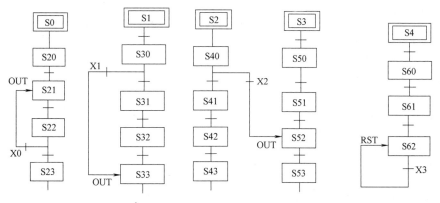

图 5-3-26　跳步、重复与循环结构程序举例

3. 编程举例

控制要求：3 台电动机 M1~M3 的控制要求为：起动时，M1 起动 2s 后 M2 才起动，当 M2 起动 3s 后 M3 才起动。停止时，要求按 M3~M1 的顺序停止。

SFC 编程的顺序控制实例如图 5-2-27 所示。

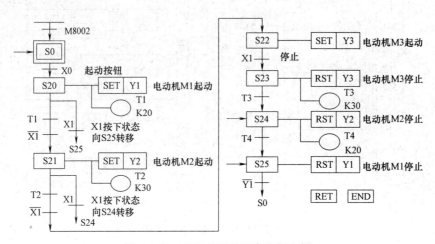

图 5-3-27　SFC 编程的顺序控制实例

第四章

4

变频器与伺服驱动技术

【知识目标】

　　了解变频技术、变频器的选用，了解变频器的结构、接线；了解步进控制技术、伺服驱动技术的工作原理和系统组成。

【知识结构】

变频器与伺服驱动技术
- 变频器
  - 变频器类型的选择
  - 变频器的结构及接线端子
  - 变频器的接线图
- 步进控制技术
  - 步进电动机的分类
  - 步进电动机的工作原理
  - 步进电动机的步距角、转速及脉冲当量计算
  - 步进电动机细分原理
  - 提高步进伺服系统精度的措施
  - 步进电动机驱动硬件
- 伺服驱动技术
  - 伺服系统的控制模式
  - 伺服电动机编码器分类
  - 伺服电动机驱动器

第一节　变　频　器

三相异步电动机转速为

$$n = (1-s)\frac{60f}{p}$$

式中　　n——电动机转速（r/min）；

　　　　s——转差率；

　　　　f——电源频率（Hz）；

　　　　p——极对数。

调速方法：1）改变极对数 p。

　　　　　2）改变电源频率 f。

　　　　　3）改变转差率 s。

变频技术：是将电信号的频率按照控制的要求，通过具体的电路实现变换的应用型技术。

变频器：是一种将固定频率的交流电变换成频率、电压连续可调的交流电，以供给电动机运转的电源装置。变频器是运动控制系统中的功率变换器，能为系统提供可控的高性能变压变频交流电源。

一、变频器类型的选择

应根据实际需要选择满足使用要求的变频器。变频器的选型不当会造成变频器不能充分发挥其作用；安装不规范会使变频器因散热不良而过热；布线不合理会使干扰增强。这些都可能造成变频器工作不正常。

通常主要依据以下原则进行变频器的选择。

1）由于风机和泵类负载在低速运行时转矩较小，对过载能力和转速精度要求不是很高，可以选用价廉的变频器控制此类负载的运行，节约投资。

2）如果异步电动机拖动的负载具有恒转矩特性，但在运行时转速精度及动态性能等方面要求不高，应当选用无矢量控制型变频器控制异步电动机的运行。

3）如果异步电动机在低速运行时要求有较硬的机械特性，并要求异步电动机有一定的调速精度，但在运行时动态性能方面无较高要求，可选用不带速度反馈的矢量控制型变频器控制异步电动机的运行。

4）如果异步电动机拖动的负载对调速精度和动态性能方面都有较高要求，可选用带速度反馈的矢量控制型变频器控制异步电动机的运行。

1. 根据负载的要求选择变频器

（1）恒转矩负载　恒转矩负载选择变频器时应注意：

1）电动机应选变频器专用电动机。

2）变频柜应加装专用冷却风扇。

3）增大电动机容量。

4）降低负载特性。

5）增大变频器的容量。

6）变频器的容量与电动机的容量关系应根据品牌来确定，一般为 1.1~1.5 倍电动机的容量。

（2）平方转矩负载　平方转矩负载对转速精度没有什么要求，故选型时通常以价廉为主要原则，选择普通功能型通用变频器。

（3）恒功率负载　当电动机运行在特定速度段时，按恒转矩运转；超过特定速度时，按恒功率运转。恒功率运转主要应用于卷扬机、机床主轴等。选用恒功率负载时要注意以下几点：

1）一般要求负载低速时有较硬的机械特性，才能满足生产工艺对控制系统的动态、静态指标要求。如果控制系统采用开环控制，可选用具有无速度反馈的矢量控制型变频器。

2）对于调速精度和动态性能指标都有较高要求，以及要求高精度同步运行的场合，可采用带速度反馈的矢量控制型变频器。如果控制系统采用闭环控制，可选用能够四象限运行、U/f控制、具有恒转矩功能的变频器。

2. 根据环境选择变频器

（1）温度　变频器环境温度为$-10 \sim 50$ ℃，一定要考虑通风散热。

（2）相对湿度　变频器的相对湿度应符合 GB/T 2423.3—2006 规定。

（3）抗振性　变频器的抗振性应符合 GB/T 2423.10—2008 规定。

（4）抗干扰性　变频器所受干扰主要有以下两种：①外来干扰；②变频器产生的干扰。

3. 根据相关参数选择变频器

（1）最大瞬间电流　选择变频器容量的基本原则是：能带动负载，在生产工艺所要求的各个转速点长期运行不过热。最大负载电流不能超过变频器的额定电流，大多数变频器都规定为额定电流的 150%。

（2）输出频率　变频器的最高输出频率根据机种的不同而有很大的不同，有 50Hz/60Hz、120Hz、240Hz 或更高。50Hz/60Hz 以在额定速度以下范围进行调速运转为目的，适合大容量的通用变频器用。最高输出频率超过工频的变频器多为小容量，在 50Hz/60Hz 以上区域，由于输出电压不变，变频器输出频率为恒功率特性。

（3）输出电压　变频器输出电压可按电动机额定电压选定。按国家标准，输出电压可分成 220V 系列和 400V 系列两种。

（4）加减速时间　加减速时间反映电动机加、减速度的快慢，并且影响变频器的输出电流。一般情况下，对于短时间的加减速，变频器允许达到额定输出电流的 130%~150%，因此，在短时间的输出转矩也可以增大。

（5）电压频率比　电压频率比 U/f 作为变频器独特的输出特性，表示输出频率改变时输出电压的变化特性。选择的变频器具有合适的电压频率比，可以高效率地利用电动机。如控制泵和风机的电压频率比可以节能。

（6）调速范围　根据系统的要求，选择的变频器必须能覆盖所需要的速度范围。因此，变频器的选择要根据实际情况，做到既能满足用户要求，又能保证变频器整体选择的经济性。

（7）保护结构　变频器内部产生的热量大，考虑到散热的经济性，除小容量变频器外几乎都是开启式结构，采用风扇进行强制冷却。变频器设置场所在室外或周围环境恶劣时，最好装在独立盘上，采用具有冷却用热交换装置的全封闭式结构。

对于小容量变频器，在粉尘、油雾多的环境或者棉绒多的纺织厂也可采用全封闭式结构。

（8）电网与变频器的切换　把用工频电网运转中的电动机切换到变频器运转时，断掉工频电网后，必须等电动机完全停止以后，再切换到变频器侧起动。但从电网切换到变频器时，对于无论如何也不能一下子完全停止的设备，需要选择具有这样的控制装置（选用件）的机种，即不待电动机停止就能切换到变频器侧。一般切换电网后，使自由运转中的电动机与变频器同步，然后再使变频器输出功率。

（9）瞬停再起动　发生瞬时停电使变频器停止工作，恢复通电后不能马上再开始工作，需等电动机完全停止然后再起动。这是因为再开机时的频率不适当，会引起过电压、过电流保护动作，造成故障而停止。但是对于生产流水线等，由于设备的原因，有时变频器控制的电动机一旦停止则影响生产。这时，要选择停电时变频器瞬间可以开始工作的控制装置。

（10）起动转矩和低速区转矩　电动机使用通用变频器起动时，其起动转矩同用工频电源起动时相比，多数变小，根据负载的起动转矩特性有时不能起动。另外，在低速运转区的转矩有比额定转矩减小的倾向。用选定的变频器和电动机不能满足负载所要求的起动转矩和低速区转矩时，变频器和电动机的容量还需要再加大。

二、变频器的结构及接线端子

1. 变频器的结构

1）变频器操作面板如图 5-4-1 所示。

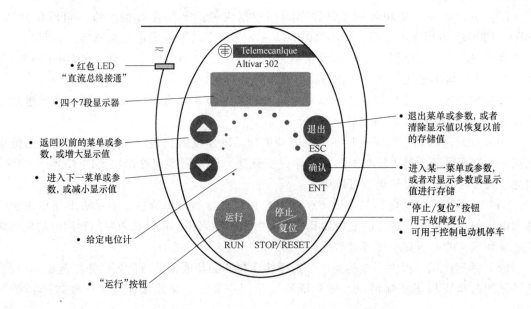

图 5-4-1　变频器操作面板

2）变频器内部结构如图 5-4-2 所示。

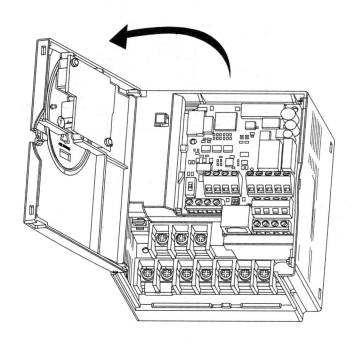

图 5-4-2 变频器内部结构

2. 变频器的接线端子

1）变频器动力端子如图 5-4-3 所示。

ATV 302H037N4, H075N4, HU15N4, HU22N4,
HU3ON4, HU40N4

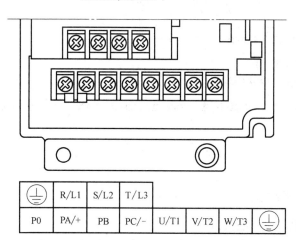

⏚	R/L1	S/L2	T/L3				
P0	PA/+	PB	PC/-	U/T1	V/T2	W/T3	⏚

图 5-4-3 变频器动力端子

2）变频器控制端子如图 5-4-4 所示。

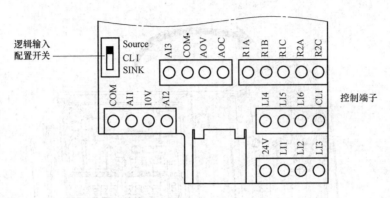

- 最大连接能力：2.5mm²-AWG 14
- 最大紧固力矩：0.6N·m

图 5-4-4　变频器控制端子

3）变频器出厂设定的接线图如图 5-4-5 所示。

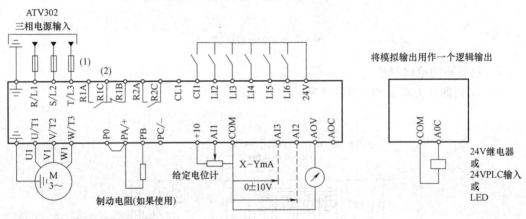

(1) 线路电抗器(如果使用,单相或三相)
(2) 故障继电器触点,用于远程指示变频器状态。

注意: 对于靠近变频器或耦合于同一回路的所有感性电路(继电器、接触器、螺线管等)均应安装干扰抑制器。

图 5-4-5　变频器出厂设定的接线图

三、变频器的接线图

1. 变频器结构的原理框图

早期的变频器是由分立型的电力电子元件组成，随着电力电子技术和大规模集成电路的发展，变频器的结构已经变成了由功能模块组成的大规模集成结构。变频器的原理框图如图5-4-6所示。

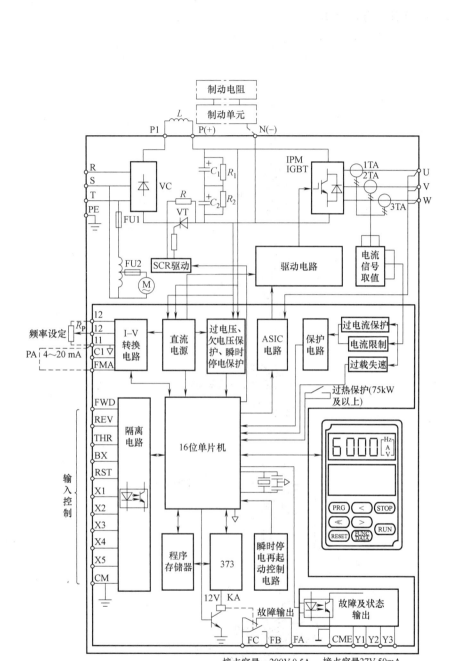

图 5-4-6 变频器的原理框图

2. 使用变频器所需的基本设备

使用变频器时所需的主要设备如图5-4-7所示。

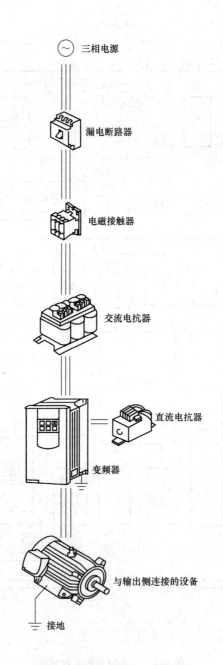

图 5-4-7　使用变频器时所需的主要设备

3. 变频器端子的接线

变频器端子的接线如图5-4-8、图5-4-9所示。

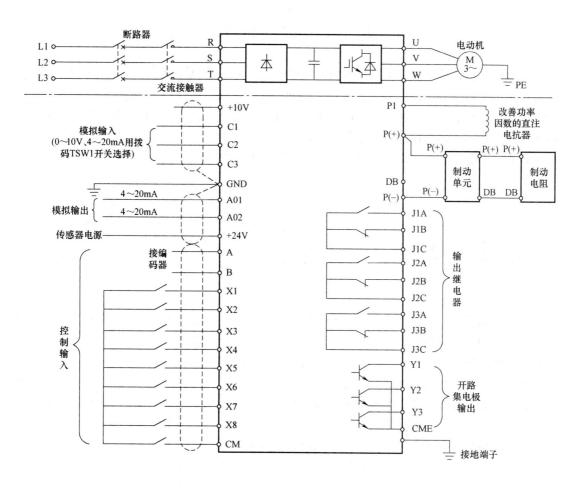

图 5-4-8 变频器端子的基本接线图

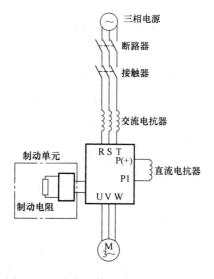

图 5-4-9 变频器使用时附加设备的接线

第二节　步进控制技术

步进电动机是将电脉冲信号转变为角位移或线位移的控制电动机。在非超载的情况下，步进电动机的转速、停止的位置只取决于脉冲信号的频率和脉冲数，而不受负载变化的影响，即给电动机加一个脉冲信号，电动机就转过一个步距角。这一线性关系的存在，加上步进电动机只有周期性的误差而无累积误差等特点，使得在速度、位置等控制领域用步进电动机来控制变得非常简单。步进电动机伺服系统如图 5-4-10 所示。

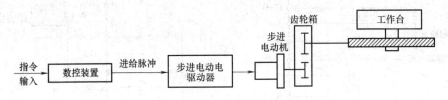

图 5-4-10　步进电动机伺服系统

通常利用步进电动机组成开环伺服系统。在这种开环伺服系统中，执行元件是步进电动机。步进电动机通过丝杠带动工作台移动。通常该系统中无位置、速度检测环节，其精度主要取决于步进电动机的步距角和与之相联的传动链的精度。

步进电动机的最高转速通常均比直流伺服电动机和交流伺服电动机低，且在低速时容易产生振动，影响加工精度。但步进电动机伺服系统的制造与控制比较容易，在速度和精度要求不太高的场合有一定的使用价值。同时，步进电动机细分技术的应用使步进电动机开环伺服系统的定位精度显著提高，并可有效地降低步进电动机在低速状态下的振动。

使用步进电动机的开环位置控制系统主要由指令、驱动、步进电动机组成。这种系统简单、容易控制，维修方便且控制为全数字化，比较适应当前计算机技术发展的趋势。

一、步进电动机的分类

步进电动机的结构形式很多，其分类方法也很多，常见的分类方式是按转子结构、力矩产生的原理、输出力矩的大小以及定子和转子的数量分类。

根据转子结构不同的分类见表 5-4-1。

表 5-4-1　步进电动机的分类

种　类	描　述
反应式	简称 VR 型，也称变磁阻式 转子由硅钢片或电工纯铁棒等导磁体构成，转子外表面为多齿结构(转子的齿槽在转动时产生磁阻变化故称为变磁阻式)。当定子线圈通电时，定子磁极磁化，吸引转子齿而产生转矩，使其移动一步。与永磁电动机产生磁性吸引转矩和排斥转矩相比，VR 型只产生吸引转矩
永磁式	简称 PM 型 永久磁钢制成的圆柱形转子表面分布 N、S 极(表面无齿)，外部为定子，中间为气隙
混合型	简称 HB 型 转子是 PM 型与 VR 型转子的复合体，其结构为两个导磁圆盘中间夹着一个永磁圆柱体轴向串在一起，两个导磁圆盘的外圆齿节距相同，与前述的 VR 型转子结构相同，其两个圆盘的齿错开 1/2 齿距安装，转子圆柱永磁体轴向充磁，一端为 N 极，另一端为 S 极

二、步进电动机的工作原理

步进电动机按其工作原理分，主要有永磁（PM）式和反应（VR）式两大类。这里只介绍常用的反应式步进电动机的工作原理。

步进电动机的工作原理实际上是电磁铁的作用原理。现以图 5-4-11 三相反应式步进电动机为例说明步进电动机的工作原理。步进电动机的定子上有 6 个齿，其上分别缠有 A、B、C 三相绕组，构成三对磁极，转子上则均匀分布着 4 个齿。当 A 相绕组通电时，转子的齿与定子 AA 上的齿对齐。若 A 相断电，B 相通电，由于磁力的作用，转子的齿与定子 BB 上的齿对齐，转子沿逆时针方向转过 30°，如果控制电路不停地按 A→B→C→A… 的顺序控制步进电动机绕组的通断电，步进电动机的转子便不停地逆时针转动。若通电顺序改为 A→C→B→A…，步进电动机的转子将顺时针转动。这种通电方式称为三相三拍。通常的通电方式为三相六拍，其通电顺序为 A→AB→B→BC→C→CA→A… 及 A→AC→C→CB→B→BA→A…。若以三相六拍通电方式工作，当 A 相通电转为 A、B 相同时通电时，转子的磁极将同时受到 A 相磁极和 B 相磁极的吸引力，因此，转子的磁极只好停在 A、B 两相磁极之间，所以此时定子绕组的通电状态每改变一次，转子转过 15°。因此在本例中，三相三拍的通电方式其步距角 α 等于 30°，三相六拍通电方式其步距角 α 等于 15°。

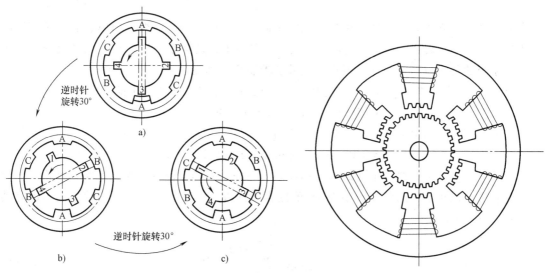

图 5-4-11 步进电动机工作原理图

图 5-4-12 三相反应式步进电动机

对于一个真实的步进电动机，为了减少每通电一次的转角，在转子和定子上开有很多定分的小齿，转子上没有绕组，只有均匀分布的 40 个齿，每一个齿距对应的空间角度为 $360°/40 = 9°$。在定子的每个磁极上面向转子的部分，均匀分布着 5 个小齿，这些小齿呈梳状排列，齿槽等宽，齿间

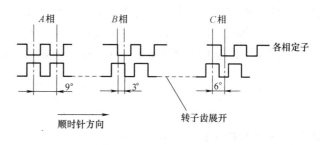

图 5-4-13 步进电动机的齿距

夹角也为 9°，其大小和间距与定子上的齿完全相同，如图 5-4-12 所示。当 A 相磁极上的小齿与转子上的小齿对齐时，B 相磁极上的齿刚好超前（或滞后）转子齿 1/3 齿距角，C 相磁极齿超前（或滞后）转子齿 2/3 齿距角，如图 5-4-13 所示。步进电动机每走一步所转过的角度称为步距角，其大小等于错齿的角度。错齿角度的大小取决于转子上的齿数。磁极数越多，转子上的齿数越多，步距角越小，步进电动机的位置精度越高，其结构也越复杂。

三、步进电动机的步距角、转速及其脉冲当量计算

由步进电动机的工作原理可知：

1）步进电动机定子绕组的通电状态每改变一次，它的转子便转过一个确定的角度，即步距角 α。

2）改变步进电动机定子绕组的通电顺序，转子的旋转方向随之改变。

3）步进电动机定子绕组通电状态的改变速度越快，其转子旋转的速度越快，即通电状态的变化频率越高，转子的转速越高。

4）步进电动机步距角 α 与定子绕组的相数 m、转子的齿数 z、通电方式 k 有关，可用下式表示

$$\alpha = \frac{360°}{kmz}$$

式中的 k 是通电方式系数，当采用单相或双相通电方式时，$k=1$，当采用单、双相轮流通电方式时，$k=2$。可见采用单、双相轮流通电方式可使步距角减小一半。步进电动机的步距角决定了系统的最小位移，步距角越小，位移的控制精度越高。

对于 40 个齿的步进电动机，当它以三相三拍通电方式工作时，其步距角为

$$\alpha = 360°/(mzk) = 360°/(3×40×1) = 3°$$

若按三相六拍通电方式工作，则步距角为

$$\alpha = 360°/(mzk) = 360°/(3×40×2) = 1.5°$$

不同类型步进电动机其工作原理、驱动装置不完全一样，但其工作过程基本是相同的。

若步进电动机通电的脉冲频率为 f，单位为脉冲数/s，步距角用弧度表示，则步进电动机的转速 $n(\text{r/min})$ 为

$$n = \frac{\alpha}{2\pi}f×60 = \frac{\frac{2\pi}{kmz}f×60}{2\pi} = \frac{60f}{kmz}$$

由上式可知，步进电动机在一定脉冲频率下，电动机的相数和转子齿数越多，转速就越低。而且相数越多，驱动电源也越复杂，成本也就越高。

步进电动机应用在机床上一般是通过减速器和丝杠-螺母副带动工作台移动。所以，步距角 α 对应工作台的移动量便是工作台的最小运动单位，也称脉冲当量 δ（mm/脉冲）。

$$\delta = \frac{t}{\frac{360}{\theta}i} = \frac{\alpha t}{360i}$$

式中　t——丝杠导程（mm）；

　　　α——步距角（°）；

i——减速装置传动比。

工作台的进给速度 v（mm/min）为

$$v = 60\delta f$$

式中 f——频率（Hz）。

四、步进电动机细分原理

步进电动机控制中已蕴含了细分的机理。如三相步进电动机按 A→B→C…的顺序轮流通电，步进电动机为整步工作。而按 A→AB→B→BC→C→CA→A…的顺序通电，则步进电动机为半步工作。以 A→B 为例，若将各相电流看作是向量，则从整步到半步的变换，就是在 I_A 与 I_B 之间插入过渡向量 I_{AB}，因为电流向量的合成方向决定了步进电动机合成磁势的方向，而合成磁势的转动角度本身就是步进电动机的步进角度。显然，I_{AB} 的插入改变了合成磁势的大小和方向，使得步进电动机的步进角度由 θ 变为 0.5θ，从而也就实现了 2 步细分。

由此可见，步进电动机的细分原理就是通过等角度有规律地插入电流合成向量，从而减小合成磁势转动角度，达到步进电动机细分控制的目的。

在三相步进电动机的 A 相与 B 相之间插入合成向量 I_{AB}，则实现了 2 步细分。要再实现 4 步细分，只需在 A 与 AB 之间插入 3 个向量 I_1、I_2、I_3，使得合成磁势的转动角度 $\theta_1 = \theta_2 = \theta_3 = \theta_4$，就实现了 4 步细分。但 4 步细分与 2 步细分是不同的，由于 I_1、I_2、I_3 3 个向量的插入是对电流向量 I_B 的分解，故控制脉冲已变成了阶梯波。细分程度越高，阶梯波越复杂。

在三相步进电动机整步工作时，实现 2 步细分合成磁势转动过程为 $I_A \to I_{AB} \to I_B$；实现 4 步细分转动过程为 $I_A \to I_2 \to I_{AB} \cdots$；而实现 8 步细分则转动过程为 $I_A \to I_1 \to I_2 \to I_3 \to I_{AB} \cdots$。可见，选择不同的细分步数，就要插入不同的电流合成向量。

五、提高步进伺服系统精度的措施

步进式伺服系统是一个开环系统，在此系统中，步进电动机的质量、机械传动部分的结构和质量以及控制电路的完善与否，均影响到系统的工作精度。要提高系统的工作精度，应从这几个方面考虑：如改善步进电动机的性能，减小步距角；采用精密传动副，减少传动链中传动间隙等。但这些因素往往由于结构和工艺的关系而受到一定的限制。为此，需要从控制方法上采取一些措施，弥补其不足。

1. 反向间隙补偿

数控机床上加工零件时的进给运动，是依靠驱动装置带动齿轮、丝杠转动，进而推动机床工作台产生位移来实现的。作为传动元件的齿轮、丝杠尽管制造装配精度很高，但总免不了存在着间隙，当运动方向改变时，最初的若干个指令脉冲只能起到消除间隙的作用，工作台不动，从而产生传动误差。传动间隙补偿的基本方法为：判别进给方向变化后，首先不向步进电动机输送反向位移脉冲，而是将间隙值换算为脉冲数，驱动步进电动机转动，越过传动间隙，待间隙补偿结束后再按指令脉冲进行动作。间隙补偿脉冲的数目由实测决定，并作为参数存储在 RAM 中，从而克服因步进电动机的空走而造成的反向间隙误差。

2. 螺距误差补偿

传动链中的滚珠丝杠螺距累积误差直接影响工作台的位移精度，为此，数控设备提供了自动螺距误差补偿功能来解决这个问题。设备进给精度调整时，设置若干个补偿点（通常可达 128~256 个），在每个补偿点处，把工作台的位置误差测量下来，确定补偿值，作为控制参数输入给数控设备。设备运行时，工作台每经过一个补偿点，CNC 控制机就向规定的方向加入一个设定的补偿量，补偿掉螺距误差，使工作台到达正确的位置。

六、步进电动机驱动硬件

步进控制系统是由控制器、步进电动机驱动器和步进电动机组成（图 5-4-14）。控制器向驱动器发出脉冲和方向信号，驱动器根据方向信号进行脉冲分配，并进行功率放大，按顺序使步进电动机的各相绕组得电，使步进电动机按照所需的方向和速度运行。

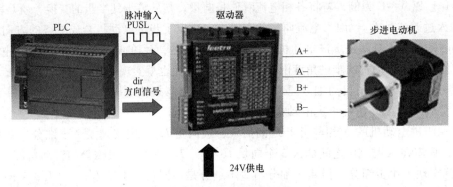

图 5-4-14　步进控制系统

1. 驱动器接线端子

步进驱动器如图 5-4-15 所示，接线端子编号与名称见表 5-4-2，接线端子功能见表 5-4-3。

图 5-4-15　步进驱动器

表 5-4-2　接线端子编号与名称

下排端子		上排端子	
引脚序号	标记	引脚序号	标记
6	Pul+	6	DC−
5	Pul−	5	DC+
4	Dir+	4	A+
3	Dir−	3	A−
2	Ena+	2	B+
1	Ena−	1	B−

表 5-4-3　接线端子功能

信　号	功　能
Pul+/Pul−	脉冲信号：此光隔输入端导通一次，电动机一次步进。步进量取决于细分数设置
Dir+/Dir−	方向信号：此光隔输入端用于改变电动机的转向，实际转向还取决于电动机绕组的连接情况
Ena+/Ena−	使能信号：此光隔输入端用于使能/禁止驱动器的输出部分，光耦合器导通时电动机相电流被切断，转子处于自由状态（即脱机）；光耦合器不导通为使能状态。但此输入端不能屏蔽脉冲输入，因此，当重新使其为使能状态时，驱动输出将根据禁止期间所接收的脉冲数发生改变

（续）

信　号	功　能
DC–	直流电源地
DC+	直流电源正极,电压范围 14~40V
A+、A–	电动机 A 相
B+、B–	电动机 B 相

2. 输入接口电路

输入接口电路如图 5-4-16 所示。

驱动器输入外部接线如图 5-4-17 所示。

逻辑输入电路一般采用双向"光电隔离"电路。

电流可以是上进下出，称为漏型电流输入，如图 5-4-17a 所示。

电流可以是下进上出，称为源型电流输入，如图 5-4-17b 所示。

如果将图 5-4-17a 中的开关"K"换成晶体管，得到图 5-4-17c。

将电源画法改变一下，得到图 5-4-17d。

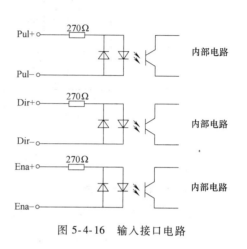

图 5-4-16　输入接口电路

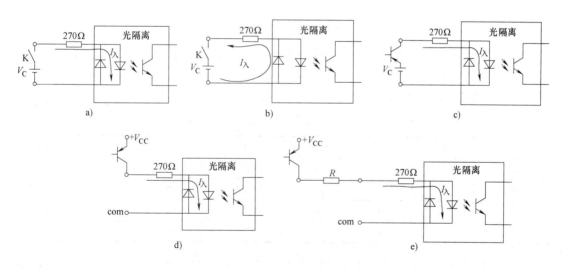

图 5-4-17　驱动器输入外部接线

输入电流 $I_入$ 一般为 6~15mA，当电源电压偏高时，需要串接限流电阻 R，如图 5-4-17e 所示。所串接电阻的大小由下式计算

$$I_入 = \frac{V_{CC}}{R+270}$$

例如，当电源电压 V_{CC} 为 24V 时，电阻 R 为 2kΩ 左右。

驱动器与控制器的连接如图 5-4-18 所示。

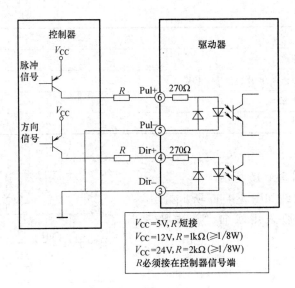

图 5-4-18　驱动器与控制器的连接

3. 步进驱动器参数设定

驱动器采用八位拨码开关设定细分数、动态电流和静态电流。详细描述如下。

动态电流			半流/全流	细分数			
1	2	3	4	5	6	7	8

（1）设定输出电流　拨码开关的 1~3 位用于设定电动机运行时电流（动态电流），第 4 位用于设定静止电流（静态电流）。

1）动态电流的设定见表 5-4-4。

表 5-4-4　三位拨码开关设定 8 个电流级别（峰值）

电流值	SW1	SW2	SW3	电流值	SW1	SW2	SW3
0.25A	on	on	on	1.25A	on	on	off
0.5A	off	on	on	1.5A	off	on	off
0.75A	on	off	on	1.75A	on	off	off
1.0A	off	off	on	2.0A	off	off	off

2）静态电流的设定。静态电流可用第 4 位开关设定，Off 表示静态电流为动态电流 60%，On 表示静态电流与动态电流相同。

注意：接线时要注意电源正负勿反接。最好用稳压型电源。

步进电动机选型时，在输出转矩（电流）的选择时，一般都有一定的裕量，所以要根据实际使用效果，设定步进驱动器的电流。步进驱动器的电流设定大了，驱动力矩也大了，步进电动机不容易失步，但步进电动机的发热也增大了，同时振动和噪声也增大了；如果步进电动机电流设定过小，电动机发热是减小了，但容易造成步进电动机的失步。所以，步进驱动器的电流的设定，是根据实际使用情况，在保证不失步的情况下尽可能减小步进电驱动器输出电流，从而减小步进电动机的发热、振动和噪声。

（2）设定细分数 细分数由 5、6、7、8 位开关决定，更改细分设置时需重新上电。DMD402A/DMD402B 驱动器的细分数设定见表 5-4-5。

表 5-4-5 DMD402A/DMD402B 驱动器细分数设定

细分数	步数/转	SW5	SW6	SW7	SW8
1	200	off	off	off	off
2	400	on	on	on	on
4	800	on	off	on	on
8	1600	on	on	off	on
16	3200	on	off	off	on
32	6400	on	on	on	off
64	12800	on	off	on	off
128	25600	on	on	off	off
256	51200	on	off	off	off
5	1000	off	on	on	on
10	2000	off	off	on	on
25	5000	off	on	off	on
50	10000	off	off	off	on
125	25000	off	on	on	off
250	50000	off	off	on	off

第三节 伺服控制技术

一、伺服系统的控制模式

1. 位置控制模式

位置控制模式是利用上位机产生脉冲来控制伺服电动机转动，脉冲的个数决定伺服电动机转动的角度或是工作台移动的距离，脉冲的频率决定电动机转速。如数控机床的工作台控制，大多数是属于位置控制模式。对伺服驱动器来说，最高可以接受 500kHz 的脉冲（差动输入），集电极输入是 200kHz。电动机输出的转矩由负载决定，负载越大，电动机输出转矩越大，当然不能超出电动机的额定负载。急剧的加减速或过载而造成主电路过流会影响功率器件，因此伺服放大器嵌位电路用以限制输出转矩。转矩限制可以通过模拟量或参数设置来进行调整。位置控制方式标准接线如图 5-4-19 所示。

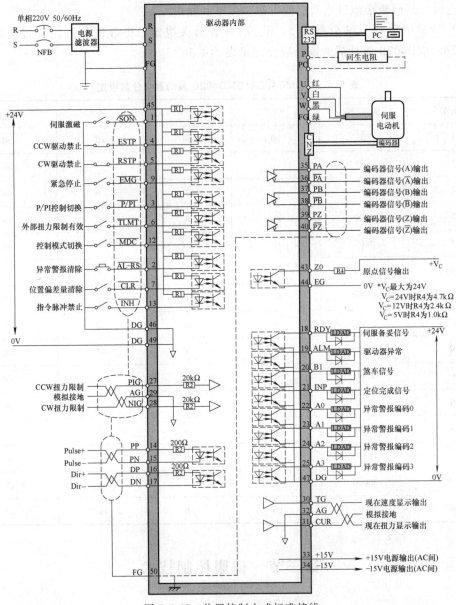

图 5-4-19　位置控制方式标准接线

2. 速度控制模式

速度控制模式是维持电动机的转速保持不变。当负载增大时，电动机输出的转矩增大，当负载减小时，电动机输出的转矩减小。速度控制模式的设定可以通过模拟量（0～±10VDC）或通过参数来进行调整，最多可以设置 8 速。速度控制方式标准接线如图 5-4-20 所示。

3. 转矩控制模式

转矩控制模式是维持电动机输出的转矩保持不变。如恒张力的控制，收卷系统的控制，需要采用转矩控制模式。转矩控制模式中，由于电动机输出的转矩一定，所以当负载变化时，电动机的转速也在发生变化。转矩控制模式中的转矩调整可以通过模拟量（0～

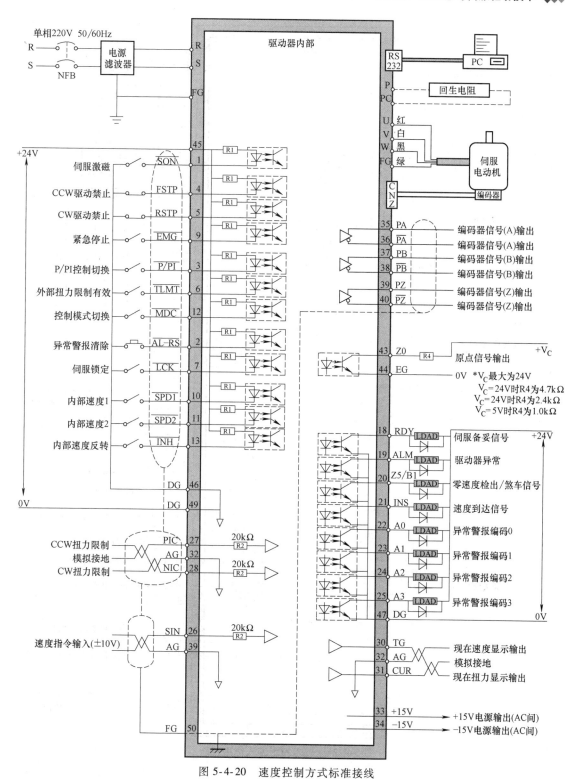

图 5-4-20 速度控制方式标准接线

±10VDC）或通过参数设置内部转矩指令控制伺服输出的转矩。转矩控制方式标准接线如图 5-4-21 所示。

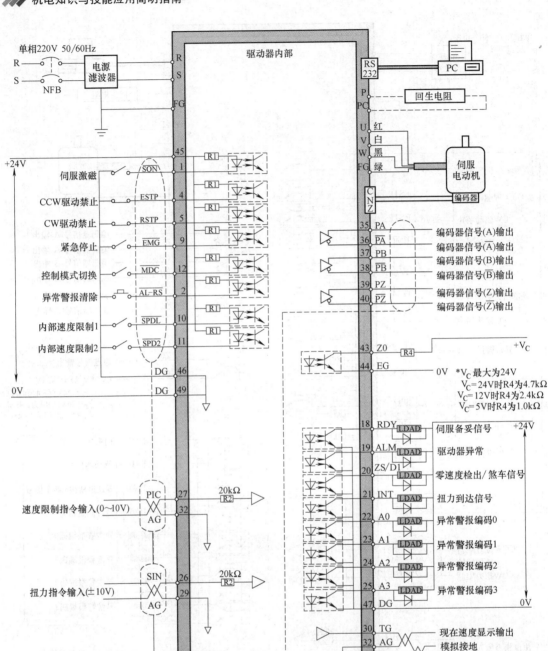

图 5-4-21　转矩控制方式标准接线

二、伺服电动机编码器分类

编码器是把角位移或直线位移转换成电信号的一种装置。前者称为码盘，后者称为码尺。按照读出方式，编码器可以分为接触式和非接触式两种。接触式采用电刷输出，电刷接触导电区或绝缘区来表示代码的状态是"1"还是"0"；非接触式的接受敏感元件是光敏元件或磁敏元件，采用光敏元件时以透光区和不透光区来表示代码的状态是"1"还是"0"。

按照工作原理，编码器可分为增量式和绝对式两类。

增量式编码器是将位移转换成周期性的电信号，再把这个电信号转变成计数脉冲，用脉冲的个数表示位移的大小。

旋转增量式编码器转动时输出脉冲，通过计数设备来知道其位置。当编码器不动或停电时，依靠计数设备的内部记忆来记住位置。这样，当停电后，编码器不能有任何的移动，当来电工作时，编码器输出脉冲过程中也不能有干扰而丢失脉冲，否则，计数设备记忆的零点就会偏移，而且这种偏移的量是无从知道的，只有错误的生产结果出现后才能知道。解决的方法是增加参考点，编码器每经过参考点，将参考位置修正进计数设备的记忆位置。在参考点以前，是不能保证位置的准确性的。为此，在工控中就有每次操作先找参考点，开机找零等方法。这样的编码器是由码盘的机械位置决定的，它不受停电、干扰的影响。

绝对式编码器的每一个位置对应一个确定的数字码，因此它的示值只与测量的起始和终止位置有关，而与测量的中间过程无关。

绝对编码器由机械位置决定了每个位置的唯一性，它无须记忆，无须找参考点，而且不用一直计数，什么时候需要知道位置，什么时候就去读取它的位置。这样，编码器的抗干扰性、数据的可靠性大大提高了。

三、伺服电动机驱动器

1）驱动器外观如图 5-4-22 所示。

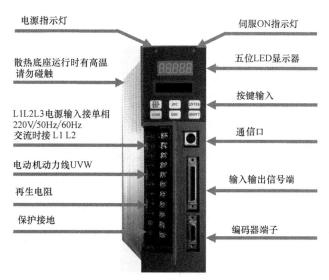

图 5-4-22　驱动器外观

2）交流伺服系统外部接线如图 5-4-23 所示，其组成如图 5-4-24 所示。

从组成图中可以看出，首先需给伺服系统供电，供电分为三相主回路电源和单相控制回路电源。主回路电源先整流后逆变后驱动电动机；单相电源经电源电路产生驱动器内部用的

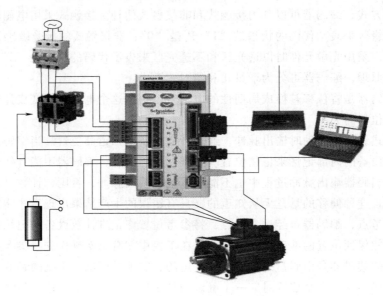

图 5-4-23　交流伺服系统外部接线

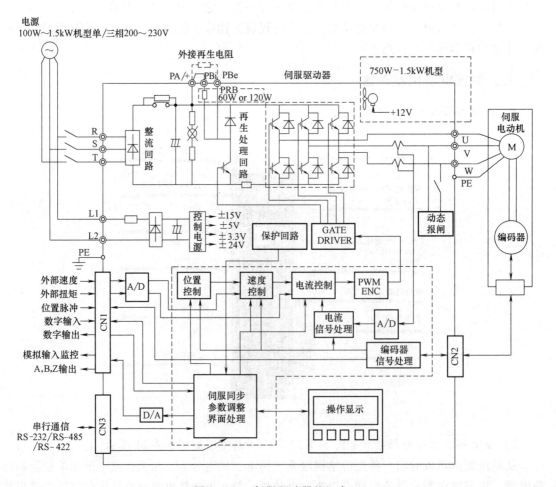

图 5-4-24　伺服驱动器的组成

各种控制电源（±15V、±5V、±3.3V）及接口电路用的驱动电源。伺服电动机和普通三相异步电动机外形上的区别是多了一个接口，用于反馈旋转角度的编码脉冲（驱动器的接口CN2）；计算机与驱动器连接，用于对驱动器进行参数设定（驱动器的接口 CN3）；左边的控制器用于向驱动器发位置脉冲、速度指令、转矩指令以及各种输入、输出信号（驱动器的接口 CN1）。

图 5-4-24 是驱动器的原理图，它由主电路和控制电路组成。主电路与变频器的主电路相似，由整流电路先将三相交流电整流成直流，再由 6 只电子管组成的逆变电路将直流变成频率、幅值可调的交流电源去驱动电动机；6 只电子管的导通与截止由 "GATE DRIVER" 门驱动器驱动，控制电路控制着门驱动器。控制电路有位置控制、速度控制和电流（转矩）控制三个调节环，电流环的输出送 "PWM ENC" 脉宽调制电路，该电路将控制电平信号转换为脉冲信号。

交流伺服系统根据控制要求可工作在三种工作模式：位置工作模式、速度工作模式和转矩工作模式。

位置工作模式由输入脉冲控制伺服电动机的转动，脉冲的个数决定了伺服电动机转动的角度（或工作台移动的距离），脉冲的频率决定电动机的转速。位置环的输出送速度环的输入；速度环的输出送电流环的输入。

速度工作模式由外部输入所需的速度（这时位置环不起作用），保持输出转速跟随输入转速。当负载增大时，电动机输出转矩变增大；负载减小时，电动机输出转矩减小，以维持电动机在所需转速下运行。

转矩工作模式由外部输入所需的转矩，该模式下位置环和速度环均不起作用。转矩控制模式是维持电动机的输出转矩不变的控制模式，如恒张力控制、收卷系统控制等均需要转矩控制。

附 录

附录 A 国家标准公差与配合

表 A-1 公称尺寸至 500mm 的标准公差数值表（GB/T 1800.1—2009）

公称尺寸 /mm	标准公差等级																	
	/μm											/mm						
	IT1	IT2	IT3	IT4	IT5	IT6	IT7	IT8	IT9	IT10	IT11	IT12	IT13	IT14	IT15	IT16	IT17	IT18
≤3	0.8	1.2	2	3	4	6	10	14	25	40	60	0.1	0.14	0.25	0.4	0.6	1	1.4
>3~6	1	1.5	2.5	4	5	8	12	18	30	48	75	0.12	0.18	0.30	0.48	0.75	1.2	1.8
>6~10	1	1.5	2.5	4	6	9	15	22	36	58	90	0.15	0.22	0.36	0.58	0.9	1.5	2.2
>10~18	1.2	2	3	5	8	11	18	27	43	70	110	0.18	0.27	0.43	0.7	1.1	1.8	2.7
>18~30	1.5	2.5	4	6	9	13	21	33	52	84	130	0.21	0.33	0.52	0.84	1.3	2.1	3.3
>30~50	1.5	2.5	4	7	11	16	25	39	62	100	160	0.25	0.39	0.62	1	1.6	2.5	3.9
>50~80	2	3	5	8	13	19	30	46	74	120	190	0.3	0.46	0.74	1.2	1.9	3	4.6
>80~120	2.5	4	6	10	15	22	35	54	87	140	220	0.35	0.54	0.87	1.4	2.2	3.5	5.4
>120~180	3.5	5	8	12	18	25	40	63	100	160	250	0.4	0.63	1	1.6	2.5	4	6.3
>180~250	4.5	7	10	14	20	29	46	72	115	185	290	0.46	0.72	1.15	1.85	2.9	4.6	7.2
>250~315	6	8	12	16	23	32	52	81	130	210	320	0.52	0.81	1.3	2.1	3.2	5.2	8.1
>315~400	7	9	13	18	25	36	57	89	140	230	360	0.57	0.89	1.4	2.3	3.6	5.7	8.9
>400~500	8	10	15	20	27	40	63	97	155	250	400	0.63	0.97	1.55	2.5	4	6.3	9.7

表 A-2 公称尺寸 ≤500mm 的孔、轴优先、常用和一般用途公差带（GB/T 1801—2009）

孔公差带

```
                                        H1          JS1
                                        H2          JS2
                                        H3          JS3
                                        H4          JS4  K4  M4
                              G5   H5   JS5  K5  M5  N5  P5      R5      S5
                    F6   G6   H6   J6   JS6  K6  M6  N6  P6      R6  S6  T6  U6  V6  X6  Y6  Z6
          D7   E7   F7   G7•  H7•  J7   JS7  K7• M7  N7• P7•     R7  S7• T7  U7• V7  X7  Y7  Z7
     C8   D8   E8   F8•  G8   H8•  J8   JS8  K8  M8  N8• P8      R8  S8  T8  U8  V8  X8  Y8  Z8
A9   B9   C9   D9•  E9   F9        H9•  JS9          N9  P9
A10  B10  C10  D10  E10            H10  JS10
A11  B11  C11• D11                 H11• JS11
A12  B12  C12                      H12  JS12
                                   H13  JS13
```

轴公差带

```
                                        h1          js1
                                        h2          js2
                                        h3          js3
                              g4   h4   js4  k4  m4  n4  p4      r4      s4
                    f5   g5   h5   j5   js5  k5  m5  n5  p5      r5  s5  t5  u5  v5  x5
          e6   f6   g6•  h6•  j6        js6  k6• m6  n6• p6•     r6  s6• t6  u6• v6  x6  y6  z6
     d7   e7   f7•  g7   h7•  j7        js7  k7  m7  n7  p7      r7  s7  t7  u7  v7  x7  y7  z7
c8   d8   e8   f8   g8        h8        js8  k8  m8  n8  p8      r8  s8  t8  u8  v8  x8  y8  z8
a9   b9   c9   d9•  e9   f9        h9•  js9
a10  b10  c10  d10  e10            h10  js10
a11  b11  c11• d11                 h11• js11
a12  b12  c12                      h12  js12
a13  b13                           h13  js13
```

表 A-3　基孔制优先、常用配合（GB/T 1801—2009）

基准孔	a	b	c	d	e	f	g	h	js	k	m	n	p	r	s	t	u	v	x	y	z
				间　隙　配　合						过　渡　配　合				过　盈　配　合							
H6						$\frac{H6}{f5}$	$\frac{H6}{g5}$	$\frac{H6}{h5}$	$\frac{H6}{js5}$	$\frac{H6}{k5}$	$\frac{H6}{m5}$	$\frac{H6}{n5}$	$\frac{H6}{p5}$	$\frac{H6}{r5}$	$\frac{H6}{s5}$	$\frac{H6}{t5}$					
H7						$\frac{H7}{f6}$	$\frac{H7}{g6}$	$\frac{H7}{h6}$	$\frac{H7}{js6}$	$\frac{H7}{k6}$	$\frac{H7}{m6}$	$\frac{H7}{n6}$	$\frac{H7}{p6}$	$\frac{H7}{r6}$	$\frac{H7}{s6}$	$\frac{H7}{t6}$	$\frac{H7}{u6}$	$\frac{H7}{v6}$	$\frac{H7}{x6}$	$\frac{H7}{y6}$	$\frac{H7}{z6}$
H8					$\frac{H8}{e7}$	$\frac{H8}{f7}$	$\frac{H8}{g7}$	$\frac{H8}{h7}$	$\frac{H8}{js7}$	$\frac{H8}{k7}$	$\frac{H8}{m7}$	$\frac{H8}{n7}$	$\frac{H8}{p7}$	$\frac{H8}{r7}$	$\frac{H8}{s7}$	$\frac{H8}{t7}$	$\frac{H8}{u7}$				
				$\frac{H8}{d8}$	$\frac{H8}{e8}$	$\frac{H8}{f8}$		$\frac{H8}{h8}$													
H9			$\frac{H9}{c9}$	$\frac{H9}{d9}$	$\frac{H9}{e9}$	$\frac{H9}{f9}$		$\frac{H9}{h9}$													
H10			$\frac{H10}{c10}$	$\frac{H10}{d10}$				$\frac{H10}{h10}$													
H11	$\frac{H11}{a11}$	$\frac{H11}{b11}$	$\frac{H11}{c11}$	$\frac{H11}{d11}$				$\frac{H11}{h11}$													
H12		$\frac{H12}{b12}$						$\frac{H12}{h12}$													

注：标注▼的配合为优先配合。

表 A-4　基轴制优先、常用配合（GB/T 1801—2009）

基准轴	A	B	C	D	E	F	G	H	JS	K	M	N	P	R	S	T	U	V	X	Y	Z
				间　隙　配　合						过　渡　配　合				过　盈　配　合							
h5						$\frac{F6}{h5}$	$\frac{G6}{h5}$	$\frac{H6}{h5}$	$\frac{JS6}{h5}$	$\frac{K6}{h5}$	$\frac{M6}{h5}$	$\frac{N6}{h5}$	$\frac{P6}{h5}$	$\frac{R6}{h5}$	$\frac{S6}{h5}$	$\frac{T6}{h5}$					
h6						$\frac{F7}{h6}$	$\frac{G7}{h6}$	$\frac{H7}{h6}$	$\frac{JS7}{h6}$	$\frac{K7}{h6}$	$\frac{M7}{h6}$	$\frac{N7}{h6}$	$\frac{P7}{h6}$	$\frac{R7}{h6}$	$\frac{S7}{h6}$	$\frac{T7}{h6}$	$\frac{U7}{h6}$				
h7					$\frac{E8}{h7}$	$\frac{F8}{h7}$		$\frac{H8}{h7}$	$\frac{JS8}{h7}$	$\frac{K8}{h7}$	$\frac{M8}{h7}$	$\frac{N8}{h7}$									
h8				$\frac{D8}{h8}$	$\frac{E8}{h8}$	$\frac{F8}{h8}$		$\frac{H8}{h8}$													
h9				$\frac{D9}{h9}$	$\frac{E9}{h9}$	$\frac{F9}{h9}$		$\frac{H9}{h9}$													
h10				$\frac{D10}{h10}$				$\frac{H10}{h10}$													
h11	$\frac{A11}{h11}$	$\frac{B11}{h11}$	$\frac{C11}{h11}$	$\frac{D11}{h11}$				$\frac{H11}{h11}$													
h12		$\frac{B12}{h12}$						$\frac{H12}{h12}$													

注：标注▼的配合为优先配合。

表 A-5　为公差等级的应用

应用场合			公差等级(IT)																			
			01	0	1	2	3	4	5	6	7	8	9	10	11	12	13	14	15	16	17	18
量块			├──┤																			
量规	高精度量规				├──────┤																	
	低精度量规										├──┤											
配合尺寸	个别特别重要的精密配合					├──┤																
	特别重要的精密配合	孔						├──┤														
		轴				├──────┤																
	精密配合	孔									├──┤											
		轴							├──┤													
	中等精度配合	孔												├──┤								
		轴										├──┤										
	低精度配合															├──────┤						
非配合尺寸,一般公差尺寸																	├────────────────┤					
原材料公差												├──────────────┤								

附录 B　常用液压与气动元件图形符号

表 B-1　基本符号、管路及连接

名　称	符　号	名　称	符　号
工作管路	——————	管端连接于油箱底部	└─┐
控制管路	- - - - - -	密闭式油箱	⬭
连接管路	┴ ┼	直接排气	▷
交叉管路	┼	带连接排气	□→
柔性管路	•⌣•	带单向阀快换接头	⬡⊢⊣⬡
组合元件线	·—·—·	不带单向阀快换接头	→⊢⊣←
管口在液面以上的油箱	⌐┴¬	单通路旋转接头	⊖
管口在液面以下的油箱	└┴┘	三通路旋转接头	⊜

表 B-2　控制机构和控制方法

名　称	符　号	名　称	符　号
按钮式人力控制		单向滚轮式机械控制	
手柄式人力控制		单作用电磁铁	
踏板式人力控制		双作用电磁铁	
顶杆式机械控制		电动机旋转控制	
弹簧控制		加压或泄压控制	
滚轮式机械控制		内部压力控制	
外部压力控制		电-液先导控制	
气动先导控制		电-气先导控制	
液压先导控制		液压先导泄压控制	
液压二级先导控制		电反馈控制	
气-液先导控制		差动控制	

表 B-3　泵、马达和缸

名　称	符　号	名　称	符　号
单向定量液压泵		双向变量液压泵	
双向定量液压泵		单向定量马达	
单向变量液压泵		双向定量马达	

（续）

名　称	符　号	名　称	符　号
单向变量马达	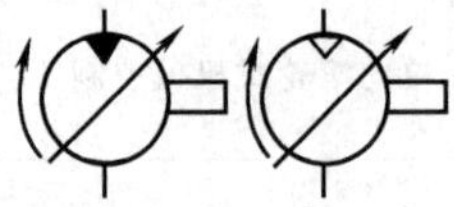	摆动马达	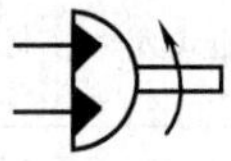
双向变量马达	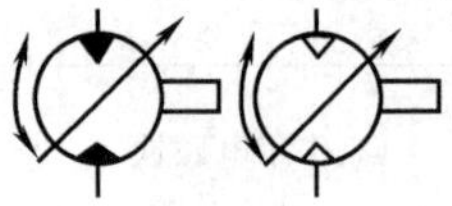	单作用弹簧复位缸	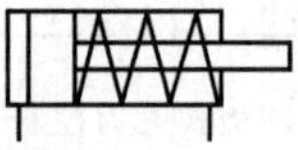
单向缓冲缸	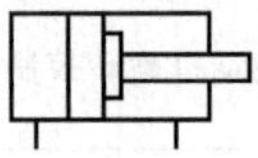	单作用伸缩缸	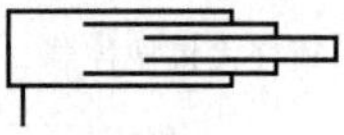
双向缓冲缸	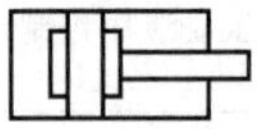	双作用单活塞杆缸	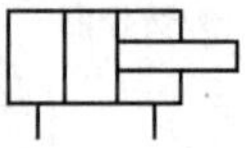
定量液压泵-马达	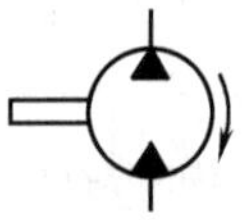	双作用双活塞杆缸	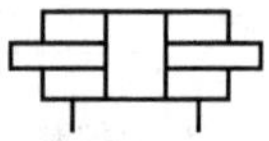
变量液压泵-马达	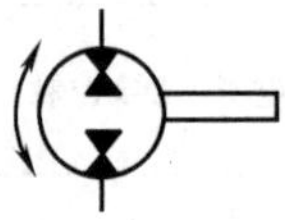	双作用伸缩缸	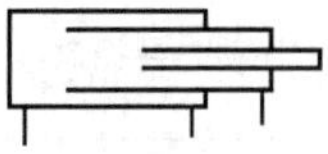
液压整体式传动装置	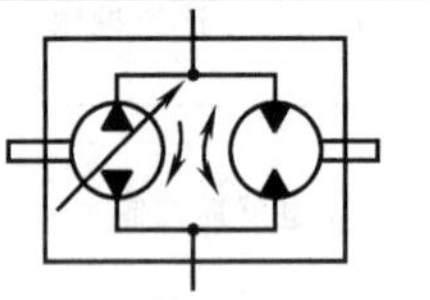	增压器	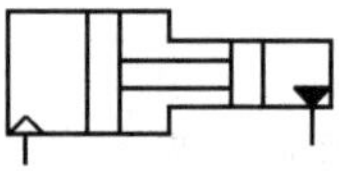

表 B-4　控制元件

名　称	符　号	名　称	符　号
直动型溢流阀	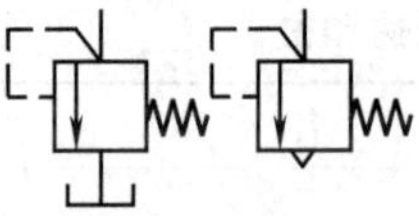	卸荷溢流阀	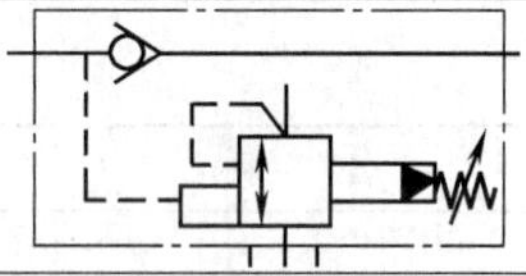
先导型溢流阀	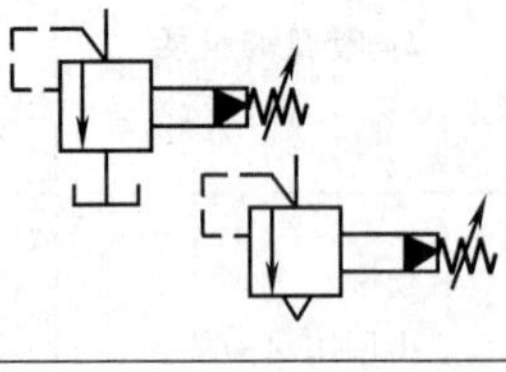	双向溢流阀	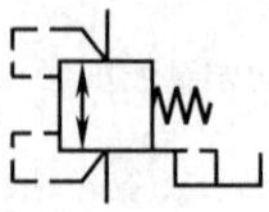
		直动型减压阀	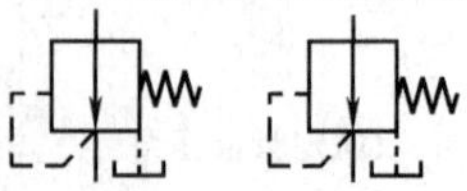
先导型比例电磁溢流阀	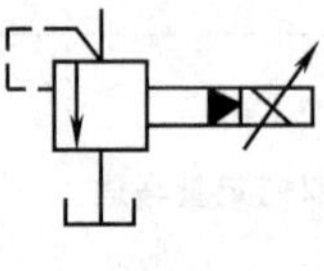	先导型减压阀	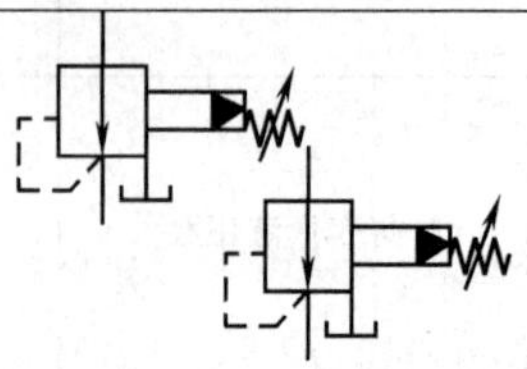

（续）

名　称	符　号	名　称	符　号
直动型卸荷阀		溢流减压阀	
制动阀		先导型比例电磁式溢流阀	
不可调节流阀		定比减压阀	
可调节流阀		定差减压阀	
可调单向节流阀		直动型顺序阀	
减速阀		先导型顺序阀	
带消声器的节流阀		单向顺序阀(平衡阀)	
调速阀		集流阀	
温度补偿调速阀		分流集流阀	
旁通型调速阀		单向阀	
单向调速阀		液控单向阀	
分流阀		液压锁	
三位四通换向阀			
三位五通换向阀			

（续）

名 称	符 号	名 称	符 号
或门型梭阀	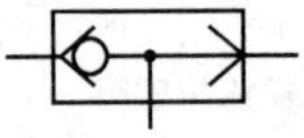	二位四通换向阀	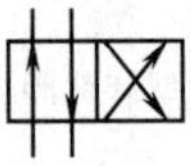
与门型梭阀	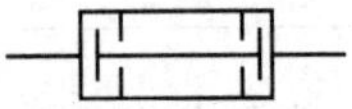	二位五通换向阀	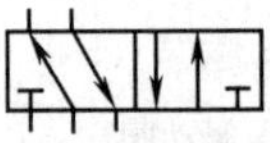
快速排气阀	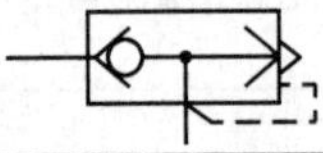	四通电液伺服阀	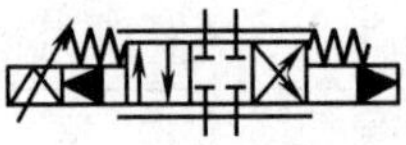
二位二通换向阀	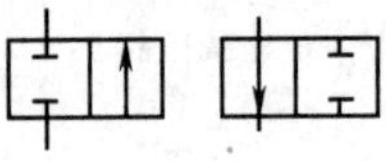		
二位三通换向阀	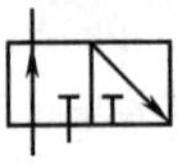	截止阀	

表 B-5 辅助元件

名 称	符 号	名 称	符 号
过滤器	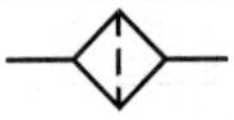	气罐	
磁芯过滤器		压力计	
污染指示过滤器	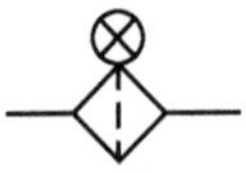	液面计	
分水排水器	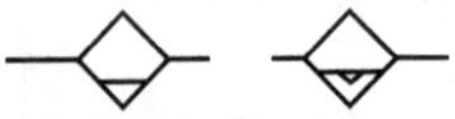	温度计	
空气过滤器	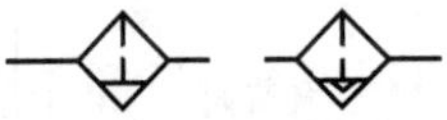	流量计	
除油器	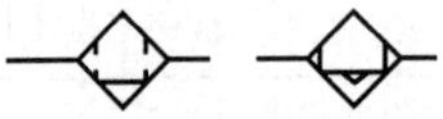	压力继电器	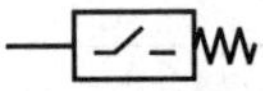
空气干燥器	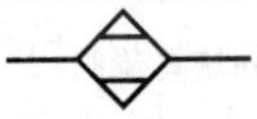	消声器	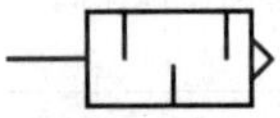
油雾器	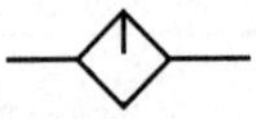	液压源	
气源调节装置		气压源	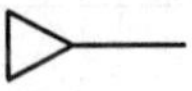
冷却器	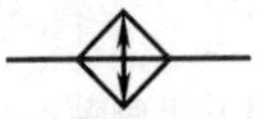	电动机	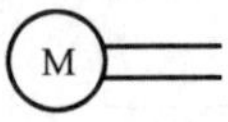
加热器	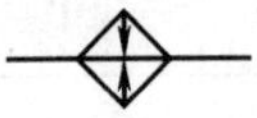	原动机	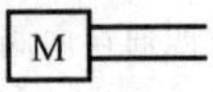
蓄能器		气-液转换器	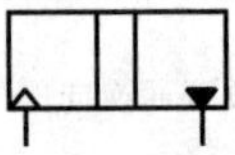

附录 C　常用电气产品符号

名　　称	图形符号	文字符号	备　　注
接地		GND	
保护接地		PE	
功能等电位连接		GND	
导线交叉(连接时)			
导线交叉(非连接时)			
遮蔽线			虚线三芯的场合
捻线			
电缆心线			
连接点			
端子			
端子台		TB	
端子板			也可追加端子记号
(插座或插头)被插入形式点 　插座			
(插座或插头)被插入形式点 　插头			

（续）

名　称	图形符号	文字符号	备　注
插座或插头（被插入形式点） 插座			
插座或插头（被插入形式点） 插头			
插座或插头			
多极连接件		CN	插座和插头一体多极的连接件的表达方式
连接件 组装的固定部分		CN	要区分连接件的固定部分和可动部分时可以使用
连接件 组装的可动部分		CN	要区分连接件的固定部分和可动部分时可以使用
电源插座	L N PE	XS	用于多级连接件 4极以上亦可用
电源插头	L N PE	XP	用于多级连接件 4极以上亦可用
碳化皮膜电阻器 金属皮膜电阻器 ホーロ-电阻器		R	
带插孔的电阻器		R	
可变电阻器		R	
可变电阻器（varistor）	U	R	
电感线圈（感应器）线圈 リアクトル		L	
双绕组变压器		T	

（续）

名　　称	图形符号	文字符号	备　　注
中间带插孔的双绕组变压器		T	
自耦卷变压器		T	
变流器		CT	纵线为 1 次侧配线
积层电容 陶瓷电容 膜电容		C	
电解电容		C	无极性的场合"+"省略
二极管		VD	
电压调整二极管		VS	
发光二极管		VL	
晶闸管 （形式无指定）		VT	
PNP 三极管		VT	
NPN 三极管		VT	
光耦合器		HC	
手动操作（一般）			除紧急停止开关以外都统一使用该符号

（续）

名 称	图形符号	文字符号	备 注
按钮开关		SB	接点种类省略
按钮开关		SB	接点种类省略
按钮开关 （交流电）		SB	
应急制动开关		ES	
速动开关		SW	
可动多段开关 旋钮开关		SW	
继电器 舌簧继电器 水银继电器 电磁继电器的线圈		K	
固体电路 继电器的线圈		K	与电磁继电器区分的场合使用
电磁离合器		YC	
螺线管			
螺线管阀			
动合（常开）触头			
动断（常闭）触头			
熔断器丝		FU	
加热器		HT	

（续）

名　称	图形符号	文字符号	备　注
灯（普通）		EL	下面的符号表示灯的颜色 RD＝红 YE＝黄
按钮开关 内部灯	RD	HL	GN＝绿 BU＝蓝 WH＝白
霓虹灯	Ne	H	如例所示：在图记号的旁边标上符号
荧光灯	FL	PL	来表示灯的种类
蜂鸣器		HA	压电蜂鸣器要记入＋－号
三相电动机	M 3～		
步进电动机	M	M	
热电偶	－ ＋		
电火花消除器		CR 型	
电流断路器		Q	
漏电断路器	I_d　$I>$	Q	

参 考 文 献

[1] 叶玉驹，焦永和，张彤. 机械制图手册 [M]. 5版：北京：机械工业出版社，2012.

[2] 王学武. 金属材料与热处理 [M]. 北京：机械工业出版社，2016.

[3] 张久成，等. 机械设计基础 [M]. 2版：北京：机械工业出版社，2011.

[4] 闻邦椿，等. 机械设计手册·单行本：零部件设计常用基础标准 [M]. 5版. 北京：机械工业出版社，2015.

[5] 游英杰. 机电一体化专业必备知识与技能手册 [M]. 武汉：华中科技大学出版社，2006.

[6] 刘建明，何伟利. 液压与气压传动 [M]. 3版. 北京：机械工业出版社，2014.

[7] 吴卫荣. 气动技术 [M]. 北京：中国轻工业出版社，2005.

[8] 朱梅，朱光力. 液压与气动技术 [M]. 4版. 西安：西安电子科技大学出版社，2017.

[9] 乔东明，檀立慧. 简明实用电工手册 [M]. 4版：北京：机械工业出版社，2013.

[10] 樊立萍，张国光，宋婀娜. 电工电子技术 [M]. 2版：北京：电子工业出版社，2011.

[11] EUROPA-LEHRMITTEL 出版社. 电气工程学 [M]. 刘希恭，等译. 北京：机械工业出版社，2013.

[12] 戴文进. 电机学教程 [M]. 北京：清华大学出版社，2012.

[13] 郭晓波. 电机与电力拖动 [M]. 北京：北京航空航天大学出版社，2007.

[14] 上海电器科学研究所（集团）有限公司. 低压电器产品手册 [M]. 北京：机械工业出版社，2007.

[15] 中国标准出版社. 低压电器标准汇编：基础通用卷 [M]. 北京：中国标准出版社，2007.

[16] 刘媛媛，张如萍. 电气控制与 PLC [M]. 北京：中国铁道出版社，2015.

[17] 许翏，王淑英. 电气控制与 PLC 应用 [M]. 4版. 北京：机械工业出版社，2015.

[18] 张华龙. 电机与电气控制技术 [M]. 北京：机械工业出版社，2008.

[19] 谭维瑜. 电机与电气控制 [M]. 3版. 北京：机械工业出版社，2017.

[20] 张高培. 企业供电系统与安全用电技术 [M]. 北京：电子工业出版社，2008.

[21] 杨清德，邱邵峰. 电气故障检修技能直通车 [M]. 北京：电子工业出版社，2013.

[22] 将增福. 钳工工艺与技能训练 [M]. 北京：中国劳动社会保障出版社，2001.

[23] 陈刚，杨举銮. 钳工（初级、中级、高级）[M]. 北京：中国劳动社会保障出版社，2004.

[24] 姜波. 钳工工艺学 [M]. 北京：中国劳动社会保障出版社，2005.

[25] 杜永亮. 手工工具零件加工 [M]. 北京：北京邮电大学出版社，2012.

[26] 乌尔里希·菲舍尔，等. 简明机械手册（中文版）[M]. 2版：长沙：湖南科学技术出版社，2012.

[27] 张洪润. 传感器技术大学 [M]. 北京：北京航空航天大学出版社，2007.

[28] Jon S. Wilson. 传感器技术手册 [M]. 林龙信，等译. 北京：人民邮电出版社，2009.

[29] 吕泉. 现代传感器原理及应用 [M]. 北京：清华大学出版社，2006.

[30] 沈艳，郭兵，杨平. 测试与传感技术 [M]. 北京：清华大学出版社，2011.

[31] 王倢婷. 传感器及应用 [M]. 2版. 北京：中国劳动社会保障出版社，2014.

[32] 咸庆信. 变频器实用电路图集与原理图说 [M]. 2版：北京：机械工业出版社，2012.

[33] 向浇汉，宋昕. 变频器与步进/伺服驱动技术完全精通教程 [M]. 北京：化学工业出版社，2015.

[34] 王建辉，顾树生. 自动控制原理 [M]. 2版：北京：清华大学出版社，2014.